亚信新技术系列

大型企业微服务架构实践与运营

亚信科技AIF研发小组集体成果

薛　浩◎编著

人民邮电出版社

北　京

图书在版编目（ＣＩＰ）数据

大型企业微服务架构实践与运营 ／ 薛浩编著. -- 北京 ： 人民邮电出版社，2019.2（2023.1重印）
ISBN 978-7-115-48774-2

Ⅰ．①大… Ⅱ．①薛… Ⅲ．①大型企业－计算机网络
Ⅳ．①TP393.18

中国版本图书馆CIP数据核字（2018）第290032号

内 容 提 要

本书以电信运营商业务支撑系统为背景，讲述其业务发展、运营管理对架构的影响。本书通过讲述电信企业为实现业务发展和运营管理要求对软件架构升级改造的过程，还原一个真实的微服务架构实践场景，同时介绍了为实现真正企业级的微服务架构还需要做哪些工作，最后从运营商的视角讲述了微服务架构的发展方向以及如何基于微服务架构进行系统运营。

本书适合大中型企业 CIO、CTO、CPO、架构师、软件开发工程师、系统运维工程师，以及大学、科研院所的研究人员和工程师学习参考。

◆ 编　著　薛　浩
　　责任编辑　李　强
　　责任印制　彭志环

◆ 人民邮电出版社出版发行　　北京市丰台区成寿寺路 11 号
　　邮编　100164　电子邮件　315@ptpress.com.cn
　　网址　http://www.ptpress.com.cn
　　固安县铭成印刷有限公司印刷

◆ 开本：787×1092　1/16　　　彩插：1
　　印张：18.75　　　　　　　　2019 年 2 月第 1 版
　　字数：399 千字　　　　　　2023 年 1 月河北第 7 次印刷

定价：88.00 元

读者服务热线：(010)81055493　印装质量热线：(010)81055316
反盗版热线：(010)81055315

序 一

宽带资本董事长、亚信集团董事长　田溯宁

回顾过去的 25 年，中国的创业者不断面临着各行各业的挑战和变化，在不同阶段进行着永不停步的创业和重组，再造中国的软件实力。从 PC 互联网、移动互联网到万物互联，从 Client/Server 到虚拟化、云计算、人工智能，从贝尔发明电话到程控交换、5G 时代的网络虚拟化、软件定义网络，技术长期驱动着行业的数字化转型。如果说过去互联网更多是在改变每个个体的生活，那么未来互联网将改变众多的行业和企业的运行模式，这是一个大的格局。

亚信帮助运营商服务于电信和企业用户。亚信的软件每天支撑着中国 10 亿多的用户，服务每个用户，提供通信服务、内容订购和计费、咨询及技术支持，解决客户面临的实际问题，从而亚信也积累了深厚的行业知识和经验。

本书介绍了在电信业务支撑系统架构转型的要求下，亚信关于 PaaS 产品研发的探索和实践。早在微服务理念还是星星之火的时候，产品研发团队就敏锐地认识到技术的发展趋势，大胆规划、谨慎实践，从 0 到 1，逐步构建了中间件、微服务、容器等一系列云原生架构，并通过在电信行业及类电信行业的实践，孵化出基础架构平台产品，打造功能强大的 PaaS 平台，实时感知客户变化、预知客户需求，为各行各业瞬息万变的前端应用提供敏捷、高效的通用基础设施，同时也成功探索出"从客户中来，到客户中去"的面向企业的软件开发路径。

在万物互联的时代，每个企业都需要实时感知客户，成为"客户的运营商"。 亚信积累的 IT、CT、DT 能力将使能企业数字化转型，帮助企业实时、智能感知客户需求。在这样的过程中，亚信也志在成为数字基础设施、大型软件和平台运营的提供者，从而成长为具有全球竞争力的软件和服务公司。

本书的作者虽然是一位年轻的产品开发带头人，但他拥有数十年的电信行业从业经验。他一直在客户服务的一线，曾经历过多次软件架构转型升级和重大版本割接，对行业、客户和产品都有着深刻的理解。工作之余，他能够总结经验，并将其编辑成册，难能可贵。希望这本书能够对电信从业人员、大型企业级应用软件从业人员有所帮助，也期待更多的亚信技术人员把亚信的知识、经验编辑成册，分享传播。

序 二

中国移动浙江公司信息系统部总经理　王晓征

2015 年对我而言是具有特殊意义的一年，这一年阿里巴巴集团启动了著名的"中台战略"，同年年底我也接过了浙江移动第三代业务支撑系统建设的重担。

微服务化、容器化是本期建设的关键架构目标。这么大的架构革新，尤其是在现有的核心系统上朝着"厚平台，薄应用"的方向去改造，犹如"大象学跳舞"，这在当时运营商中还没有先例可循，一切都得自己"摸着石头过河"。

"明知山有虎，偏向虎山行"。我带着浙江移动云计算中心的兄弟们经过三年的艰苦奋斗，经历了容器平台建设、微服务平台建设、业务中心化拆分建设、敏捷开发平台建设……大胆构想，小步快跑，逐渐形成了一套基于微服务、容器等技术的 PaaS 平台。同时，我们不断地进行自我完善，通过异构系统、跨域、互联网化业务的接入打磨，最终形成完整的运营商中台能力。当然，我们也没有就此满足，仍在不断完善中。

三年后的今天，我们的 CRM 系统已经成为中国移动内部最大规模的容器化、微服务化的实施案例。我们和亚信联合研发的微服务平台，经历了电信级业务连续性、数据一致性、可维护性的考验，目前日均服务调用量已超过 4 亿次，持续稳定运行时间超过450 天。

回顾三年的艰辛历程，我要感谢我的团队，也要感谢我的主要合作伙伴之一：亚信公司。感谢亚信集团董事长田溯宁博士、亚信科技 CEO 高念书先生、副总裁兼商业发展中心总经理王力平女士等对项目的支持，特别感谢薛浩和他的团队，和我们一起在一线日夜拼搏，一起部署、一起保障、一起迭代、一起把一个个创意变成产品。

很高兴，一路与你同行！

前　言

做 IT，始于颜值、陷于挑战、忠于兴趣。毕业以后我被"IT""通信"靓丽光环吸引，加入亚信科技平台架构部工作，从一名程序员成长为技术总监，见证了电信十年的软件架构变迁。十年磨一剑，十年的专注、十年的不离不弃、十年的不懈努力，让我们完成了电信 IT 支撑系统从 MVC 单体架构到微服务架构平台的演进，并在公司内外部塑造了一个品牌，倾注了自己的青春梦想。

宝剑锋从磨砺出，梅花香自苦寒来。在漫长的演进过程中，伴随着大量工程实施，我们经历了大大小小几百个战役。只有参与过战斗的人才能体会到收获的来之不易。在经历了"X86"化、"微服务"化、"PaaS"化后，目前平台正向着"ABC"（AI+Big Data+Cloud）化迈进。微服务架构平台的演进落地印证了"精品源于实践"。我们的技术未必是最先进的，但在这个行业是最合适的，我们对此很有自信，这种自信来源于对这个行业的深刻理解，来源于对整个 IT 技术发展的洞察和预研。

工作十年至今，试点、上线、解决故障、规划、演进、落地推广等工作占据了我大量的时间和精力。目前产品方向已基本确定，演进迭代也在有序地推进，我才能够抽出些时间把多年来积累的经验落在笔下，这也是对十年工作的一个总结。

本书把电信 IT 业务支撑系统比作大象，讲述了如何通过一步步的架构升级让大象学会跳舞，这也是架构研发的主要目的。本书共分为 4 部分，15 章。第一部分主要解析行业背景，讲述了电信业务的发展历程和 IT 业务支撑系统的演进历史，分析了电信与电商模式上的主要区别以及如何让大象学会跳舞。第二部分讲述微服务架构的基本知识，分享了早期如何同运营商一步步地进行 IT 系统微服务架构的探索和实践，并介绍了微服务架构基础组件的设计和实现。第三部分主要讲述了企业级微服务架构的关注点及其必备能力，即在微服务架构的基础上更进一步构建比较完善的"PaaS"平台，讲述了应用托管、服务治理、DevOps 等在"PaaS"平台化过程中的作用和实现。第四部分讲述了一些面向未来的架构实践和展望。

本书主要从实践的角度描述打造企业微服务架构平台的过程，除了一些有创意的代码，主要侧重于过程方法和方案的说明。"他山之石，可以攻玉"，希望本书能够让更多企业的 IT 开发人员、架构师和规划专家从中获取有价值的信息，希望能够让电信行业 IT 从业人员对业务支撑系统有一个更全面的了解。此外，本书对于想了解电信行业 IT 发展历史的读者，也是一本不错的入门书籍。全书由薛浩主笔，曹向辉负责全书统稿并完成第 1、2、9、10、11 章的初稿，他们是对本书的主要贡献者，刘尧、邵玉梅、苗森等负责编辑策划。

想写的东西很多，由于时间关系，实在没有太多精力投入，仓促完稿之际，感慨万千。此书的完成，是亚信人集体智慧的结晶，也离不开大家的帮助与支持，更离不开我们长久服务的电信客户的支持，是他们为 PaaS 平台的发展提供了成长的土壤。

能够完成本书需要感谢很多人：

首先感谢客户给予我们技术落地的机会，尤其感谢浙江移动王晓征先生等对前瞻性技术推动的支持和理解，那些年联合研发和你们一起经历的困难，是我们共同成长的印记；

感谢公司，何其有幸，何等荣耀，在亚信产业互联网 2.0 升级的道路上有这么一段奋斗的岁月，有这么一段激情燃烧的青春；感谢亚信公司为产品研发提供了足够大的空间和舞台。

感谢亚信集团董事长田溯宁博士、亚信科技 CEO 高念书先生、副总裁兼商业发展中心总经理王力平女士、副总裁兼 CTO 欧阳晔博士、CRM 研发中心总经理王鹏先生、CRM 业务架构师张峰先生对 PaaS 平台的总体指导；感谢一直以来并肩奋战在一线的王亮、王峰、刘尧、陈龙、吴宗泽、林国明、袁志勇、梁勇等（排名按姓氏笔画）团队成员，同心协力、激情付出，做出了一款有影响力的产品。

感谢亚信高级副总裁兼首席人力官吕守升先生、亚信学院院长吴晓洁女士、TM Forum 高级技术协作总监徐俊杰先生对图书出版给予的支持，还有很多默默支持我们的领导和同事们，在此一并表示感谢。

亚信科技 AIF 产品研发总监　薛浩

2018 年 8 月 20 日

目 录

第四部分　打造下一代基础架构平台

第一部分
电信行业架构综述

第 1 章
认识大象

大象给人的印象是体形庞大、行动迟缓，"大象"这个词也是电信行业内部对老系统的一贯称谓。"大象"的比喻一方面说明传统业务支撑系统经过多年积累变得越来越庞大，另一方面也说明传统的运维模式已不能满足当下敏捷的业务支撑响应要求，这与以互联网为代表的新兴软件行业形成了极大的反差。

比较传统与新兴两大行业，同样是 IT 软件从业人员，却存在截然不同的工作状态，这从两者的朋友圈分享就可以看出差别。从事传统企业 IT 软件开发的团队分享的以项目上线、加班、熬夜居多，而互联网公司 IT 开发团队则是以新技术分享、创新实践居多。是什么造成两者工作状态的巨大差别呢？本章将带领大家认识一下电信行业中的"大象"。

1.1 何谓大象

本书中的"大象"是对复杂、聚合、大型业务系统的一种比喻。由于本书是基于电信业务支撑系统的微服务架构实践，这里的"大象"也可理解为电信业务支撑系统（BSS，Business Supporting System）。

21 世纪的前十年，通信行业的 IT 圈可以说是国内最热闹的 IT 圈，后来随着互联网、电商的迅猛发展，电信 IT 风头不再，跌入到"传统 IT"的圈子，在 IT 建设、系统运营管理等方面相较于互联网有很大的差别。经过十几年的快速发展，电信行业 IT 系统变得巨大臃肿、步履蹒跚。以业务支撑系统为例，一个 EAR 包 400 多兆，包含二十多个大的业务模块，模块间边界模糊、交叉重叠。由于整个团队都是分块作业，大家各司其职，系统对于他们来说如同盲人摸象（如图 1-1 所示）、不识全貌，这些都给系统运维带来极大的压力。

每周一到两次的新业务上线，对一段代码的修改引发关联性问题的情况时有发生，让人防不胜防。开发运维人员每次上线发布都是通宵达旦、提心吊胆。面对问题的无助、命令行的无奈、回退时的沮丧，给开发运维人员造成了极大的心理压力。

如何才能消除 IT 人员的无助感，让系统变得轻盈、敏捷呢？

图 1-1　盲人摸象

　　小规模迭代，全天候发布，前端无感、后端无痛是我们的目标，也是技术变革的价值所在。然而，变革是要付出代价的，会面临很多阻碍，最大的挑战莫过于业务方对技术变革产生的价值认可。新技术、新思路的推进都不会一帆风顺，如同当年蒸汽机的发明，在当时马车占主要地位的欧洲各国，蒸汽火车处处受到非难和排挤。

　　只有接受变化、拥抱变革，才能推动助力社会的快速发展。当下，我们生活在"最好的时代"，人们思想开放、积极进取，必将助力我们紧跟技术潮流，实现企业的梦想。

　　如图 1-2 所示的"让大象学会跳舞"是我们的目标，也是我们对传统架构的使命。结合企业业务特点，把握技术发展趋势，大胆尝试、小心践行，我们的心愿必将实现。

图 1-2　让大象学会跳舞

1.2 电信业务支撑系统的发展历程

电信业务支撑系统随着电信技术的快速迭代而不断发展和壮大。近二十年，电信行业进入了爆发期，业务支撑系统也随之迎来了黄金发展期。回顾业务支撑系统发展历程，该历程大致可分为 4 个阶段：初始阶段、成型阶段、稳定阶段和变革阶段（如图 1-3 所示）。

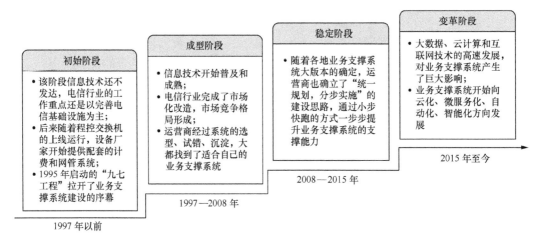

图 1-3　业务支撑系统发展历程

1. 初始阶段

20 世纪 80 年代，拥有 9 亿人口的中国，电话用户数仅为 280 多万，电话普及率为 0.43%。当时还是政企合一，邮电部既是电信行业的主管部门，又是电信运营商，主要的工作重点是建设和完善电信基础设施，由于信息技术还不发达，因此国内并没有真正意义上的运营支撑系统。在 80 年代中后期，随着程控数字交换机的上线，出现了简单的计费和网管系统。但是这些软件仅限于本厂家的设备，功能单一且规模小。从 80 年代后期到 1997 年，随着网络规模的快速扩大，产生了具备跨厂商设备管理能力的网管系统。随着用户规模的扩大以及移动通信网的建设，计费系统也开始发展起来。这些都是由邮电部组织和委托高校和科研机构开发的，并没有独立的软件企业和专业人员进行相关的软件开发工作。随着用户数和业务量的爆发式增长，电信的服务和管理水平遇到了发展瓶颈，为了解决日益增长的用户需求与落后的服务手段之间的矛盾，1995 年 5 月，邮电部电信总局提出开发和建设"市内电话业务计算机综合管理系统"，即"九七工程"。"九七工程"是一个里程碑，它拉开了业务支撑系统建设的序幕。

2. 成型阶段

从 1997 年到 2008 年，业务支撑系统进入了快速发展阶段，这个阶段也是我国电信改革最为剧烈的一段时间。电信企业经过几次大的拆分与重组，到 2008 年电信市场完成了从业务专营到三足鼎立全牌照运营（三足指中国移动、中国电信、中国联通）的转变，市场竞争格局逐步形成。这种转变直接促进了电信运营支撑系统的蓬勃发展，电信运营商经过系统选型、试错、定型，已基本确定了适合自己的业务支撑系统，合作厂家也从原来的十几家逐渐稳定到了四五家。这个阶段中国电信重新对"九七工程"进行改造，使它从传统的业务计费功能转变到全业务的运行支撑，CTG-MBOSS 开始稳步发展。中国联通也完成了系统集中化建设，开始向全国集中化迈进。此时，中国移动凭借成功的系统建设策略和强大资金优势，将众多合作伙伴吸引到自己身边，并将资源的优势化为胜势，规划、建设齐头并进，BOSS 建设跨入 NGBOSS 时代。

3. 稳定阶段

2008 年以后，经过多年的系统建设，运营商已经积累了丰富的系统建设经验，对自己的需求和业务支撑系统的发展方向都有了更清晰的认识。随着各运营商业务支撑系统大版本的确定，"统一规划、分步实施"已成为运营商系统建设的主导思想，系统建设从规划到投资立项都进入了相对稳定的状态。运营商几乎每年都会组织技术规范修订，用于指导系统的演进发展。这个阶段，中国移动几乎一年一个版本，完成 NGBOSS 从 1.0 到 4.5 的发展演进过程。中国联通在系统集中化的道路上不断进取，在完成了电子营业厅（ECS）系统建设，并推出了全网统一的业务和产品后，又借着 3G 的东风与苹果合作，通过控制号码资源和明星终端资源，成功完成了业务集中，建立了集中化的运营体系。中国电信系统建设则一直稳扎稳打，CTG-MBOSS 版本从 1.0 到 2.0 不断升级，通过规范指导，有效落实 IT 能力的提升和统一。

4. 变革阶段

随着大数据、云计算和互联网的迅猛发展，到了 2015 年，新技术、新模式、新业务对电信业务支撑系统的影响开始显现，各运营商又开始酝酿新的技术变革。系统云化、微服务化、自动化、智能化成了转型升级的主旋律。中国移动在完成了 NGBOSS 4.5 的规范建设后，于 2015 年制订了第三代业务支撑的建设规范。新规范借鉴了互联网企业的系统运维模式和云化的技术发展路线，对技术架构进行了更细层级的划分（CRM 系统从原来的三层架构演进为五层架构），对业务架构也进行了重新定义（由单体架构向业务中心建设转型）。中国联通在继续深化 CBSS 和全国集中化建设的同时，开始专注系统专项能力提升以及智能化、云化和分布式系统建设。2016 年，中国电信发布了转型升级新战略，将持续推进企业转型升级 3.0，着重推进网络智能化、业务生态化、运营智慧化，致力于打造业界领先的综合智能信息服务运营商。

电信行业是一个比较依赖 IT 系统的行业。一直以来，电信企业对 IT 系统的建设和 IT 技术的发展都非常重视，相较于其他传统企业更加追求技术进步。每次有重大技术变革或理论创新，电信企业都会最先做出反应，敢于尝试。然而，随着近几年互联网企业的崛起，在新兴互联网技术不断涌现的情况下，电信企业受传统业务连续性保障的制约，在新技术、新思想方面的探索和发展相对滞后。

电信业 IT 系统的发展历程绝对可称得上是一部中国 IT 技术的发展史。开发语言经历了 FoxBase、PowerBuilder、Delphi、Pro*C 到 J2EE、JEE 的变迁，系统架构经历了单体、C/S 架构、B/S 架构、SOA，目前已全面实施分布式系统架构。从跟随到引领，电信人从来没有放弃对技术进步的追求。"让技术驱动创新，让软件定义一切"一直是我们前进的方向。

1.2.1 "大算盘"时代

前面讲到业务支撑系统的发展经历了四个阶段，支撑系统实现了从无到有，从高速发展到稳定运营的发展过程。这里谈的大算盘时代并没有明确的时间节点，如果非要划个界线，就以邮电部电信总局的"九七工程"为界。"九七工程"的实施，标志着电信业务支撑系统建设的正式起步。

实施"九七工程"前，业务单元都是以市为单位进行运营管理的。当时的业务比较简单，主要围绕着装机、配号、配线展开，计费也比较原始（通过 C 程序解码交换机上的磁带，计算话费）。各县市资源调配、资源管理依赖于笔记本电脑、Excel。后来相继用 FoxBase 开发了一些管理系统，这些系统从功能上看基本上是手工操作的模仿和延续，也就是通常所说的"大算盘"。这些系统几乎没有管理功能，可管理性差，更谈不上数据共享、信息传输等现在看来最基础的能力。在当时，软件架构绝对是高大上的东西。

进入 20 世纪 90 年代以来，我国电信行业的业务量每年以 45%～50% 的速度递增。原来的服务手段和管理水平已不能满足业务的发展，装机难、修机难、查询难等成为电信营业部门的心病。为了解决先进的电信网与落后的服务手段不相称而带来的各种问题，1995 年 5 月，邮电部电信总局提出开发和建设"市内电话业务计算机综合管理系统"，即"九七工程"。从此，电信业务支撑系统进入了 C/S 时代。

1.2.2 C/S 时代

"九七工程"共分为九个子系统。其中，营业受理、配线配号、订单管理、机线资源、综合管理与查询属于基本子系统，112、114、计费、号簿子系统与基本子系统完全实现数据共享。根据电信总局对"九七工程"的实施要求和对各子系统相互之间关系的阐述，以大唐电信为代表的一些厂家基于当时的技术条件，选择 PowerBuilder+Oracle 的架构模式，也就是所谓的 C/S 架构。

然而，PowerBuilder+Oracle 模式并没有持续多长时间，基于安全考虑，要求前端不能直接访问数据库。于是 Delphi+Pro*C+Oracle 的模式应运而生，这也是最初的三层架构的雏形了（如图 1-4 所示）。Delphi 程序作为客户端负责与用户交互；Pro*C 程序运行在 CICS 中件间提供业务服务，阻断客户端直接访问数据库；Oracle 数据库服务器提供数据服务。通过这种三层架构设计，从技术上消除了客户端直接访问数据库带来的风险。

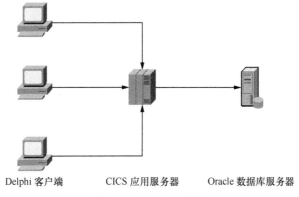

Delphi 客户端　　　　CICS 应用服务器　　　Oracle 数据库服务器

图 1-4　C/S 三层架构

在这个阶段，电信业务的发展也走上快车道。伴随着用户量的不断攀升，移动网络的快速发展，再加上电信企业的拆分、重组以及市场化改革，市场竞争加剧，业务类型不断丰富，管理要求越来越高。这时，C/S 程序的数据分散、客户端升级维护麻烦，业务响应慢等弊端开始突显，已经很难满足业务的快速发展。与此同时，B/S 程序作为一种新的软件架构模式展现了其强大的生命力。而随着 J2EE 的不断发展以及大量成功案例的出现，B/S 软件架构的企业级应用登上了历史舞台。

1.2.3　MVC 垂直应用

B/S 软件架构的兴起让人们开始憧憬 Web 程序给客户带来的便利。不用再在每个客户终端安装应用程序，对客户终端的要求变得更简单，只需要能够正常上网即可。同时，软件升级和维护也变得容易，只需要更新服务器上的软件即可，这对客户的人力、物力、时间、费用的节省是显而易见的。Web 程序的巨大成功，推动了 Java 的快速发展，而 Java 的发展又推动了企业级 Web 应用的普及。根据 J2EE 的标准，软件架构分为三个层级（如图 1-5 所示）。

通常意义上的三层架构就是将整个业务应用划分为：表现层（UI）、业务逻辑层（BLL）、数据访问层（DAL）。每个层次的职责如下。

① 表现层（UI）：通俗讲就是展现给用户的界面，负责与用户交互，用于接收用户输入的数据和显示处理后用户需要的数据。

② 业务逻辑层（BLL）：表示层和数据访问层之间的桥梁，针对具体问题的操作，负责实现业务逻辑。

③ 数据访问层（DAL）：负责与数据库打交道。主要实现对数据的增、删、改、查。将存储在数据库中的数据提交给业务层，同时将业务层处理的数据保存到数据库。

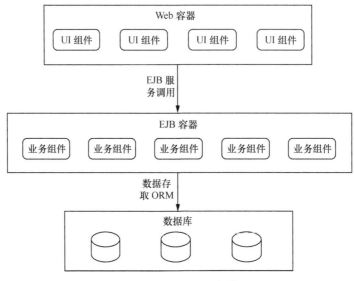

图 1-5　J2EE 三层架构

　　严格来说，MVC 不是一种应用架构，它是表现层的一种设计模式。基于表现与数据分离的原则，表现层分为三个模块：Model-View-Controller。由于早期的 J2EE 应用都是基于 MVC 的三层架构垂直构建的，所以后来人们也就称这种垂直构建的三层系统为 MVC 应用，也称为单体架构。MVC 系统生态如图 1-6 所示。

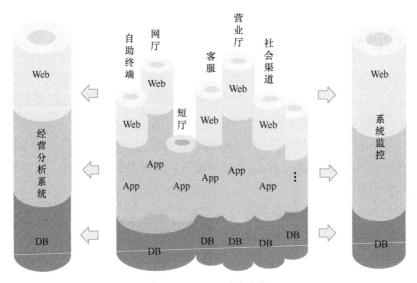

图 1-6　MVC 系统生态

　　MVC 时代的业务支撑系统建设的特点就是造"烟囱"。在信息化大潮下，业务处在高速发展阶段，在先建设再优化的指导思想下，各个运营商都建设了各种各样的数目可观的信息系统，如营业系统、计费系统、渠道系统、决策支持系统等。每个系统由一个或多个厂商承建，自成体系。久而久之，这些系统不仅个体庞大，且相互之间没有通信，就好像一个个的大烟囱。

"烟囱"多了，造成了信息孤岛，于是支撑系统又开始踏上破孤岛、系统整合的道路。主流的 EAI 整合方式主要有三种：界面集成、服务集成、数据集成。

① 界面集成是通过前台框架把不同的系统的页面集成到一个系统中（或称系统门户）。这种方式相对比较简单，也是当初最常用的集成方式。界面集成涉及的关键技术有 Portal 和单点登录（SSO）。简单地说就是，通过 Portal 技术把其他系统的相关界面集中到一个门户中，然后通过 SSO 解决跨系统登录访问的问题。

② 服务集成是不同应用系统之间通过共享的服务进行功能的整合和数据同步。它本质上是数据集成的一种服务化的表现形式，是 EAI 集成的高级阶段。服务集成有力地推动了 WebService、SOA、RPC 等技术的发展。

③ 数据集成是为解决信息孤岛把不同系统的生产数据在逻辑上或物理上进行有效的集中，为企业提供全面的数据共享。数据集成的方式比较多，如联邦数据模式、中间件模式、数据仓库等。电信行业是国内最先尝试数据仓库（中国移动在 2001 年就开始学习研究数据仓库）的企业，为中国培养了大批的数据工程师。现在很多从事大数据、人工智能方面的中高级人才有电信经营分析的从业背景。

系统建设、系统整合几乎是 MVC 时代的主旋律。建设初期系统相对比较简单，但是随着时间的推移，业务的不断发展，系统会变得越来越臃肿，关系也变得越来越复杂，给运维带来了很大风险和难度。此外，成本居高不下，重复建设造成了严重的资源浪费。"大象病"就是这么一点点形成的。

如何才能更好地实现服务复用，避免重复建设，简化系统间关系呢？于是，SOA 出现了。

1.2.4　SOA 服务化

SOA 是指面向服务的架构，强调以服务为基础搭建的企业 IT 架构。它通过建立标准解决了服务"复用"和系统间"互操作"等问题。SOA 虽然出现很早，但是当时的技术水平和市场环境尚不成熟，并未引起人们的广泛关注，直到 Web 服务和 SOA 参考模型的出现，SOA 才真正进入高速发展阶段。2005 年左右国内外开始有厂商推动 ESB 产品在运营商系统的落地。

因为电信行业的 IT 系统间关系并不是简单的平行并列关系，而是"核心 + 外围"星形模式，所以运营商并没有大规模引入 ESB，只是在一些技术先进省份进行试点。调用关系是单向的，一般是外围系统调用核心系统提供的服务，并不太适合 ESB 的业务场景。再加上 ESB 的定制能力差，核心系统在服务开放形式上只能以当时最标准的 WebService 的形式进行注册和发现，性能上存在严重的问题。因此，在核心业务系统领域，并没有使用 ESB 产品，而是自建接口平台。

接口平台实现了服务汇集，同时实现了外围系统对核心系统的隔离。以 CRM 为例，CRM 除了提供垂直应用的营业功能外，还对外提供了大量的接口供外围系统调用，如电子渠道、社会渠道、ESOP、网状网以及外部银行、商城等渠道。这些渠道通过接口平台实现了与 CRM 的通信（如图 1-7 所示）。

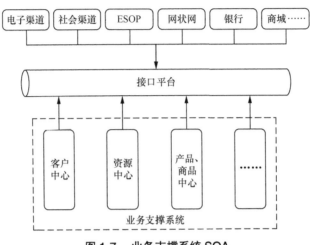

图 1-7　业务支撑系统 SOA

随着服务化的深入、新业务的不断涌现以及市场竞争的加剧，对业务支撑系统的要求越来越高，而上述架构在 ESB 或接口平台上的瓶颈也日益凸显。原系统架构主要问题表现在：

① 缺乏有效的服务治理，服务资产混杂不清，没有有效的服务管控手段；

② 业务支撑响应慢，系统尾大不掉，无法做到实时更新和模块化发布；

③ 系统可用性差，无法做到 7×24 小时无间断提供服务；

④ 创新业务难以支撑，特别是带有互联网特点的创新业务，如团购、秒杀等。

传统的 SOA 模式已很难满足业务的快速发展，急需一种新的架构模式，既要解决单体架构沉重的负担，又要高效率实现服务化的功能，这时微服务架构出现了。

1.2.5　微服务架构（MSA）

SOA 虽然解决了部分服务复用和系统间整合的问题，但它并没有解决"大象病"带来的系统臃肿、反应迟缓、运维困难的问题。新技术、新业务以及市场竞争的加剧，对系统的业务支撑能力提出了更高的要求，如 7×24 小时不间隔服务、模块化快速迭代、应用的水平扩展、资源的弹性伸缩等。

认知的提高会催生技术的发展，新的难题一定会有新的解决方案。在这方面，IT 领域总不会让人失望。正是由于大家对系统敏捷的追求，对高可用、水平扩展、弹性伸缩的渴望，Docker、DevOps 从一出生就高歌猛进，大大加速了微服务架构的推广实践。

微服务架构是一种分布式服务架构模型（如图 1-8 所示），与 SOA 的主要区别在于一个是分布式调用，另一个是集中式调用。

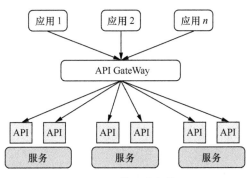

图 1-8　微服务架构

面对如此势头，运营商不会无动于衷，于 2014 年开始规划新一代业务支撑系统的架构演进路线。作为国内最大的电信行业 IT 解决方案的提供商和服务商，亚信科技一直在跟随世界 IT 发展趋势，关注着新技术发展动态，不断地尝试新技术的实践方案。

在 IT 技术领域，没有最好的，只有最合适的。结合对电信行业的理解和系统特点，亚信科技已形成了一套完善的企业级微服务架构。

新架构的主要特点如下。

① 分布式：实现了三个层次的分布式，分别为物理部署分布式、服务部署分布式、数据存储分布式。

② 高可用：由于分布式架构，再加上服务发现和集群化部署，避免了单点故障可能引起的业务故障。服务自动注册功能又使得系统可以实时发布，实现了系统 7×24 小时不间断服务。

③ 可伸缩：正是基于分布式架构高可用设计和动态路由支撑，使得应用对主机的启、停无感知，真正做到按需、随时分配资源。

④ 运维智能化：服务治理、DevOps 实现了应用部署自动化，服务关系可视化，服务状态可控化，资源分配自动化，告警、预警智能化。

1.3　电信业务支撑困境

随着技术的发展和业务的增长，电信业务支撑系统的架构和软件开发模式渐渐落后。由于缺乏有效的手段进行服务管理，在系统开发和运维过程中产生了大量冗余、耦合的代码。服务接口重复开发，服务关系错综复杂，业务边界交叉重叠，这给开发和运维带来极大的挑战。需求支撑响应越来越慢，上线故障越来越多，上线时间越来越长，失败次数越来越多，对创新业务的支撑越来越难。系统运维难以为继，运维人员苦不堪言，我们作为其中的一员深有体会。

下面，我们以某省运营商为例，总结了其业务支撑系统存在的问题以及产生问题的原因。

1. 重复建设维护成本高

重复建设分两个层面，一是系统层面重复建设，这是由于系统没有统一规划，而系统建设多是由各职能部门和渠道独立建设，业务功能有较多类似或相同，本书在此不做过多的论述。二是服务层面重复开发，这主要与系统架构、软件开发模式有关，造成重复造轮子的严重现象。

由于系统架构缺少有效的代码开发质量管控手段，软件开发还是采用面向过程的开发模式（Server、DAO 的开发模式），造成 Server 成为各种服务的容器。再加上合作伙伴的开发人员流动性大，开发任务重，开发人员为了尽快完成任务，规避风险，往往知道有相同的服务或相似的服务也不敢用，都是先复制，再修改，先保证自己的需求上线再说。久而久之，服务重复越来越严重，业务边界越来越模糊，服务关系越来越复杂。举个例子，在系统中仅客户资料查询就存在 180 个类似的服务，而一个"Server 容器"就有几万行代码，上百种方法，这样的系统很难维护。

2. 支撑响应速度慢

支撑响应速度慢除了管理流程方面的原因外，主要还有系统架构的制约。由于系统采用的是单体架构，后台对业务没有进行解耦，所以整个后台服务耦合在一起，每次上线发布都要进行代码的全量编译（一个 JAR 包），效率低。其次，前后台服务调用采用的是简单的负载转发，没有实现服务的注册、发现，做不到系统的全天候发布，系统升级或新业务上线往往只能在晚上空闲的时间进行。最后，代码管控力度不足，系统可维护性越来越差，开发难度上升，测试耗时增加，再加上厂家人员流动性大，这些都严重影响了业务的支撑响应速度。

3. 运维风险不可控

服务运行中出现问题，缺乏有效的管控手段。一个服务出现问题，影响多个业务和渠道，无法预知。如某个业务变更影响了互斥规则校验服务，可能会导致开户、产品变更等大批业务不可用；服务的质量无法保障，如电子渠道进行抢购、秒杀等营销活动时，短时间内产生海量（瞬时并发约 20000 用户）的互联网订单，造成订单管理系统运行缓慢，营业前台受理受阻，业务无法开展，严重影响客户体验；监控手段缺失，缺少对服务调用、服务质量的监控，无法进行调用链分析和故障传导分析，无法快速、准确地定位问题。

4. 创新业务难支撑

近些年随着移动互联网的兴起，"互联网＋、大众创业、万众创新"的国家战略实施，彻底激发了人们的想象力，各种创新应用、商业模式层出不穷。面对如潮的创新应用，业务支撑系统明显感到力不从心，无法跟上业务发展的步伐。如某手机电子商城，为了提升客户体验，提升竞争力，想在卖手机的同时能够办理套餐，这样的需求目前就很难满足。还有，对于互联网公司经常使用"秒杀、抢购"等营销活动，业务支撑系统也很难满足。面对市场前景无限的手机类支付创新应用，系统也难有所作为。

事物都是发展变化的，没有什么是一成不变的，IT 系统更是如此。系统在建成初期，功能丰富且创新前瞻，很好地满足了当时业务的发展。但是，IT 是有时效性的，随着时间增长和业务的变化，IT 系统也会出现不适。IT 系统发展的历史就是一部业务与技术博弈的发展史，两者呈螺旋上升趋势。业务在很长时间内占据了主导地位，俗称业务定义 IT。近些年，技术发展迅猛，正在改变着这个世界，带我们进入了 IT 定义一切的时代。

1.4　电信与电商

电信和电商，一个代表传统，另一个代表新兴。阿里云的王坚博士曾经这么形容这两个行业，传统行业里的一群人，他们的公司赚了不少钱，但是他们整天愁眉苦脸的，表示自己干得多辛苦，多烦躁；新兴行业里的这群人呢，他们的公司没有赚到钱，但是他们整天兴高采烈的，表示自己又怎么怎么进步了。这种情况，恰好反映了电信和电商给从业者带来的感受。

电信主要代表中国移动、中国电信、中国联通这三家通信公司。电商主要指淘宝、京东、苏宁易购、亚马逊等通过互联网进行网上贸易的电子商务公司。电商是一种商业形态，通过互联网进行网上贸易，从这点上讲，任何企业只要有交易都可以做电商。随着国家"互联网 +"战略的实施，过不了多久，很多传统企业也都变成"电商"了。

电商的快速发展，对各行各业带来了深刻影响，到处都在讲互联网思维，提互联网转型。电信行业也不例外，运营商纷纷树起改革大旗，进行互联网化转型：体制去电信化，内容互联网化，产品开发运营一体化，运营轻资产化等。本节讲电信与电商的区别，主要是站在业务支撑的角度，分析电信企业与电商企业的差别，为电信企业的互联网转型提供参考。

1. 思维方式不同

首先，电信思维是以产品为中心。所以，电信思维一定要把概念、定义、范围等说清楚。其次，电信思维是稳定压倒一切。7×24 小时不间断服务，6 个 9 的稳定性要求，都是电信级服务标准的具体体现。"永不消逝的电波"更是通信从业人士的毕生追求。为实现"稳定第一"的目标，就要做到系统的标准规范，行为的整齐划一。最后，电信思维是层级化组织之下的分工协作。管理运作规范比较严格，各个单位和组织都是基于树状结构建立的，跨部门时通常需要上级单位介入，才能很好地沟通协作，因此也呈现出更多的权力和资源的集中化。

什么是互联网思维？首先，互联网思维是以客户为中心。同样从事信息产业，相对于高冷的电信领域，互联网企业更接地气，因此更能与客户产生共鸣。其次，互联网思维说干就干，追求时效。好的创意，好的点子，如果不马上去实现，很可能就会错过"风口"。企业衰落周期随着互联网改变产业的速度在加快，所以"敏捷、高效"是互联网公司的生存之道。最后，互联网思维看重开放合作，注重生态。

正是基于互联网思维，互联网公司的组织架构都比较扁平，组织灵活，一般都是小团队作战。正如康威定律所述架构决定组织，反映在互联网企业的 IT 架构上就是"小、快、灵"。不需要做一个大而全的产品，而是专注功能、灵活组织、快速迭代。如某电商平台的"大中台，小前台"系统架构，就如美军的"特种部队 + 航母舰群"的组织结构方式。十几人甚至几人组成的特种部队在战场一线，可以根据实际情况迅速决策，并引导精准打击，而精准打击的导弹往往是从航母舰群上发射而出。

2. 客户体系不同

所谓客户体系，是指与客户有关的各种属性值，以及各种属性之间的关系。例如移动客户的属性中，既有个人基础信息（包括姓名、性别、年龄、教育背景、职业等），也有行为信息（活跃度、位置信息、终端等）、消费信息（账单、价值、新业务黏性等）等扩展属性。而对于企业客户来说，客户的模型就完全不一样了。统一账号收敛的只是客户 ID，要在建立起一个新的客户编码后，把这些原来千差万别的客户属性梳理组织在一起。

传统的运营商体系是以产品为中心的。无论是固网、宽带，还是移动、IPTV，都是相互独立的运营体系。这种独立最直接的表现就是每个业务都有独立的用户 ID：固定用户是本地网号码，移动用户是移动号码，宽带用户也有自己的账号等。目前运营商所谓的客户体系，多是以产品为中心各自建立的，虽然在 IT 支撑领域实现了一定程度的融合，而且单一业务形态下的客户体系已经比较成熟，但对于统一账号之下的客户体系，在先进性、完整性、适应性等方面还存在比较大的差距。

互联网公司的发展往往都是从一个业务开始，然后再通过不断地创新拓展和兼并整合，扩大业务范围和客户规模。因此互联网公司一般形成了以客户为核心的体系设计，客户单一的 ID 往往是互联网公司最初或者最核心的业务，再向下分解是各个产品和业务。

3. 经营模式不同

运营商与客户之间是租约性交易，一次合约后通过持续运营可以周期性获得收益，所以经营之道在于"建网——营销——运营"，前两步的目的都是为最终能持续收益。另外，大部分运营商采用属地运营模式，这一模式在企业发展初期很好地契合了发展要求，取得了非常好的效果，但是随着传统电信业务的逐渐管道化，新业务发展呈现快速、统一的要求。

互联网与客户之间很少有周期性的付费合约，要么靠营销提成，要么靠后向收费把前向的流量变现。订单转化为收益的周期短，营销成功就意味着胜利。所以我们看到，互联网企业将各种资源都聚焦在营销环节，产品研发、组织架构、管控体系等都是以营销为核心的。另外，互联网公司集中的是整个客户运营体系，为客户集中提供服务，对客户的需求集中响应，集中地为客户解决问题，实现了端到端的集中。

第 2 章
让大象学跳舞

让大象轻盈地舞蹈，离不开合适的舞台和驯兽师对大象身体各部位的控制和调教。大型单体软件系统也一样，要让系统敏捷，也需要一个合适的平台和对软件系统的解耦。

2.1 大象能跳舞吗

大象能跳舞吗？答案显然是肯定的。正如前面所讲的业务与技术的辩证关系一样，两者是相互促进、相辅相成的。系统用久了，变得臃肿、迟缓，那一定会有办法让它重新轻盈、敏捷起来。

2.2 大象的舞台

究竟搭建什么的舞台才能让大象轻盈地舞蹈呢？

云原生计算基金会（CNCF）给出了答案，在云的时代就要实现云化的应用。这涉及应用的架构、应用的开发方式、应用的部署方式和系统维护技术等方面，真正发挥云的弹性、动态调度、自动伸缩等一些传统 IT 所不具备的能力。CNCF 给出了云原生应用的三大特征。

① 容器化封装：以容器为基础，提高整体开发水平，形成代码和组件重用，简化云原生应用程序的维护。在容器中运行应用程序和进程，并作为应用程序部署的独立单元，实现高水平资源隔离。

② 动态管理：通过集中式的编排调度系统来动态地管理和调度。

③ 面向微服务：明确服务间的依赖，互相解耦。

云原生包含了一组应用的模式，用于帮助企业快速、持续、可靠、规模化地交付业务软件。云原生由微服务架构、DevOps 和以容器为代表的敏捷基础架构组成（如图 2-1 所示）。

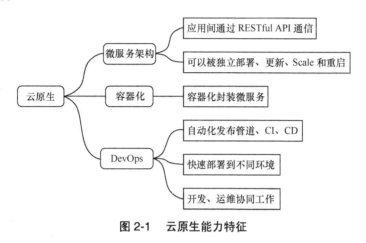

图 2-1　云原生能力特征

2.3　大象跳舞"四步曲"

虽然运营商支撑系统的转型面临巨大挑战，但我们还是非常有信心通过微服务化实践让这头大象变得轻盈、灵巧。

如何才能让大象舞动起来？笔者认为需要如下四个步骤。

① 第一步：搭舞台，基于云原生搭建微服务架构平台；

② 第二步：瘦身，按业务领域拆分业务系统，重塑核心能力；

③ 第三步：学步法，容器化封装应用，实现资源共享和弹性伸缩；

④ 第四步：轻盈起舞，消息框架开路、数据库筑池、故障自愈、全链路监控、灰度发布。

第二部分
构建微服务架构

第 3 章
微服务架构综述

系统架构发展到今天，进入了微服务架构时代，微服务架构的系统开发与传统单体应用的开发有很大的差别。传统单体应用的开发是业务定义 IT，业务在整个系统开发过程中占主导地位。微服务架构的系统开发则是 IT 定义软件，因为要实现微服务必须是 IT 架构先行，只有搭建好支撑微服务运行的架构平台，才能够进行微服务的开发或改造，IT 架构的好坏直接决定了应用系统的成败。

本章将会介绍微服务的本质，以及企业将如何实践微服务架构。

3.1 微服务的本质

微服务的诞生并非偶然，它是软件发展到现阶段的必然产物。随着互联网的高速发展，敏捷、精益、持续交付方法论渐渐深入人心，容器技术和 DevOps 的成熟应用，再加上传统单体架构无法适应快速业务变化，这些因素都促成了微服务的诞生。微服务将引领软件架构朝着高扩展性、高可用性和弹性计算方向发展。

3.1.1 什么是微服务

什么是微服务？顾名思义，微服务要从"微"和"服务"两个词上去理解。微，狭义来讲就是体量小，这里的小是相对的。相对一个系统，一个服务可能占有的空间和资源比较小。而所谓服务，一定要区别于系统，服务是一个或一组相对较小且独立的功能单元，是用户可以感知的最小功能集。

微服务是一种架构风格。一个大型复杂软件系统通常由许多微服务构成，系统中的各个微服务可被独立部署、独自演进，各个微服务之间松耦合，每个微服务代表着一个完整的业务单元。尽管"微服务"这种架构风格并没有精确的定义，但微服务的实施都具备一些共同的特性。

总体来讲，微服务具有以下特点。

1. 服务粒度小

在定义微服务的时候，遇到的第一个问题就是如何定义"微"，多小的粒度称为微服务？是这个名字给了大家误导。其实，完全没有必要去追求"微"的尺度，应该回归服务的本质，即应该关注你所设计或划分的业务领域。这里再强调一下，这里的"微"是相对的，真实情况可能并不小。鞋子合不合脚，只有自己知道。微服务也是一样，服务划分的粒度也不是越细越好，应该与自己业务水平和架构能力一致。如果没有好的架构能力，却过分地追求更细的粒度，反而会适得其反。微服务粒度如图 3-1 所示。

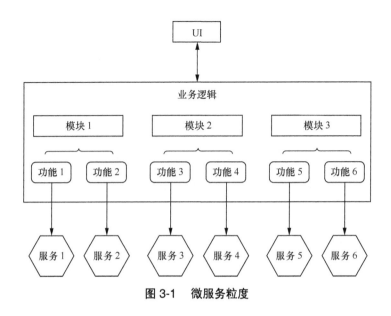

图 3-1　微服务粒度

在电信行业，通常按业务领域划分不同的业务能力中心，一个能力中心就是一个微服务应用单元，如用户中心、资源中心、订单中心等。

2. 功能单一

微服务就像积木，每个积木都有自己的作用，通过积木之间的搭配、组合，能够搭建起具备复杂功能的实体。微服务的设计遵循面向对象设计的单一职责的原则。一个业务系统应该由大量的微服务构成，业务流程通过服务编排去实现，这样系统才具有更大的弹性和可塑性。

微服务越多、越全面，实现一个新业务就会越简单，原来的代码开发可能就变成了流程编排。然而，这里还是要强调一下度的问题，微服务拆分的粒度要与自己的技术和管理水平保持一致。

3. 轻量化通信

微服务之间是解耦的，但一个业务功能往往需要多个微服务协作才能完成。因此，服务间如何高效通信就显得非常重要。微服务架构通常会选择与语言和平台无关的轻量化的通信协议，如 RESTful 风格的 API。微服务集成如图 3-2 所示。

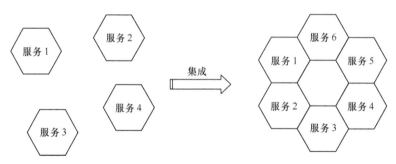

图 3-2　微服务集成

4. 弹性伸缩

微服务是没有状态的，因此，很容易通过实例数的增减实现服务能力的弹性伸缩。由于微服务架构平台原生为微服务提供了负载均衡机制，在需要服务扩容时，仅仅需要创建更多的服务实例即可（如图 3-3 中的实例 5）。

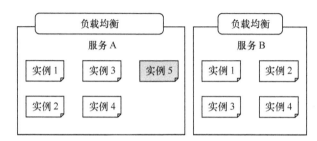

图 3-3　微服务扩容

5. 独立性

每个微服务能够实现独立的开发、测试、部署、演进、多版本发布，具体如图 3-4 所示。

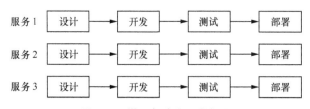

图 3-4　微服务独立开发部署

独立部署带来的优势很明显，首先，在生产系统发现功能有缺陷，可以快速对该功能进行回滚，不会影响到整体业务，即使尚未回滚，在系统中影响的仅仅是这一个功能；其次，该微服务能够实现低成本的线性扩展，不像在单体架构中，扩展某一模块的吞吐量，需要增加整个系统的实例；最后，可维护性强，对该模块的升级、修改不需要重启整个应用。

3.1.2　微服务架构特点

实施微服务化的系统架构就是微服务架构。微服务架构并不是横空出世，它是业务、技术发展到一定阶段的必然产物。它从 SOA 架构、分布式服务框架持续演进而来。既然微服务架构是从 SOA 架构和分布式框架演变而来的，那么它也就兼具两种架构的一些特点。

首先，微服务架构是分布式的。分布式架构系统设计的原则和方法同样适用于微服务架构的系统设计，同样的分布式系统常用的基础设施和中间件（如分布式消息中间件、分布式缓存、分布式事务协调器等）依然是微服务架构中的重要组成部分。如果抛开分布式去谈微服务架构，那就是空谈。

其次，微服务架构与 SOA 架构一样，与开发语言无关，它并没有一个被严格定义的标准规范和实施指南，更多体现的是一种设计理念和指导思想，归纳以下几点。

① 轻量级的服务：每个服务实例只提供与自己密切相关的一种或几种服务，粒度小、量级轻，便于微团队快速开发、部署、测试与升级。

② 松耦合的系统：微服务之间的调用也是客户端的一种调用方式，仅限于接口层的耦合，避免了服务实现层的深度耦合。因此服务之间的依赖性被降到了最低，系统的整体稳定性与平滑升级能力得到了提升。

③ 水平扩容能力：由于微服务架构中都原生地提供了服务调用均衡机制，因此对于无状态的微服务，可以通过独立部署多个服务进程实例来提升整体的吞吐量。由于每个微服务可以单独扩容，因此微服务架构具有很强的运行时的性能调优能力。

④ 积木式的系统：每个微服务通常被设计为复杂业务流程中一个最小粒度的逻辑单元，一个完整的业务流程通过编排这些微服务而形成的工作流。这样，升级或者新开发一个新业务流程就变成了简单的积木游戏。而随着微服务越来越多，它的复用价值越来越大，因此新业务快速上线的要求就变成了一个可准确评估和预测的计划任务。

3.1.3 SOA 与微服务

SOA 是一种架构思想，微服务是对 SOA 的进一步深化和发扬（SOA 与微服务的关系如图 3-5 所示）。SOA 要求系统间通过服务化实现互联，通过服务编排实现快速能力响应，但在 SOA 的实践过程中，ESB 这种集中式的服务管控模式成为 SOA 的实施标准。

微服务是分布式调用模式，在实践过程中为了服务治理的需要，微服务架构引入 API Gateway 以实现集中管控，于是就形成了如今的集中管控、分散调用的微服务架构模式（注意 API Gateway 与 ESB 是以不同的形式存在的）。

区分微服务架构与 SOA 主要体现在架构实践和服务间的通信方式及管控模式上。两者在服务间通信方式及管控模式方面的不同，也就是 ESB 与 API Gateway

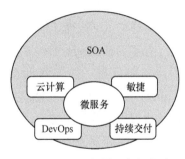

图 3-5 SOA 与微服务的关系

之间的差别。ESB 采用的是集中管控、集中调用的方式，通信方式通常采用与语言无关的 WS 方式。而 API Gateway 则只负责服务管控和服务路由，不包括服务调用过程。微服务通常采用简单轻量级协议，如 REST。

在架构实践上，伴随过去十几年互联网行业的高速发展，以及敏捷、持续集成、持续交付、云技术等的深入人心，微服务架构的开发、测试、部署以及监控等方面相比传统的 SOA 实现，已经大相径庭。主要区别如表 3-1 所示。

表 3-1　SOA 实现与微服务架构实现的对比

SOA 实现	微服务架构实现
企业级，项目式开展实施	团队级，持续不断地发展演进
服务由多个子系统组成，粒度大	一个系统被拆分成多个服务，粒度小
企业服务总线，集中式的服务架构	API 网关，集中式管控，分布式调用
集成方式复杂（ESB/WS/SOAP）	集成方式简单（HTTP/REST/JSON）
单体架构、相互耦合、部署简单	分布式架构、分散部署、关系复杂

3.2　实现微服务架构

微服务的架构思想是好的，但要大规模地推广实施，还需要相应的配套技术支持。

微服务功能单一，粒度小。如果把一个系统拆分成很多微服务，还采用以前单体应用的运维方式，则会在系统的运维上形成瓶颈，可能达不到人们想要实施微服务的结果。试想，谁能维护成千上万的微服务实例呢？因此，容器化封装、自动化部署对于微服务架构来讲是必需的。微服务架构需要提供对微服务全面的监控管理，让开发人员真正专注于服务的开发。

2014 年，Docker 发布了 1.0 版本，迅速点燃了业界对微服务的热情。与此同时，DevOps 作为实现微服务的标配也一同进入了人们的视野，甚至连一直不温不火的 PaaS 平台圈也开始热闹起来。

Docker 封装了应用以及相应的依赖，实现了一次构建，随处运行。测试人员无须再为搭建测试环境而苦恼，也不必为测试与生产环境不一致造成的困惑而苦恼。

有了 Docker 还不够。系统拆解后，采用的都是分布式集群部署方式，这样就引出了新问题：如何管理众多的容器和容器间的通信？这时 Kubernetes 出现了。Kubernetes 是 Google 公司推出的容器集群管理调度平台。该平台向下提供对底层资源的虚拟化以及管理功能，为上层应用的部署提供资源调度，向上提供了应用的托管功能。应用以容器镜像的方式部署，平台为应用提供了故障自愈、扩、缩容等特性，大大简化了维护的复杂性。Kubernetes 与 Docker 的结合推动了微服务架构在企业的实践。

3.2.1 微服务参考架构

一个完整的微服务架构由多个要素构成，不像 ESB 之于 SOA 一样，确切地讲，它更像一个生态圈（如图 3-6 所示）。实现微服务不但需要基础设施的配合，还要有生产环节部门的协同；不但要有系统运行时的管理控制，还要有服务治理的安全保障，这些都是由微服务的特点决定的。

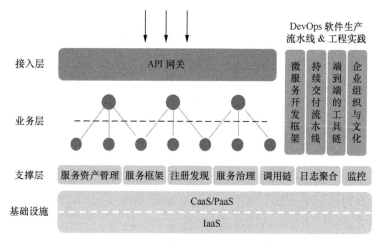

图 3-6　微服务架构生态图

微服务架构与垂直单体架构不同，是由一系列职责单一的细粒度服务构成的分布式网状结构，服务之间通过轻量机制进行通信，基于传统的静态网络地址的服务调用方式已不能满足需求。因此，微服务架构必然需要引入一种新的服务调用方式，即分布式服务调用。由于服务提供方都是以集群方式提供服务的，所以微服务架构必须能够实现负载均衡的能力。微服务化后，服务之间会有错综复杂的依赖关系，往往也不是百分百可靠，可能会出错或者产生延迟。如果一个应用不能对其依赖的故障进行容错和隔离，就会引起系统雪崩，所以一些针对服务调用的安全管控措施也是必不可少的。在微服务架构中，完成一笔业务可能需要调用很多微服务，也会跨越很多不同的容器和主机。这样一旦出现问题，传统的方式——根据日志去定位问题，那基本是行不通的，这时就需要平台能够提供分布式服务调用链跟踪分析能力。同样，微服务化后，原来的一个系统变成许多微服务，传统的部署方式已无能为力，自动化部署成为必然的选择。基于服务治理和系统安全考虑，需要对分散的服务进行集中管控，因此，服务网关也成为必然选择。

总之，微服务架构的实现必须具备以下能力。

1. 分布式服务调用

微服务天然是分布式服务，因此，服务的调用方式从单体的进程内调用（IPC）转变为进程间调用（RPC）。由于资源云化，服务实例在运行时的配置会动态变化，包括它们的网络地址。因此，分布式服务调用框架是微服务架构的基础，其核心是服务的注册与发现。

2. 服务网关

为了保障生产系统的安全性和服务治理的需要，鉴权和相应的安全措施是必需的。然而，如果为了保障安全性而在每个服务上都实现鉴权，这不但会带来代码冗余，而且每个微服务的演进也会受到严重影响。因此，在微服务的实践中，通过微服务网关实现对外服务集中管控成了必然选择。服务网关还具备授权、监控、负载均衡、缓存、静态响应处理等功能。

3. 全链路日志系统

因为一个请求的处理可能会跨越多个节点的不同服务，服务出现异常后，在分布式系统中很难定位。因此，对服务的调用链跟踪分析也是实现微服务架构的必然选择。全链路日志系统除了提供日志汇集功能外，还能够通过汇聚日志实现服务调用链的串接、分析和展示。

4. 分布式配置中心

分布式配置中心用于解决分布式架构下的统一配置问题。微服务架构下的应用配置，如果还依靠人力在每个实例上手工配置，不但效率低下，而且极易出错。通过配置中心，维护人员可以统一进行配置信息管理，由相应的应用来订阅拉取，并在所有实例上加载，这就大大降低了配置的工作量和出错率。

5. 自动化交付

微服务架构面对的是大规模的服务实例，传统单一系统的发布管理模式已经无法适应。而随着持续集成、持续部署技术的成熟，自动化交付已成为微服务架构的必备能力。

6. 服务容错

在可用性方面，微服务框架需要提供容错能力，以保证应用不会因为某个服务的过载或故障而整个系统不可用。容错的手段主要有熔断、限流、降级、隔离等。

3.2.2 应用的拆分粒度

微服务的实现需要对原有的应用系统进行合理拆分。

然而，如何拆分？拆分的粒度如何把握？

应用系统的拆分相对比较简单，通常根据高内聚、低耦合拆分原则按业务功能对应用进行拆分。然而，拆分粒度就没那么容易把握了。从理论上讲，应用系统拆分得越细，系统的可扩展性会越强、弹性也会越好。而且，服务关系也会越复杂，管理也会越麻烦。因此，微服务的拆分粒度是一个平衡的问题，即微服务的拆分粒度要与自己的技术管理水平一致。所以，业界也就不可能定一个微服务的衡量标准。

笔者的建议是先粗粒度地划分微服务，每个微服务包括比较多的接口以减少微服务的个数，这样可以减少开发、程序打包、测试及部署的工作量，有利于快速推进项目。

以某运营商业务支撑系统为例，第一阶段把业务系统拆分成 13 个能力中心（如图 3-7 所示）。当然，随着业务的发展和管理能力的提高，业务系统还可以继续拆分，以达到下一个平衡点。

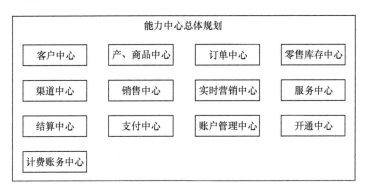

图 3-7　能力中心规划图

总之，应用系统的拆分要根据自己的实际情况进行，不要过于追求一步到位。如果应用拆分太细，不仅增加了后期服务集成的复杂度，也是对团队资源的极大浪费。如果让一个团队负责多个微服务，则团队不能聚焦于单一功能的开发演进，反而降低了效率。

3.2.3　微服务的集成

在微服务架构中，一项业务操作需要由多个微服务协作共同完成。这就涉及服务集成问题，即通过什么手段能让每个微服务都可以很好地协同工作。

微服务的集成有以下 4 种实现方案。

① 点对点连接。微服务的消息路由逻辑在服务端点上，服务之间直接通信，如图 3-8 所示。但是，这种方式在微服务众多的情况下会造成极其复杂的调用关系，不利于调用关系的管控。因此，这种方案在重视服务管控的电信业务支撑系统中很少使用。

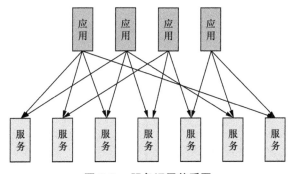

图 3-8　服务调用关系图

② 集中路由方案，即通过微服务网关，统一发起对所集成的微服务的调用。服务网关只负责服务路由和服务调用的集中管控，并不参与发起方与调用方的数据通信，如图 3-9 所示。目前，这种方式已成为微服务架构的常规选择。

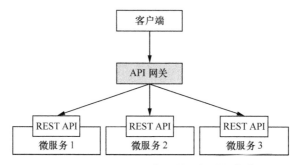

图 3-9　通过 API 网关对微服务进行集成

③ 通过流程编排实现微服务相互调用。这种方式类似于 ESB 的集成方式，通过服务编排，形成新的业务能力，供客户端调用，如图 3-10 所示。在业务流程中，可以通过消息的使用，加入异步处理流程。目前，该方案作为一种服务解耦和能力封装的常规技术手段成为微服务架构的必备能力。

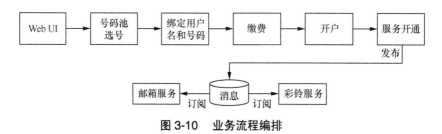

图 3-10　业务流程编排

④ 通过消息中间件实现微服务之间的调用。使用发布订阅模式，微服务之间建立订阅关系，通过消息的传递实现微服务之间的相互调用，如图 3-11 所示。这种方式比较适合服务关系简单且明确的应用系统，也是一种把分布式事务转化为本地事务的常规手段。

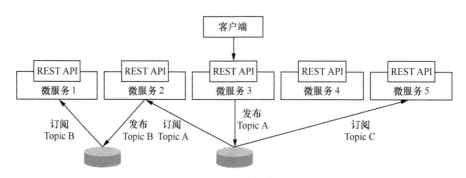

图 3-11　通过消息集成微服务

3.2.4　微服务对交付模式的要求

单体应用系统的研发，一般以项目化的形式运作。项目的特点是集中一段时间一次性开发上线。因此，单体应用系统研发是有时间周期的，而且是不连续的，研发团队也是临时性的。团队成员都是从其他职能部门临时抽调，一般包括项目经理、架构师、设计人员、开发人员、测试人员等。

在项目研发过程中，研发团队按需求在规定时间内完成功能开发，通过质量部门的测试后，如果没有问题，系统就正式上线运行了。客户验收没问题则标识着项目生命周期结束，项目组解散，剩下的工作就交由运维团队负责。后期，如果系统有新的功能需求或大的功能调整则只能在日常运维活动或项目二期中实现。

微服务架构模式下，系统的建设维护思路将发生重大变化，即由系统建设向系统运营转变。微服务架构实践要求全栈团队持续演进。这就要求组织是扁平的，团队是稳定的，团队成员构成是要满足所需技术栈的。

团队不再是一个临时性的组织，成员不再分属不同的部门，大家是一个有机的整体，责任明确。每个团队都有自己负责的微服务，微服务的服务能力和质量就是团队的绩效指标。工作也不再是阶段性地更换，而是持续不断地专注于某个业务领域。该模式的优势如下：

① 有利于团队的管理和稳定成长；

② 有利于培养全能型的业务领域专家；

③ 有利于问题的快速解决和业务的敏捷响应；

④ 有利于沉淀过程资产，提升生产率。

3.2.5　实现微服务面临的挑战

微服务不是"银弹"，它在解决一些问题的同时，也会带来新的问题。通常我们只是看到了微服务的优势，并未了解实现微服务的风险和要求。

1. 运维难度增加

一个应用不会因为单体变得更加庞大，也不会因为微服务变得更小。恰恰相反，实践微服务由于应用的拆分，反而增加了运维管理的难度，主要体现在以下几个方面。

（1）服务配置

应用拆分成微服务后，应用程序配置由原来的单一配置变成了多点配置，而且，微服务拆分得越多，配置的点也就越多。如果还依赖人工配置，则不但达不到实现微服务的目的，反而会增加出错的概率。

（2）服务部署

单体应用的部署比较简单，一般都是集群化部署，通过负载均衡就可以上线运行了。然而，对于微服务来说就比较复杂了。首先，整个系统是分布式部署，完成一项业务需要多个微服务的配合。其次，每个微服务又要集群部署，以满足流量和高可用性的要求。

因此，实现微服务必须先要解决自动化部署的问题。

（3）监控告警

"有能力去建设，就要有能力去维护"，这句话对于微服务也是一样的。既然我们要实现微服务，就要能够驾驭它。实现微服务需要对微服务进行全面监控，保证微服务的健康、稳定运行，并在服务异常时发出告警。然而，面对数量庞大、关系复杂的微服务集群，想要做到全面监控、确保系统万无一失并不是一件容易的事情。

（4）日志搜集

日志搜集主要用于故障定位。但在分布式的情况下，故障定位比单体模式下要困难得多，因为需要搜集所有节点的日志信息，并按照业务逻辑，将一次业务请求的上下游日志关联起来，逐步排查。

2. 分布式的复杂性

微服务的另一个主要不足是分布式带来的复杂性。原来各个模块的进程内通信变成了进程间通信，同时，在分布式环境下，网络的影响会增大。由于网络故障、抖动，可能会引起服务调用的失败或者变慢，需要提供额外的保障机制来确保系统的整体可用性。此外，在分布式系统中，如果出现系统故障，其故障定位也比单体系统困难得多，需要借助服务调用链跟踪技术来排查错误。

3. 数据一致性

微服务还带来了分区的数据一致性问题。分布式事务本来就有其复杂性，在微服务架构应用中，经常要更新不同服务所使用的不同的数据库。如购物场景，商品库存需要扣减，用户账户需要扣减，卖家账户需要增加，这就涉及一个事务要更新多个数据库，而每个微服务只能访问自己的数据库，因此需要一套完善的分布式事务管理机制来保障数据的一致性。

4. 基础设施自动化

微服务并不能使系统变得简单，相反，它增加了系统复杂度。实现微服务的目的是让系统变得敏捷，包括在线水平扩缩容和弹性伸缩。而想要实现微服务生态的水平扩缩容和资源的弹性伸缩，其前提是实现基础设施自动化，否则，就达不到实现微服务的目的。

基础设施自动化正如我们日常用电、用气一样，我们不需要知道电和气的生产和来源，只需安上用电装置，按需使用就行。微服务部署、运行也一样，我们不要关注部署环境是否满足要求，网络是否畅通，这一切都交由基础设施自动化去完成，它会监控一切、管理一切。我们只需按一下按钮就会自动部署，环境问题、计算资源分配问题、进程动态管理问题都由基础设施自动化按需分配、自动管理。

总之，基础设施自动化是实现微服务的基础，也能够让微服务团队更加专注于微服务的开发和演进。

3.3 微服务架构的实践

本节将以某运营商为例，讲述其在敏捷转型过程中的一些方法和思路。

为了应对日益增长的新业务和敏捷支撑的发展要求，该运营商借鉴一些互联网公司的成功经验开始尝试对业务支撑系统进行微服务化改造。总体思路是，首先升级原来的技术架构，实现分布式服务调用，同时虚拟化底层资源，实现弹性计算；然后再进行中心化建设，按业务领域把老系统拆分成若干业务中心（或叫能力中心）；最后引入敏捷项目管理，提升软件的交付质量和效率。

具体的实施过程分为 4 个步骤：建平台；业务拆分；容器化封装以及完善技术组件；提升稳定性。

3.3.1 建平台

正如前面所述，实现微服务架构与传统的单体架构最大的不同是 IT 架构先行。由于原系统架构是基于 MVC 的单体架构，一点改动都要整体重新编译上线，因此为了实现系统的分块迭代和资源的弹性伸缩，需要首先建设基础架构平台，以满足基础的分布式服务调用和底层资源的动态分配的要求。

该运营商原来有一套数据中心操作系统，起初，该系统是为整个数据中心打造分布式资源管理和调度的管理系统，它将所有数据中心的计算资源当作一台计算机来调度，实现数据中心级资源弹性伸缩能力。

2014 年随着 Docker 的横空出世，该运营商顺势而为，提出了以容器技术为核心升级原来的系统。决定把原来的数据中心操作系统打造成为一个私有容器云管理平台，作为新一代数据中心操作系统，同时为后期应用中心建设提供全面的基础能力支撑。

新的数据中心操作系统选择 Mesos+Marathon 组合方式实现计算资源的管理和调度，同时通过 HAProxy、Bamboo、ZooKeeper 技术组件实现服务注册和业务的引流。数据中心操作系统如图 3-12 所示。

作为容器云管理平台，新的数据中心操作系统主要有两个功能：底层资源管理和上层应用托管。底层资源管理主要为应用提供动态的计算资源，根据应用所需实现资源的弹性调度。上层应用托管主要实现对容器资源的管理和监控，为应用部署提供帮助。

接下来介绍数据中心操作系统是如何实现资源弹性调度、任务调度和服务注册与发现功能的。

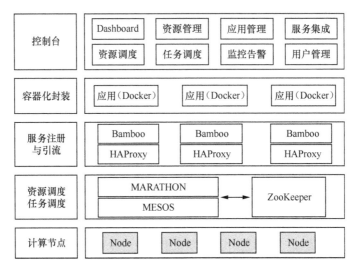

图 3-12　数据中心操作系统

1. 资源弹性调度

Mesos 作为数据中心操作系统的资源调度框架，为托管应用提供资源支撑。Mesos 整体架构如图 3-13 所示。

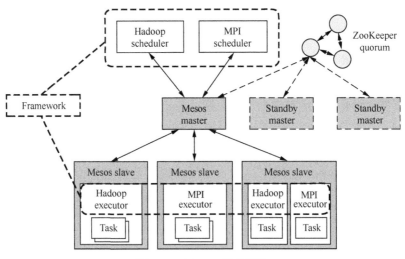

图 3-13　Mesos 整体架构

Mesos master 是 Mesos 的管理节点，是整个系统的核心，负责管理接入 Mesos 的各 Framework 和工作节点 Slave，并将 Slave 上的资源按照策略分配给 Framework。

Framework 是指运行在 Mesos 上的应用框架，如 Hadoop、Marathon、Chronos、Kubernetes 等。这些计算框架接入 Mesos 后，由 Mesos 统一管理和分配资源。

Framework 通过 Schedulerdriver 向 Mesos master 注册，接受 Frameworks 管理。接入的框架需自己提供 Scheduler，对由 Mesos 分配的资源进行二级调度。

Mesos slave 负责接收并执行来自 Mesos master 的命令和管理节点上的 Mesos Task，并为各个 Task 分配资源。工作节点上的 Executor 主要用于启动框架内部的 Task。由于不同的框架，启动 Task 的接口或者方式不同，当一个新的框架要接入 Mesos 时，需要编写一个 Executor，告诉 Mesos 如何启动该框架中的 Task。

Mesos 采用了 ZooKeeper 解决 Master 单点问题，多个 Master 注册至 ZooKeeper，在 Master 异常宕机时，由其他 Master 接管。

数据中心操作系统结合 Mesos 框架，实现了应用资源的二级调度。一级调度实现了框架层面的资源调度，如各个运行在 Mesos 上的应用框架（Framework），向 Mesos 申请资源，由 Mesos 为 Framework 分配资源；二级调度主要实现框架内部的资源调度，如各个 Framework 自身的调度器为自己的任务提供资源调度。资源的二级调度如图 3-14 所示。

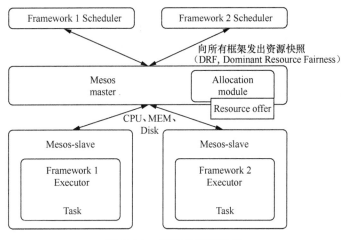

图 3-14　资源的二级调度

二级调度流程说明如下：

① Mesos slave 将节点资源上报 Mesos master；

② Mesos master 把可用资源以快照方式提供给框架 1；

③ 框架 1 从 Mesos master 提供的可用资源中接收所需资源；

④ Mesos master 为其他框架提供剩下的可用资源快照；

⑤ 框架 1 利用自身的调度算法实现资源在框架内的二次调度；

⑥ 框架 1 的任务在选择的节点上执行。

Marathon 支持根据实例负载情况对实例进行水平伸缩操作。在实践中，结合多年的系统运维经验，实现基于并发数、响应时间、CPU 和内存使用率等容量指标进行自动弹性扩缩容调度的模块。结合前面提到的 HAProxy、Bamboo、ZooKeeper 动态服务注册和引流能力，实现应用的自动弹性扩缩容能力。

数据中心操作系统的水平伸缩与上述服务注册相似。在服务负载较高的情况下，可通过 Marathon 为该服务创建更多的实例来分担流量负载，实现服务的扩容，如图 3-15 所示。

服务实例水平伸缩流程说明：假设服务 A 负载较高，需要通过 Marathon 创建新的服务实例为服务 A 扩容。

① 通过控制台（或者扩容机制），为服务 A 创建新的运行实例，将任务信息写入 Marathon；

② Marathon 向 Mesos 请求资源；

③ Mesos 为该实例的部署提供可用资源；

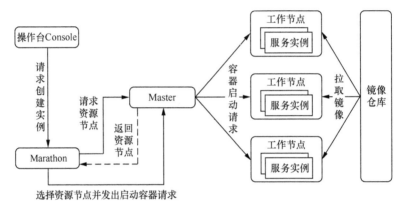

图 3-15　服务水平伸缩

④ Marathon 选择一个 Mesos slave，并向 Mesos master 发起创建容器请求；

⑤ Mesos 将该实例的创建信息发送至 slave，并更新至 ZooKeeper；

⑥ Slave 创建容器，并从镜像仓库拉取相应的镜像，运行该实例；

⑦ 该实例的信息由 Bamboo 发现，Bamboo 将该实例的 IP 和端口信息写入 HAProxy；

⑧ HAProxy 为访问请求引流。

2. 任务调度

任务调度是数据中心操作系统提供的应用部署和应用实例管理的一种工作机制，该机制用来实现应用在数据中心操作系统的部署，以及部署的应用在数据中心操作系统的扩容。任务创建之后，在资源节点上根据该任务定义的资源和镜像，部署相应的服务，对外提供相应的能力。

由于 Mesos 仅负责分布式集群资源分配，不负责任务调度。因此，需引入 Marathon 来基于 Mesos 做任务调度和管理。Mesos 集群支持混合运行不同类型的任务。

① Marathon 基于 Mesos 的任务调度为动态调度，即每个任务在执行之前对具体服务器和绑定的端口不知情。

② Mesos 集群上混合运行着包括 Marathon 在内的各种框架任务，当某台服务器

宕机以后，Marathon 可把任务迁移到其他服务器上，实现容错。

3. 服务注册与发现

数据中心操作系统采用服务注册发现机制，在数据中心操作系统上运行的服务需要进行注册，并由服务发现模块同步至负载均衡，实现请求的路由，最终实现请求对新创建实例的访问。

数据中心操作系统通过 HAProxy、Eureka、ZooKeeper 配合实现数据中心应用的动态服务注册与发现，其中，Eureka 主要用于服务注册与发现，HAProxy 提供负载均衡，ZooKeeper 用于服务注册。

服务注册与引流流程说明如图 3-16 所示。

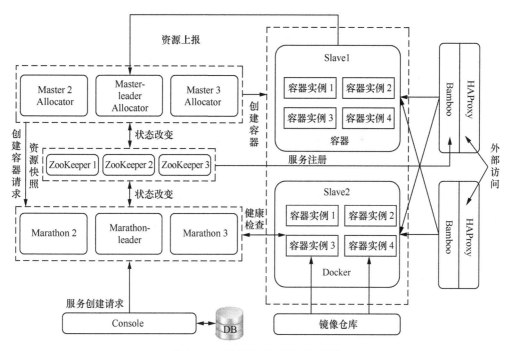

图 3-16　服务注册与引流原理图

① 用户通过控制台向 Marathon 发送任务创建指令，或者通过系统的自动扩容机制创建一个新的任务。

② Marathon 上创建一个任务，将任务信息写入 ZooKeeper。

③ Mesos 从 ZooKeeper 读取任务，为任务分配资源，并在选中的资源节点上创建容器。

④ Mesos 将创建任务的信息写入 ZooKeeper。

⑤ Bamboo 监测到 ZooKeeper 中相关的服务变化，将更新的信息同步至 HAProxy。同样，容器停止时会触发 HAProxy 更新，实现动态服务注册。

⑥ 业务请求通过 HAProxy 路由至某个服务实例。

3.3.2 业务拆分

该运营商微服务实践的第二步是业务拆分。图 3-17 是该运营商的业务中心规划和拆分计划。业务中心按功能分为业务中心、通用能力中心两大类，各中心单独演进，通过标准化服务的形式向外输出能力。

（1）业务中心

沉淀业务模式按照业务运营流程环节进行能力中心拆分。如客户中心（三户模型）、产品中心、订单中心、资源中心、支付中心等。未来可通过新增中心方式进行业务能力补充以满足业务模式演进的需求。

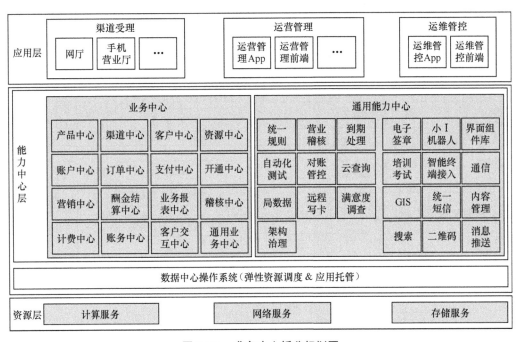

图 3-17　业务中心拆分规划图

（2）通用能力中心

通过聚集、沉淀系统中通用功能，形成基础能力组件，为各业务中心或对外提供公共服务，如规则中心、通知中心。同时，由统一的系统框架提供基础框架能力，如权限中心、日志中心等。

该运营商第一期对业务系统进行拆分，解耦形成了订单中心、账户中心、开通中心和支付中心；第二期又进一步对原系统进行拆分，形成客户中心、资源中心、业务报表中心等多个中心，同时针对业务发展需求对酬金结算中心、计费账务中心、渠道中心、稽核中心进行了业务架构优化。

3.3.3 容器化封装

容器化的出现大大降低了应用部署的难度，解决了分中心建设后分布式环境下大范围应用部署和维护的难题，同时，容器化也是实现应用水平伸缩和资源弹性计算的基础。因此，对业务中心进行容器化封装势在必行。

容器化封装就是将拆分建设的业务中心封装为独立的镜像文件，部署时每个业务中心作为独立的服务进行单独部署，各自演进。运维人员在数据中心操作系统上创建部署任务，Mesos 为待部署的服务提供资源调度，在选中的资源节点上创建容器，并从镜像仓库拉取相应的镜像，启动服务，同时，这些服务会被统一注册至注册中心，如图 3-18 所示。

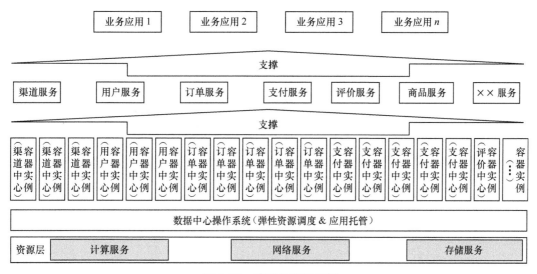

图 3-18　容器化应用托管

3.3.4 完善技术组件，提升稳定性

完善技术组件，提升系统的稳定性。首先，提升系统的抗压能力。为提升系统"抗压"能力，该运营商引入了消息队列和数据库筑池。通过消息组件，实现业务的异步处理和调用过程的解耦，以及中心间高效服务协同。通过数据库筑池，实现了数据库的负载平衡和高效连接。消息队列和数据库筑池有效保障了业务系统安全、高效工作。

其次，系统的故障自愈、全链路监控和灰度发布对提升系统稳定性也起到至关重要的作用。由于容器云平台（数据中心操作系统）接管了容器资源管理，因此，很容易就实现了故障诊测和自动恢复功能，以及通过路由策略调整实现多种发布形式。

服务调用链跟踪要求实现服务调用链的端到端跟踪，这对分布式系统尤为重要。因为对于分布式系统，如果前台应用报错，你想从后台通过日志文件的方式查找原因，几乎是不可能的。某省通过分布式日志处理组件，在基础框架中进行日志埋点，输出服务的调用，建立服务调用链，实现各业务中心服务调用的串接。最后，通过可视化界面把它的运行状态展示出来。可以使运维人员更加直观、便捷、精准地定位问题，了解各服务的运行状况。

通过这四步曲，初步建立起了一个分布式微服务框架平台。它使得该运营商的整个软件架构体系一下子豁然开朗起来，并为企业的整个软件系统建设和发展演进指明了方向。

接下来的章节将会介绍微服务架构的一些核心组件。

第4章
分布式服务框架

　　分布式服务框架是微服务架构的基石。因为不论是中心化建设还是微服务化改造，都是把原来的大系统拆分成了更细粒度的服务单元，进行单独部署和独立演进，而上层的业务流程没有变化，所以，服务调用由原来的进程内通信变成了进程间通信，这就离不开分布式服务框架的支持。还有，分布式带来的系统复杂度，需要有良好的服务治理，这也离不开分布式服务框架的支持。

　　本章主要介绍分布式服务框架的一般原理和一些关键技术的实现，同时，也会分享一些目前市场上主流的分布式服务框架的实现原理，供大家学习参考。

4.1　分布式服务框架的一般原理

　　分布式服务框架是解决分布式系统中服务跨域调用的问题，是分布式架构的核心，其主流的解决方案很多都是基于 RPC 通信框架实现远程服务调用。RPC 框架提供了一种透明调用机制让使用者不必显式地区分本地调用和远程调用。

　　目前市场上有很多分布式服务框架，如 Dubbo、Thrift、Motan、RPCX、GRPC 等，尽管实现细节有差异，但基本原理是一致的。

　　RPC 通信框架通常分为三层：接口层、路由层和 RPC 通信层。接口层负责服务的提供和接入；路由层负责服务的调用策略控制；RPC 通信层负责远程服务调用，具体如图 4-1 所示。

　　① 接口层：接口层主要用于将服务提供者的接口封装成远程服务供消费者调用，分为 API 和动态代理两层。API 是服务提供者向外提供的服务接口；动态代理是一种方法调用增强方式，有多种实现方式，这里列出了 3 种。Java Proxy 是指 Java 原生的代理实现，它是依靠接口实现，如果有些类没有实现接口，则无法使用；CGLib 是针对类来实现代理的，它依靠的是类继承机制；Javassit 是一个开源的动态类库，可以用来检查、动态修改以及创建 Java 类，其主要优点在于简单、快速。

② 路由层：路由层主要是利用服务调用切面对服务调用过程进行控制，如负载均衡、超时重发、服务调用性能统计等。控制策略由业务层来决定。

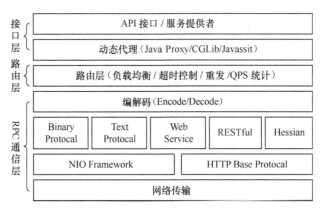

图 4-1　RPC 通信框架原理图

③ RPC 通信层：RPC 通信层用于解决服务远程调用过程中底层网络的传输问题。包含底层通信框架（如 NIO 框架、共有协议的封装等）、序列化和反序列化框架等。

RPC 框架的主要目的是简化远程服务调用编程，屏蔽底层实现细节，使开发像调用本地服务一样调用远程服务。RPC 采用客户机 / 服务器模式，请求程序就是一个客户机，而服务提供程序就是一个服务器，整个调用原理如图 4-2 所示。

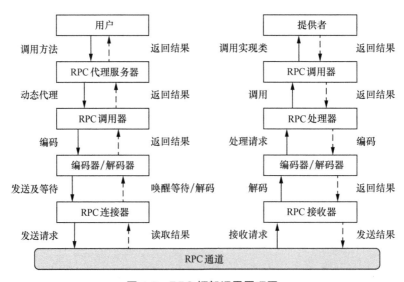

图 4-2　RPC 框架调用原理图

RPC 服务端通过提供客户端供消费方集成，消费端通过集成的客户端访问远程接口服务，像调用本地服务一样去调用远程接口服务。RPC 框架提供接口的代理实现，实际的调用将委托给代理 RPC 代理服务器。

RPC 代理服务器封装调用信息并将调用转交给 RPC 调用器去实际执行。在客户端的 RPC 调用器通过 RPC 连接器去维持与服务端的 RPC 通道，并将编码后的请求消息通过通道发送给服务方。

RPC 服务端接收器（RPC Acceptor）接收客户端的调用请求，解码传输报文。解码后的调用信息传递给 RPC 处理器去控制处理调用过程，最后再委托调用给 RPC 调用器去实际执行并返回调用结果。

4.2　分布式服务调用框架的实现

本节将介绍分布式服务框架的主要功能和一些关键技术的实现。

4.2.1　分布式服务框架总体架构

从功能上讲，分布式服务框架除了具备基本的通信功能外，还必须具备服务的注册与发现、服务路由、服务监控和服务治理等能力。配置、注册中心是服务框架的分布式协调器，是保证分布式服务框架健康运行的基础，也是实现服务注册与发现的前提。服务路由主要利用服务调用过程切面根据路由策略对服务调用进行控制，同时也是在线服务治理控制的切面。服务监控是服务治理的重要依据，也是实现系统顽健性的重要保障。服务治理实现了对服务调用过程的安全管控，是保障系统运行的稳定性、安全性、可靠性的重要手段。

由于分布式服务框架是基于 RPC 的，所以采用的是客户端 / 服务器模型，因此，图 4-3 列出了客户端与服务端的逻辑关系。图 4-3 所示的客户端与服务端有三处对接，上层通过注册中心实现了服务端的服务注册和客户端的服务发现，是服务调用的前提；中间是日志监控，可用于调用审计、调用链跟踪分析、服务运行数据分析等，作为运行期服务治理的依据。关于日志监控详细介绍可参考本书的第 9 章；下层是底层的网络通信，由分布式服务框架集成的通信框架实现。

客户端是由服务提供者提供给服务调用者，封装了服务统一调用的接口方法，往往以 JAR 包的形式提供给服务消费者应用集成。客户端通过服务发现和动态代理实现服务的寻址和调用，通过服务治理保障服务的调用安全。客户端包含的技术栈主要有服务发现、动态代理、服务治理、序列化、通信协议和底层通信。

服务端用于服务提供者的服务接入和能力输出。服务端在应用启动时自动向注册中心注册服务，注册中心通过分布式数据协调服务动态跟踪服务端的服务变化，以保证注册中心服务的可用性。服务端通信模块不仅要与客户端进行服务对接，还要与服务提供者进行能力对接，服务端服务治理用于保障服务的调用安全。服务端包含的技术栈主要有服务注册、服务调用、动态代理、服务治理、反序列化、通信协议和底层通信。

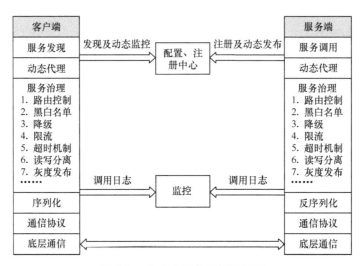

图 4-3　分布式服务框架逻辑图

4.2.2　通信框架

通信框架底层协议有长连接和短连接之分，目前，绝大多数 RPC 框架都推荐使用长连接进行内部通信。

为什么选择长连接而不是短连接呢？

相比于短连接，长连接更节省资源。如果每发送一条消息就要创建链路、发起握手认证、关闭链路释放资源，这会损耗大量的系统资源。长连接只在首次创建时或者链路断开重连时才创建链路，链路创建成功之后服务提供者和消费者会通过业务消息和心跳维系链路，实现多消息复用同一个链路以节省资源。

另外，分布式系统远程通信是常态，远程服务调用最大的性能障碍是网络延时。相比一次简单的服务本地调用，链路的重建通常耗时更多，这就会导致链路层的时延消耗远远大于服务调用本身的损耗，这对于大型的业务系统而言是无法接受的。

目前有 3 种 IO 通信模型：BIO、NIO 和 AIO。BIO 是同步阻塞模式；NIO 是同步非阻塞模式；AIO 是异步非阻塞模式。

那么，应该如何选择通信模型呢？

NIO 在多线程的处理上优于 BIO。使用 BIO 的模型，在处理少量的连接时是可以的，但由于 BIO 的线程阻塞特性，在处理大量连接的时候，性能会变得很差。

NIO 采用多路复用技术，一个多路复用器 Selector 可以同时轮询多个 Channel，由于 JDK 采用了 epoll 代替了传统的 select 实现，所以它并没有最大连接句柄 1024/2048 的限制。这也就意味着只需一个线程负责 Selector 的轮询，就可以接入成千上万的客户端。

AIO 真正实现了异步 IO，但由于还不太成熟，市场也没有成熟的产品，可暂不考虑。

综上，NIO 无疑是最佳选择，不过当前大部分的通信框架都支持这两种通信模型。

在选择 NIO 框架时，除了考虑技术本身因素外，还要考虑本身的系统现状。如电信行业存在应用多、厂家多、框架多的特征，所以，还需要考虑支持多种协议适配，以支持不同访问方式。

如果选择自研 RPC IO 通信框架，有如下 3 条途径。

① 使用 Java NIO 方式自研，但这种方式较为复杂，而且很有可能出现隐藏 Bug。

② 基于 MINA，MINA 在早几年比较火热，这些年版本更新有点慢。

③ 基于 Netty，现在很多 RPC 框架都直接基于 Netty 这一 IO 通信框架，如阿里巴巴的 HSF、Dubbo，Twitter 的 Finagle 等，这也是我们的方案。

4.2.3 序列化与反序列化

设计序列化和反序列化框架，需要从功能、跨语言支持、兼容性、性能等多个角度考虑。

序列化框架支持数据结构种类的多少是序列化框架功能的重要指标，从理论上来说，支持的数据结构种类越多越好，因为这样能够尽可能地兼顾多种业务场景。此外，序列化，反序列化接口要简单易用。

分布式服务调用时，可能会遇到其他语言开发的服务。在进行跨进程服务调用时，需要支持多语言的序列化和反序列化。因此，序列化和反序列化框架需要提供对多种语言的支持，这样才能实现不同语言开发的服务之间的相互调用。同时，序列化与反序列化的速度也是关系分布式服务框架性能的重要因素。

因此，在选择序列化框架时要注意下面 3 个性能指标。

① 序列化之后的码流大小。

② 序列化 / 反序列化的速度。

③ 资源占用，主要是 CPU 和堆内存。

目前序列化 / 反序列化框架很多，针对以上 3 个指标，笔者选取 Kryo、Hessian、Protobuf、Protobuf-Runtime、Java 做了分析比对，如表 4-1 所示，给开发者选型做参考。

表 4-1　通用序列化 / 反序列化的优缺点对比

类型	优点	缺点
Kryo	速度快，序列化后体积小	跨语言支持较复杂
Hessian	默认支持跨语言	较慢
Protobuf	速度快，基于 Protobuf	需静态编译
Protobuf-Runtime	无须静态编译，但序列化前需预先传入 Schema	不支持无默认构造函数的类，反序列化时需用户自己初始化序列化后的对象，其只负责将该对象进行赋值
Java	使用方便，可序列化所有类	速度慢，占空间

通过压缩数据大小及速度对比，我们发现 Protobuf 的性能全面占优。但分布式服务框架在不同领域需求也不同。组网规模大、高并发、海量的小消息通信比较适用 Protobuf 框架。对于企业内部 IT 系统建议使用读写性更好的框架。

通用的分布式服务框架在选择序列化和反序列化框架时，可提供适配层，根据业务需要配置适合的框架。

4.2.4　客户端功能实现

客户端主要完成服务发现，服务路由以及基于服务路由的运行期服务治理，下面将详细介绍。

1. 服务发现

客户端的服务发现有 3 种方式：本地发现方式、数据库发现方式和服务路由器发现方式。不同的发现方式，有不同的应用场景。本地发现方式便于开发环境联调，数据库发现方式便于测试环境联调，服务路由器发现方式是生产环境上的应用方式。

（1）本地发现方式

本地发现方式是服务调用者直接配置远程访问服务的地址，也称为直连方式，在服务调用方的配置文件中配置如 http://ip：port/getService（ServiceCode）。

（2）数据库发现方式

同本地发现方式类似，数据库发现方式在于服务的调用配置方式从数据库中获取，这种方式适用于服务的调用在容器环境中验证，减少环境迁移对服务镜像包的多次更改。

（3）服务路由器发现方式

这种方式应用于生产环境服务的调用。路由器是依赖于注册中心，采用了分布式协调器 ZooKeeper，就如同 Spring Cloud 框架使用的 Eureka 和 Dubbo 框架使用的 ZooKeeper 一样。

2. 服务路由

服务路由不仅仅提供了对路由策略的支持，它实际上也提供了一个服务调用过程的编程切面，通过这个切面可以实现运行期服务治理的多种控制策略，如黑白名单校验、限流、降级、超时重发等多种功能。

下面结合服务调用链路图说明一下整个服务路由调用的过程（如图 4-4 所示）。

一次服务调用包含下面 4 个步骤，其中前 3 步为路由实现。

① 列表：获取可用的、提供该服务的主机列表。

② 路由：根据路由规则对可用主机列表进行过滤。

③ 主机：根据负载均衡策略，最终选定一台主机。

④ 协议：根据服务注册的协议选择相应的协议客户端。

服务路由的实现依赖于注册中心，其基本原理如图 4-5 所示。

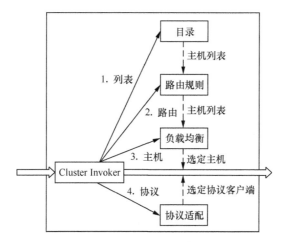

图 4-4　服务路由调用链路图

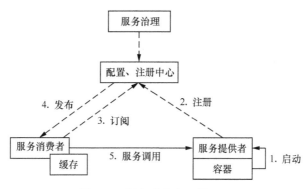

图 4-5　服务路由实现原理图

当服务端服务启动后，应用服务器会自动把服务的地址列表注册到注册中心。这时，可以在服务治理平台针对注册的服务设置路由策略，当然不仅仅是路由策略，也可以根据业务需要设置其他服务调用控制策略，当然这也不是必须的，系统会设置默认的路由策略。为了服务调用的高可用和高效率，服务消费者与注册中心采用订阅 / 发布的模式进行数据同步更新，当注册中心服务变化时，客户端就会把变更的信息同步更新到本地缓存。在客户端发起服务调用时，根据服务列表及服务路由策略筛选出最终可调用的服务列表，最后按照负载策略进行服务调用。

从理论上讲，负载均衡也属于在线服务治理的一种策略，只是因为它是服务路由的必备能力，因此就把它与其他的服务治理策略分开讲了。

分布式服务框架会提供多种负载均衡策略，可以通过服务路由编程切面很方便地实现自定义扩展。常用的负载均衡策略如下。

① 随机负载，采用随机算法进行负载均衡。通常在对等组网集群中，使用随机路

由算法还是比较均匀的。但在非对等集群中，节点负载存在不均匀的情况。

② 轮循，将请求按顺序依次分配到后端服务器上，它均衡地对待后端的每一台服务器，而不关心服务器实际的连接数和当前的系统负载。轮循策略的原理就是按照权重，顺序地循环遍历服务提供者列表，到达上限后重新归零，继续顺序循环。

③ 源地址哈希法，源地址哈希的思想是根据获取客户端的 IP 地址，通过哈希函数计算得到的一个数值，用该数值对服务器列表的大小进行取模运算，得到的结果便是客服端要访问服务器的序号。采用源地址哈希法进行负载均衡，同一 IP 地址的客户端，当后端服务器列表不变时，它每次都会映射到同一台后端服务器进行访问。

④ 加权轮询法，不同的后端服务器，机器的配置和当前系统的负载并不相同，因此它们的抗压能力也不相同。给配置高、负载低的机器配置更高的权重，让其处理更多的请求；给配置低、负载高的机器配置较低的权重，降低其系统负载，加权轮询能很好地处理这一问题，并将请求排序且按照权重分配到后端。

⑤ 加权随机法，与加权轮询法一样，加权随机法也根据后端机器的配置、系统的负载不同分配不同的权重。不同的是，加权随机法是按照权重随机请求后端服务器，而非按照顺序。

⑥ 最小连接数法，最小连接数法比较灵活和智能，由于后端服务器的配置不尽相同，对于请求的处理有快有慢，它是根据后端服务器当前的连接情况，动态地选取当前积压连接数最少的一台服务器来处理当前的请求，尽可能地提高后端服务的利用效率，将负载合理地分流到每一台服务器。

除了负载均衡外，服务路由还实现了多种服务治理策略，如 IP 黑白名单访问控制、读写分离、号段路由、地市路由、灰度发布、机房就近路由等。

① IP 黑白名单访问控制，客户端获取访问 IP，根据 IP 进行黑白名单的筛查，如果访问 IP 在黑名单里，则拒绝调用。关于黑白名单的控制策略详细信息请查看服务治理章节。

② 读写分离，客户端根据服务请求协议，区分出读或写操作，然后根据读写分离路由策略，引流服务调用。

③ 号段路由，客户端获取服务请求报文，读取客户号码信息，与号段配置信息匹配，然后根据匹配结果和号段路由策略，引流服务调用。

④ 地市路由，客户端根据访问 IP 信息或协议报文信息进行地市区分，然后根据地市路由策略，引流服务调用。

⑤ 灰度发布，灰度发布有多种灰度策略，如果是按地市灰度，其逻辑与地市路由一样；如果是按号段灰度，其逻辑与号段路由一样。有了服务的注册与发现，根据服务路由进行灰度发布是一件非常简单的事情。

⑥ 机房就近路由，客户端获取访问 IP 信息，根据 IP 段的配置信息，选择同 IP 段

的地址进行路由。由于分布式系统存在跨物理域的部署,所以此种方式经常被组合使用,以减少远距离造成的网络延迟。

4.2.5 服务端功能实现

服务端除了服务治理控制以外的功能是支持服务提供者通过配置、注解、API 封装等方式,把本地接口发布成远程服务,实现服务的发布与调用。

1. 服务注册与发布

服务注册是指服务提供者把要向外提供的服务注册到注册中心。服务注册的目的有两个:一是供消费者订阅服务地址信息进行服务路由;二是基于注册中心的统一服务治理。

服务端会通过配置中心获取注册中心地址,服务启动后,启动进程会把服务的地址和端口自动注册到注册中心,这就是所谓的自注册模式,即 Self-Registration 模式。还有一种注册模式称为 Third-Party Registration,即第三方注册,采用协同进程的方式,监听服务进程的变化,将服务信息写入注册中心。

服务注册的结构可根据服务框架的要求来实现,如按照主机地址、服务名或者URL,目录结构根据产品实际需要自定义实现。服务注册信息结构如图 4-6 所示。

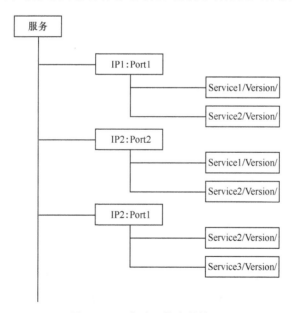

图 4-6 服务注册信息结构图

服务发布是指把服务提供者提供的服务封装成不同的协议标准,供不同的客户调用。服务发布的方式有如下 3 种。

① XML 配置方式,如 Dubbo 的实现。优点是对业务代码无侵入,方便扩展,修改配置不需要重新编译代码;缺点是服务化程度要求较高。

② 注解方式，如 Spring Cloud 的实现。优点是业务代码侵入小，扩展和修改方便；缺点是配置需要重新编译代码。

③ API 调用通常是闭源框架实现的方式。优点是服务化程度要求不高，服务框架本身已实现服务的发布设计；缺点是对业务有较强的侵入性，容易与框架绑定。

分布式服务框架支持将服务发布成多种协议，同一个服务支持多种协议的发布。常用的协议有 EJB、Http、Remote、RESTful、Socket、WebService。在进行协议扩展时，需要提供新协议的监听器，并在协议适配层进行配置。

2. 服务调用

服务调用指服务框架向服务提供者发起服务调用请求。服务调用一般分为两种模式：OneWay 模式和请求与应答模式。OneWay 模式只有请求，没有应答，业务线程不阻塞；请求与应答模式有一个请求，一个应答。

OneWay 模式不需要应答，因此常被设计与消息队列共同使用，用于异步场景。电信业务多为长流程业务，一笔业务办理需要经过很多个服务调用，为了缩短响应时间，可以对调用链路中的 OneWay 设用模式的服务进行异步化设计，以节省整个业务流程的响应时间。

请求与应答模式从字面上理解是一个同步流程，消费者必须等待应答者的响应。但实际上，我们可以利用如 Java 的 Future-Listener 机制来实现服务的异步调用，它可以保证业务线程在不阻塞的情况下实现同步等待的效果，执行效率更高。实现原理如图 4-7 所示。

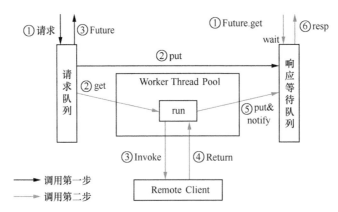

图 4-7　Future-Listener 逻辑图

① 将请求放入请求队列，并返回 Future 对象。

② 调用 Future 的 get 方法，获取调用结果。如果此时调用完成，直接得到结果，如果调用未完成，将阻塞。

③ 工作线程会依次处理请求，并将结果通知响应队列。

④ 主线程调用 Future 的 get 方法，获取调用结果并返回调用方。

4.2.6　注册中心

注册中心是分布式服务框架的灵魂，是实现服务注册、发现的基础。服务注册中心用于存储服务提供者的地址信息、访问相关信息。消费者通过主动查询和被动通知获取提供者地址信息，其工作原理是基于注册中心的订阅/发布机制。注册中心工作原理如图 4-8 所示。

图 4-8　注册中心工作原理图

服务消费者和服务提供者通过服务注册中心提供的客户端与服务注册中心建立连接（如 ZooKeeper 的长连接），服务提供者将发布的服务地址信息和相关访问信息写到注册中心。服务消费者根据调用的服务名称等信息从服务注册中心获取调用列表并在本地缓存。

服务注册中心会对服务提供者的实例做健康检查，若某实例异常，则服务注册中心会将变更信息主动推送给服务消费者，服务消费者更新列表，动态地刷新本地缓存。

服务注册中心采用了 ZooKeeper 作为数据存储和数据协同服务器，主要因为 ZooKeeper 的可靠数据存储、简便的数据协同（Watch 机制）和实用的数据模型。能够实现注册中心的技术组件还有很多，如 Eureka、ETCD、Consul 等，感兴趣的读者可以了解一下。但无论是哪种实现，服务注册中心都必须要具备如下能力。

① 高可用性：如果服务注册中心发生故障，则新服务无法注册，现有服务的健康状态无法检测，更加无法更新可用服务列表。一些服务可能暂时不受影响，因为在服务注册中心宕机之前已经缓存了被调用服务的列表，但新的服务调用者无法从注册中心获取被调用服务的地址信息。

② 数据一致性：服务注册中心对所有服务的提供者和调用者提供一致的数据。

③ 数据变更主动推送：服务信息发生变更后，服务注册中心需要主动向订阅变更服务的所有客户端推送变更通知，由客户端统一获取新的服务列表信息，并更新至本地缓存。

④ 注册订阅机制：服务注册中心需要提供注册订阅机制。在分布式服务框架中，服务作为提供者在服务注册中心注册，调用服务的应用需要订阅相应的服务，通过订阅

关系获取相应服务的地址信息。

⑤ 鉴权：服务提供者需要对服务消费者进行鉴权，只有经过安全认证的消费者才能实现服务的调用。

4.2.7 服务治理

服务治理是一个治理体系，包括很多内容，是微服务架构的重要组成部分，在第 13 章对其进行了单独介绍。分布式服务框架不仅是服务调度路由框架，也是服务治理框架。这里的服务治理主要讲的是基于服务框架的运行期服务治理。

运行期服务治理可以做很多事情，主要根据业务的需要，常用的服务治理策略如下。

① 路由控制：指在运行期，运维人员既可以根据业务需要手动修改路由策略实现引流，又可以根据已配置的策略自动引流。

② 服务限流：当在资源紧张的情况下，可以通过限制服务调用流量降低系统的压力。

③ 服务降级：当服务出现故障或业务高峰期服务性能下降的情况，通过服务降级来保障系统平稳运行。服务降级可分为熔断降级、容错降级、屏蔽降级等。

④ 服务超时控制：指当服务调用超时时，动态调整超时时间或进行超时中断或超时重发等操作。

⑤ 黑白名单校验：指通过设置黑白名单限制服务调用，主要用于比较敏感的关键服务，是一种保障服务调用安全的保护措施。

⑥ 灰度发布：指通过配置服务路由策略实现服务引流的一种手段，本质上与其他服务路由控制没有区别。

⑦ 读写分离：也是一种通过配置服务路由策略实现服务引流的一种手段，本质上与灰度发布和其他路由控制没有区别。

接下来详细介绍一下服务超时控制和服务升降级的具体实现。

1. 超时控制

当服务端无法在指定时间内返回应答给客户端，就会发生超时，主要原因有：

① 服务端 I/O 线程阻塞或执行逻辑周期较长；

② 服务端业务处理缓慢，长时间被阻塞；

③ 服务端发生 Full GC，导致服务线程暂停运行。

超时控制，试图通过设置一个请求的最大时间，来降低消费者、生产者线程阻塞的程度，其原理图如图 4-9 所示。

超时控制分为两个层面：消费者超时控制和提供者超时控制。消费者超时控制避免由于服务提供者响应慢造成的消费者

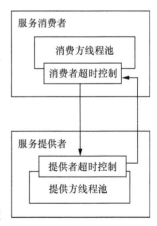

图 4-9 超时控制原理图

进程阻塞，尽量对超时的请求提前终止；提供者超时控制在真正的服务执行一侧，避免对服务端资源的过度消耗，尽量提前终止异常的服务。

超时控制有 3 个级别，优先级依次递增。

① 全局配置，即所有服务的超时时间相同。

② 服务级配置，即可根据服务单独设置超时时间。

③ API 指定超时时间。

对于服务超时的控制，返回结果与处理结果需要保障一致。简单来说，如果服务端超时，返回给客户端超时异常响应，那么服务端也要同步终止。这种控制不适用于一种场景，对于服务端执行完成并提交，在返回给客户端结果的过程中，客户端超时的情况。

其他场景要保障服务端返回超时响应给调用者，保证该服务的事务不会提交。

如果服务端服务已经超时，则在获取依赖的服务以及获取数据库连接时，直接中断执行，阻止该服务继续执行造成与返回结果不一致。

2. 服务升降级

服务升降级就是服务调用限制和解除服务限制的过程。服务降级分为熔断降级、容错降级和屏蔽降级。

在股票市场，熔断这个词大家都不陌生，是指当股指波幅达到某个点后，交易所为控制风险采取的暂停交易措施。相应地，服务熔断一般是指在软件系统中，由于某些原因使得服务出现了过载现象，为防止造成整个系统故障，从而采取的一种保护措施，所以很多地方把熔断也称为过载保护。

熔断有 3 种状态，其原理图如图 4-10 所示。

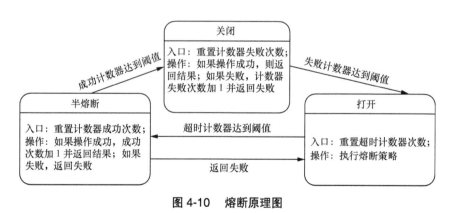

图 4-10　熔断原理图

① 关闭：熔断器关闭状态，调用失败次数积累，到了阈值（或一定比例）则启动熔断机制。

② 打开：熔断器打开状态，此时对下游的调用都直接返回错误，不走网络，但设计了一个时钟选项，默认的时钟达到了一定时间（这个时间一般设置成平均故障处理时

间，也就是 MTTR），到了这个时间，进入半熔断状态。

③ 半熔断：半熔断状态，允许定量的服务请求，如果调用都成功（或一定比例）则认为系统恢复了，关闭熔断器；否则认为还没好，又回到熔断器打开状态。

熔断功能实现采用的是开源的 Hystrix 组件，它是 Netflix 的一个开源项目，主要作用是通过控制那些访问远程系统、服务和第三方库的节点，从而对延迟和故障提供更强大的容错能力。

容错降级是指某些关键服务（优先级高）因为某种原因不可用，但又要保障用户的正常使用，此时，需要做流程放通，如图 4-11 所示。如计费服务，在鉴权计费服务不能正常工作时，默认鉴权成功，允许用户临时继续通话。

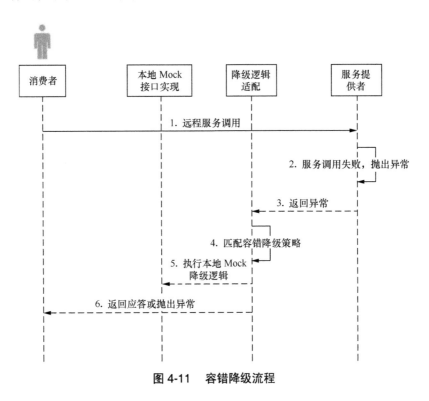

图 4-11 容错降级流程

容错场景主要包括以下两类。

① RPC 异常：通常指超时异常、消息解码异常、流控异常、系统拥塞保护异常等。

② 服务异常：如登录服务失败异常、鉴权失败等。

屏蔽降级是在业务高峰期存在核心服务与非核心服务的资源竞争时，核心服务的运行质量下降，影响系统的稳定运行和客户体验时，为了保证核心服务的正常稳定运行，对非核心服务做强制降级处理。屏蔽降级的流程是不发起远程服务调用，直接返回空、异常，或者执行特定本地逻辑，以减少非核心服务对公共资源的浪费，把资源释放出来供核心服务使用。具体如图 4-12 所示。

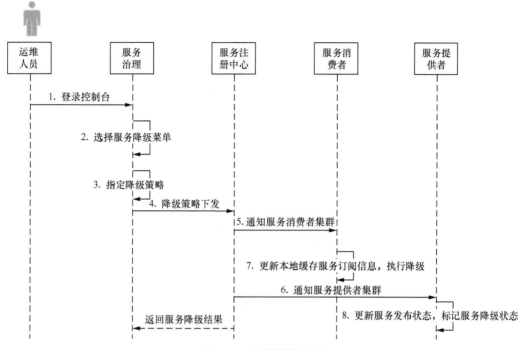

图 4-12　屏蔽降级流程

屏蔽降级流程说明如下：

① 运维人员登录服务治理控制台；

② 运维人员选择服务降级菜单，在服务降级页面选择屏蔽降级；

③ 通过服务查询页面，选择需要降级的服务，并选择针对该服务的降级策略，如返回空、异常等；

④ 服务治理平台通过服务注册中心客户端，将屏蔽降级指令和相关信息发送到服务注册中心；

⑤ 服务注册中心发送指令到服务消费者集群；

⑥ 服务注册中心发送指令到服务提供者集群；

⑦ 服务消费者接到服务屏蔽降级通知后，更新本地缓存的服务订阅信息；在发起远程服务调用时，执行屏蔽降级逻辑，不发起远程服务调用；

⑧ 服务提供者接到服务屏蔽降级通知后，获取信息并更新本地服务发布缓存信息，将对应的服务降级属性修改为屏蔽降级。

4.2.8　API 网关

客户端模式的缺点是对服务调用者有侵入性。同时，对于分布式的部署架构，分散的调用缺少统一的服务入口，难以实现服务统一控制的能力。对于调用者而言，无须关心服务提供者的全部地址，客户端模式却缓存了订阅服务的全部列表，安全控制也暴露给了服务调用者，服务访问安全存在风险。微服务网关恰好可以解决以上问题。

从图 4-13 中我们不难看出，客户端模式的调用者都有自己的客户端（类似于独立的微服务网关），微服务网关模式则在系统部署架构上独立于服务调用者，减少了对调用者的侵入，同时可以更方便地实现统一安全等功能。

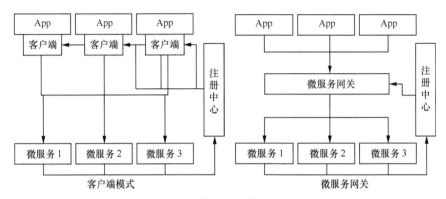

图 4-13　客户端模式与微服务网关对比

微服务网关主要起到隔离外部访问与内部系统的作用，并为企业内部所有的微服务提供统一的访问入口。它屏蔽了系统内部各个微服务的细节，可以在网关实现统一的权限校验，使得校验与业务逻辑解耦，还可以在入口执行监控以及流量控制等功能。

一般来说，微服务网关需要具备以下功能。

① 统一接入：微服务网关为内部微服务集群提供统一的接入服务，有效隔离内部系统与外部访问，可以在微服务网关实现微服务实例的负载均衡以及容灾切换。

② 协议适配：每个微服务可以使用自己内部的通信协议，由网关提供统一的基于 HTTP 或者 REST 的 API。

③ 安全防护：每个服务都需要实现权限校验以及安全上的管控，但如果在每个服务上都实现校验以及安全防护措施，那代码就会冗余，服务就会变得复杂，且如果需要修改，则需要在每个微服务上进行修改。通过使用统一的微服务网关，可以在网关上做统一的校验以及安全防护工作，可以通过统一的 IP 黑名单，URL 黑名单，以及防恶意攻击措施，为网关隔离下的微服务提供防护服务。

④ 流量管控：在网关实现服务的升降级，服务熔断。

⑤ 智能路由：系统实现微服务化，有可能导致服务量的激增。在微服务之前，通过运维人员手工配置维护系统实例的地址，以及路由分发策略可能还较为简单，但在微服务情况下，数以千计的微服务无法依靠人工配置服务实例地址，因此，需要一个模块来为客户端发起的请求实现自动路由，以及微服务的自动发现，故障隔离。这一服务，最为恰当的位置就是系统与客户端连接的边界处，即微服务网关。

⑥ API 监控：对微服务的调用情况进行监控、统计。

微服务网关的建设降低了对消费端的代码侵入，消费端可直接通过 HTTP 发起请求，不再需要集成客户端。同时，微服务网关解决了容器化部署环境网络造成服务治理不全面的问题，如图 4-14 所示。

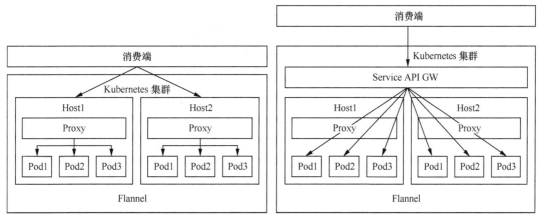

图 4-14　容器集群跨主机通信比较

在有微服务网关的情况下，所有 Pod 通过 Flannel 网络，可直接访问到每个实例。在没有微服务网关的情况下，不在 Flannel 网络内的消费者只能访问宿主机地址，路由由 Kubernetes 代理控制，无法实现分布式服务框架的路由策略。

微服务网关的具体实现与客户端类似，只是在原来一些分布式客户端无法实现全量统计，通过微服务网关则可以实现全量统计和控制，此处不过多描述。

4.3　容量评估与性能保障

所谓容量是指系统在满负荷运行时所能承受的最大访问流量，是系统性能的重要指标。容量评估是系统性能保障的重要手段，因为只有知道系统容量，才能采取有针对性的措施来保障性能。常见的容量评估指标包括流量、并发量、带宽、CPU、内存、存储等。

4.3.1　容量评估常用指标

不管是传统的企业级应用，还是现在的互联网应用，在进行系统设计和验收测试时都会有容量评估这个环节。而在互联网经营模式的影响下，系统的流量曲线不再平滑，波峰和波谷开始出现断崖，容量评估也就成了系统运营的常规活动。

不同的组网类型有不同的容量评估参数，常用参数列表见表 4-2。

表 4-2　不同组网类型下的容量评估参数

分类	指标名	全称	定义
流量 / 并发	VU	Virutal User	并发用户数，指的是现实系统中操作业务的用户，在性能测试工具中，一般称为虚拟用户数
	PV	Page View	页面浏览量或点击量，用户每次刷新即被计算一次
	TPS	Transactions Per Second	每秒处理事务数，是衡量系统性能的一个非常重要的指标，一个事务是指一个客户机向服务器发送请求，然后服务器做出反应的过程
	QPS	Queries Per Second	每秒查询率，是对一个特定的查询服务器在规定时间内所处理流量的衡量标准
	RT	Reponse Time	响应时间
带宽	bit/s	Bit Per Second	指单位时间能通过链路的数据量，即每秒可传输的位数
CPU	Hz	—	频率的单位，频率是指电脉冲、交流电波形、电磁波、声波和机械的振动周期循环时，每秒重复的次数
	tpmC	Transactions Per Minute	每分钟处理的交易量，tpmC 值在国内外被广泛用于衡量计算机系统的事务处理能力，是由 TPC 组织发布的 TPC–C 测试指标，其单位为 tpmC
存储	B	Byte	字节，计算机存储的基本单位,字节向下是位（bit），向上分别为 KB、MB、GB、TB、PB、EB、ZB、YB、BB、NB、DB……

1. 并发用户数

并发用户数是指系统可以同时承载的正常使用系统功能的用户的数量，与吞吐量相比，它是一个更直观但也更笼统的性能指标。实际上，并发用户数是一个非常不准确的指标，因为，用户使用不同的模式会导致不同用户在单位时间发出不同数量的请求。

以网站系统为例，假设用户只有注册后才能使用，但注册用户并不是每时每刻都在使用该网站，因此，具体某个时刻只有部分注册用户同时在线。

在线用户浏览网站时会花很多时间阅读网站上的信息，所以，具体某个时刻只有部分在线用户向系统发出请求。这样，对于网站系统我们会有 3 个关于用户数的统计数字：注册用户数、在线用户数、并发用户数。

由于注册用户可能长时间不登录网站，使用注册用户数作为性能指标会造成很大的误差。在线用户数和并发用户数都可以作为性能指标。相比而言，在线用户数作为性能指标更直观，并发用户数作为性能指标更准确。

2. 响应时间

响应时间是指系统对请求作出响应的时间。从直观上来看，这个指标与人对软件性能的主观感受是非常一致的，因为它完整地记录了整个计算机系统处理请求的时间。由于一个系统通常会提供许多功能，而不同功能的处理逻辑也千差万别，因而不同功能的响应时间也不尽相同，甚至同一功能在不同输入数据的情况下响应时间也不相同。所以，在讨论一个系统的响应时间的时候，人们通常指的是该系统所有功能的平均时间或者所有功能的最大响应时间。当然，人们也需要对每个或每组功能讨论其平均响应时间和最大响应时间。

我们做项目要排计划，可以多人同时并发做多项任务，也可以一个人或者多个人串行工作，始终会有一条关键路径，这条路径就是项目的工期。系统一次调用的响应时间跟项目计划一样，也有一条关键路径，这个关键路径就是系统响应时间。

关键路径是由 CPU 运算、I/O、外部系统响应等组成，假如网络传输时间为 L，应用服务器处理时间为 M，数据库服务器处理时间为 N，则响应时间（RT）$=L+M+N$。

3. 吞吐量

吞吐量是指系统在单位时间内处理请求的数量。从业务角度看，吞吐量可以用请求数 / 秒、页面数 / 秒、人数 / 天或处理业务数 / 小时等单位来衡量。从网络角度看，吞吐量可以用字节 / 秒来衡量。对于交互式应用来说，吞吐量指标反映的是服务器承受的压力，它能够说明系统的负载能力。以不同方式表达的吞吐量可以说明不同层次的问题。

例如，以字节数 / 秒方式可以表示受网络基础设施、服务器架构、应用服务器制约等体现出来的瓶颈；以请求数 / 秒的方式表示主要是受应用服务器和应用代码的制约体现出来的瓶颈。

一个系统的承压能力与 Request 对 CPU 的消耗、外部接口、I/O 等紧密关联。单个 Reqeust 对 CPU 消耗越高，外部系统接口、I/O 影响速度会越慢，系统吞吐能力越低，反之越高。

系统吞吐量的几个重要参数：QPS（TPS）、并发数、响应时间。

QPS（TPS）：每秒请求数 / 事务数量。

并发数：系统同时处理的请求数或事务数。

响应时间：一般取平均响应时间。

理解了上面 3 个要素的意义之后，就能推算出它们之间的关系：

QPS（TPS）=并发数/平均响应时间。

一个系统吞吐量通常由 QPS（TPS）、并发数两个因素决定。每套系统中的这两个值都有一个相对极限值，在应用场景访问压力下，只要某一项达到系统最高值，系统的吞吐量就不再提高。如果压力继续增大，系统的吞吐量反而会下降。原因是系统超负荷工作，上下文切换、内存等其他消耗导致系统性能下降。

4. QPS 与 TPS 的关系

TPS 即每秒处理事务数，包括用户请求服务器、服务器内部处理、服务器返回给用户 3 个过程。每秒能够完成 N 次这 3 个过程，TPS 也就是 N。

QPS 类似于 TPS，但是不同的是，对于一个页面的一次访问，形成一个 TPS；但一次页面请求，可能产生多次对服务器的请求，对服务器的这些请求，就可计入 "QPS" 之中。

5. VU 与 TPS 的关系

在做性能测试时，很多人都用并发用户数来衡量系统的性能，觉得系统能支撑的并发用户数越多，系统的性能就越好，对 TPS 不是非常理解，也根本不知道它们之间的关系，因此非常有必要对并发用户数进行解释。

例如，术语对 TPS 的解释是每秒处理事务数，但是，测试时要靠虚拟用户做出来。假如 1 个虚拟用户在 1 秒内完成 1 笔事务，那么 TPS 明显就是 1。如果某笔业务响应时间是 1 毫秒，那么 1 个用户在 1 秒内能完成 1000 笔事务，TPS 就是 1000 了。如果某笔业务响应时间是 1 秒，那么 1 个用户在 1 秒内只能完成 1 笔事务，要想达到 1000TPS，至少需要 1000 个用户。因此，可以说 1 个用户可以产生 1000TPS，1000 个用户也可以产生 1000TPS，无非是看响应时间的快慢。

因此，并发用户数与 TPS 没有什么关系，系统支撑的用户并发数的多少并不能反映系统性能的好坏。

6. 并发用户数、QPS、平均响应时间三者之间的关系

图 4-15 横坐标是并发用户数，1 是 CPU 利用率，2 是 QPS，3 是响应时长。

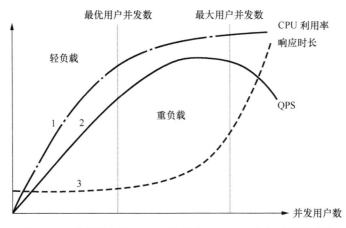

图 4-15　并发用户数、CPU 使用率、QPS、响应时长关系图

开始，系统只有一个用户，CPU 工作肯定是不饱和的。随着并发用户数的增加，CPU 利用率上升，QPS 相应也增加（公式为 QPS= 并发用户数 / 平均响应时间）。随着并发用户数的增加，平均响应时间也在增加，而且平均响应时间的增加是一个指数增加曲线。当并发用户数增加到很大时，每秒都会有很多请求需要处理，会造成进程（线程）频繁切换，真正用于处理请求的时间变少，每秒能够处理的请求数变少，同时用户的请求等待时间也会变长，甚至超过用户的心理底线。

4.3.2　容量指标估算方法

容量估算是我们规划系统必不可少的工作内容，也是非常重要的事情，不但会影响投资预算，而且也会对系统的上线运营产生很大的影响。糟糕的容量评估轻者引起投资不足，造成项目延期，重者可能会造成项目中断或失败，甚至上线后由于系统运行资源不足导致系统瘫痪或雪崩，造成不可估量的损失。

容量估算是一个系统工作，不能简单地只关注某一个点，这很符合木桶原理。实际生产环境可能是由 Web、消息队列、缓存、应用 App、数据库等组成的复杂集群。在分布式系统中，任何节点出现瓶颈，都有可能导致雪崩效应，最后整个集群垮掉。所以要了解规划整个平台的容量，就必须计算出每一个节点的容量，找出任何可能出现的瓶颈。

容量估算方法有很多种，常用的有假设法（又称经验值法）、推导法、类比法，每种方法都有自己的特点和适用场景。不管哪种估算方法，在进行容量估算时都需要考虑余量、增量、冗余等情况。

① 假设法，又称经验值法，一般适用于新的业务系统，无法确定其精确业务量的情况。常用估算方式是根据经验先假设一个基准值，然后考虑时间、增量、冗余等情况进行容量评估。

② 推导法，适用于老系统扩容或升级改造。在对老系统进行扩容或升级改造时，往往需要进行容量评估，这是由于系统是在运行老系统，当前业务量、增量、峰值这些指标都是真实存在的，也比较可靠，所以用推导法是一种明智的选择。

③ 类比法，适用于有与新系统相类似系统的情况。如果新系统与某个老系统在业务形式、用户量、数据量、业务增量有相似的系统，这时可以直接应用老系统容量指标。

1. 系统吞吐量估算

对于无并发的应用系统而言，吞吐量与响应时间成严格的反比关系，此时吞吐量就是响应时间的倒数。所以对于单用户系统，响应时间可以很好地度量系统的性能，但对于并发系统，通常需要用吞吐量作为性能指标。

对于一个多用户系统，如果只有一个用户使用系统时，平均响应时间是 t；当有 n 个用户使用时，每个用户看到的响应时间通常并不是 $n \times t$，而往往比 $n \times t$ 小很多（当然，在某些特殊情况下也可能比 $n \times t$ 大）。这是因为处理每个请求需要用到很多资源，由于每个请求的处理过程中有许多步骤难以并发执行，这导致在具体的一个时间点，所占资源往往并不多。也就是说在处理单个请求时，在每个时间点都可能有许多资源被闲置。当处理多个请求时，如果资源配置合理，每个用户看到的平均响应时间并不随用户数的增加而线性增加。实际上，不同系统的平均响应时间随用户数增加而增长的速度也不大相同，这也是采用吞吐量来度量并发系统性能的主要原因。一般而言，吞吐量是一个比较通用的指标，两个具有不同用户数和用户使用模式的系统，如果最大吞吐量基本一致，则可以判断两个系统的处理能力基本一致。

我们在做容量估算时，页面浏览量（PV）通常是一个基础指标，因为知道 PV 后，其他指标就很容易推算出来，并且 PV 也是最直观和最容易获得的数据。对于 PV 的估算有很多办法，根据实际情况可采用上面讲到的常用方法。如果是新系统，最简单的办法是采用假设法，询问有经验的市场和运营人员，得到一个经验值。有了 PV，技术人员就可以推算出总请求数，公式如下。

$$总请求数 = 总 PV × 页面衍生连接数$$
$$平均 QPS = 总请求数 / 总时间$$

例如，开户页 1 小时内的总访问量是 45w PV，该落地页的衍生连接数为 20，那么落地页的平均 QPS=（45w×20）/（60×60）= 2500。

2. 吞吐量峰值估算

对于老系统，系统吞吐量的数据很容易得到，而对于新系统，峰值估算常用帕累托法则，又叫二八定律，即每天 80% 的访问集中在 20% 的时间里，这 20% 的时间叫作峰值时间。当然，这只是对正常运行系统采取的常规做法，对于像有固定时间周期进行的促销和秒杀活动，则需要具体情况具体分析了。

公式：

$$峰值时间每秒请求数（QPS）=（总 PV 数 ×80\%）/（每天秒数 ×20\%）$$

3. 带宽估算

带宽应用的领域非常广，在数字设备中，带宽指单位时间能通过链路的数据量，通常以 bit/s 来表示，即每秒可传输位数。这里的带宽估算仅限于访问应用系统的网络带宽，与计算机系统中的总线带宽、内存带宽是两码事。平时描述带宽时常常把"bit/s"省略。例如，带宽是 1M，实际上是 1Mbit/s，这里的 Mbit/s 是指每秒多少兆。

计算带宽大小需要关注两个指标：峰值流量和页面的平均大小。

举个例子：

假设系统的日平均 PV 为 10w 的访问量，页面平均大小 0.4M，则：

$$系统带宽 = 10w/（24×60×60）×0.4M×8 = 3.7Mbit/s$$

具体的计算公式是：系统带宽 =PV/ 统计时间（换算到 s）× 平均页面大小（单位 KB）×8。

在实际的系统运行过程中，我们的网站必须要在峰值流量时保持正常的访问，假设，峰值流量是平均流量的 5 倍，按照这个计算，实际需要的带宽大约在 3.7Mbit/s×5=18.5Mbit/s。

4. 存储估算

存储估算相对比较简单，比较有效的估算方法一般分为三步：分类、估算和统计。第一步是分类，数据分类很关键，关系到估算结果的准确性，因为不同的数据容量差别比较大，不利于统计计算。数据分类是根据业务类型，如开户业务、变更业务、订购业务、系统日志等来确定的。第二步是初值估算，这个值可以通过测试得到比较准确的数据。第三步是统计汇总，根据估算的初值，再结合当前业务量、业务增长量、数据备份、数据高可用性等需求最终统计出总量需求。

举例，假如一个系统只有客户信息、交易流水、交易日志 3 部分数据组成。存量用户有 3000 万，每个用户信息约 30KB。日交易量为 10 万，每次交易产生交易数据约 5KB，交易日志 2KB。用户量年增长率为 5%，交易量年增长率为 10%，要求估算满足 5 年系统运营需求，则需要多大存储空间？

公式：存储容量 = 客户信息（包含增量）+ 交易信息（包含增量）+ 日志信息（包含增量）

按照上面公式，计算如下：

（3000 万 × 30KB）×（1+5%）× 5 + (10 万 × 5KB × 365)×（1+10%）× 5 + (10 万 × 2KB × 365)×（1+10%）× 5 = 1.45TB

通过计算，5 年后信息容量可能会达到 1.45TB，如果考虑到数据安全和硬盘故障等问题，保守估计也需要规划 1.45TB × 1.5 = 2.175TB 的存储空间。

5. 计算资源估算

事务处理性能委员会（TPC，Transaction Processing Performance Council）是由数十家会员公司创建的非营利组织，总部设在美国。该组织对全世界开放，但迄今为止，绝大多数会员都是美、日、西欧的大公司。TPC 的成员主要是计算机软硬件厂家，而非计算机用户，它的功能是制定商务应用基准程序（Benchmark）的标准规范、性能和价格度量，并管理测试结果的发布。TPC-C 是 TPC 推出的在线事务处理（OLTP）的基准程序，性能由 TPC-C 吞吐率衡量，单位是 tpmC。tpmC 值在国内外被广泛用于衡量计算机系统的事务处理能力。

在分布式系统中，我们通过服务框架可以统计在某个设定周期内消费者对各个服务的调用次数，该调用次数就可以作为历史数据使用，再加上同期的增长率，就大致能够对容量做出评估。

以产商品中心为例，从图 4-16 中我们可以看出 1 月份中每天对产商品中心服务的调用量。1 月份对产商品中心的总调用量为 677 万，调用量最高的是 1 月 14 日的 326 万。我们根据这个数据，按照下面 tpmC 计算公式，来计算服务调用的 tpmC 值，然后根据每台机器能够提供的 tpmC 值，就可以得出需要多少台机器了。

tpmC = 峰值每天服务调用量 × 忙时集中率 × 忙分钟集中率 × 每笔服务调用 tpcC。

① 峰值每天服务调用量就是我们统计出来的以天为单位的调用量峰值。在我们的示例中是 1 月 14 日的 326 万次调用。

② 忙时集中率是指最忙 1 小时占全天交易量的百分比，我们可以查看 1 月 14 日这天中每小时的调用量数据，然后用最忙的一小时调用量除以全天调用量，得出忙时集中

率。我们假设这里的忙时集中率为 20%。

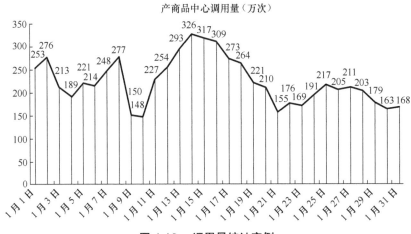

图 4-16　调用量统计实例

③ 忙分钟集中率是指在最忙的一小时内，最忙的每分钟调用量占比。同样，我们可以像上述计算忙时集中率一样得出忙分钟集中率。这里我们假设是 6%。

④ 每笔服务调用 tpcC 经验值，这是我们根据测试结果求平均值得出的数据，此处我们设置为 12。

我们利用峰值每天服务调用量 × 忙时集中率 × 忙分钟集中率就能够得出最忙的一分钟，产商品中心的调用次数为 326×20%×6%=3.912 万次。也就是说，在 1 月份，产商品中心的峰值分钟调用次数为 39120 次。之后再用分钟调用次数乘以每笔服务调用 tpcC 经验值，得出产商品中心 1 月份的 tpmC 值为 39120×12=469440。

到目前为止，我们得到了业务处理的 tpmC 值，但我们知道，服务器的运行自身需要进行进程调度以及其他处理操作，需要有一定的性能开销。此外，系统的稳定运行，需要留有一定的资源冗余度。因此，在计算总的 tpmC 值时，还需要将机器运行自身的开销以及冗余度算上。

我们将资源富余度设置为 30%，将服务器本身需要的消耗设置为 10%。

根据我们设置的阈值计算，需要提供 469440/(1-10%)/(1-30%)=745143tpmC 的处理能力。

在购买服务器时，服务器本身会提供性能参数，其中就包括 tpmC 计算值。我们假设一台机器在一定的配置情况下，其 tpmC 能够达到 30 万，则我们需要 3 台同配置的机器（745143/300000=2.48）。如果遇到线上活动，可能会带来流量的大幅攀升。这时，必须与业务运维人员充分沟通，了解业务负载的变化情况以及历史活动中负载的增长百分比。

随着技术的进步，目前在很多大型的互联网公司以及大型企业已经开始使用容器技术以及基于容器的 PaaS 平台作为支撑系统。容器技术带来的好处之一就是扩容非常方便、快捷。只要底层构建了 IaaS 层资源池以满足扩容的资源需求，上层应用可以根据业务的负载进行持续、敏捷的弹性伸缩。服务包以镜像的方式保存在镜像仓库，在扩容时，仅仅需要在合适的资源节点创建容器，然后自动拉取镜像即可，系统会自动完成服务副本的负载均衡以及持续监控。基于容器平台的扩容操作比描述还要更简单一些，仅仅需要选择扩容的服务，调整该服务的运行副本数即可实现服务能力扩容。如果服务资源过剩，则可以通过减少服务副本数，一键缩容。关于容器技术以及基于容器的 PaaS 平台技术，我们将在后续章节进行详细的介绍。

4.3.3 性能保障

在微服务架构中，每个服务实例都有自己的并发数量以及吞吐量上限，每个服务的数据库也有自己的 I/O 上限，根据总的服务实例数量以及服务数据存储吞吐量，就能得出系统的处理上限。

如果请求数量以及并发量在系统能够承受的范围内，请求的处理可以得到满足，业务运行稳定，服务的 QoS 能够得到保障。反之，可能引起系统运行缓慢甚至宕机，造成业务崩溃。因此，对系统进行各个层级的限流非常有必要。

流量控制可以在系统的多个层面实现。首先，从接入层这个流量入口进行限流。秒杀系统就是在接入层首先拒绝掉大部分的请求。这部分讲的限流与秒杀系统还是有些区别的，系统不是以抽签看人品的方式来决定处理哪个请求，而是通过流量控制实现请求的有序处理，保证业务系统的稳定运行。本书的流量控制主要从应用层考虑。

1. 针对系统的总并发数限流

业务系统必然有能够处理的极限并发数（TPS 和 QPS）。这个数据可以在压测时获取。如果请求数超过了系统处理能力，且在系统不具备自动扩容的情况下，会造成系统响应变慢、拒绝请求、甚至宕机。因此，需要给系统配置总并发数。超过这个数值，则抛出异常或进入消息队列等待处理。

根据总并发数分配限流，在系统安装时，根据集群服务节点个数和流控阈值，计算每个服务节点分摊的 QPS 阈值。服务框架启动时，将本节点的流控阈值加载到内存，服务框架在服务调用前做计数，计数器在周期内达到 QPS 上限时，启动流控，新请求被拒绝接入。

在实际项目落地时，由于一些原因，如硬件利旧等导致节点的硬件性能存在差异，此时采用流量平均分配的方式已不合适。因此，我们修改了限流的方式，根据总并发数做动态限流。其实现方式为通过注册中心，以相应的周期为单位，动态地推送每个节点分配的流量阈值。当服务节点变更时，服务注册中心会重新计算每个节点的配额，然后重新推送配额。

2. 针对总资源限流

总资源是指系统能够提供的有限的处理能力，例如服务的线程数，数据库的连接数，这些都是有限的。如果应用的数据库支持连接数为 200，那么，应用能够使用的数据库最大连接数就是 200。考虑到服务化，服务会拥有自己的数据库，则所有服务实例共享 200 个数据库连接数。超出总资源限制则抛出异常或进入消息队列等待处理。

3. 针对服务消费者限流

在服务有许多消费者调用的场景下，如果某个消费者由于其自身 Bug，或者遭受了病毒攻击，发起大量的服务调用，则被调用的服务将难以为其他消费者调用，导致业务异常。这种场景下，需要针对某个服务消费者，限制其连接数最多不超过某个数值。

4. 针对某个服务支持的并发数限流

在服务化的分布式系统中，一个服务可能既是服务消费者又是服务提供者。如果服务宕机，则该服务不能发起对其他服务的调用，别的服务也无法调用该服务。如果该服务属于业务的核心服务，就会引起系统的整体不可用。因此，我们有必要通过对服务的限流来保障服务的可用性，进而避免整个系统雪崩。通过配置服务的总请求数，能够保证服务不被过度调用。

4.3.4 如何评价系统性能

针对服务器端的性能，以 TPS 为主，并发用户数为辅来衡量系统的性能，如果必须要用并发用户数来衡量的话，需要一个前提，那就是交易在多长时间内完成。在并发量较低的情况下，即还没达到系统瓶颈时，吞吐量与并发量成正比。当并发量到达一定的数量后，服务器处理能力不足（线程切换），吞吐量反而降低。因此用并发用户数来衡量系统的性能没太大的意义。

性能测试时并不需要用上万的用户并发去进行测试，如果只需要保证系统处理业务时间足够快，几百个用户甚至几十个用户就可以达到目的。很多专家做过的性能测试项目基本都没有超过 5000 用户并发。因此对于大型系统、业务量非常高、硬件配置足够多的情况下，5000 用户并发就足够了；对于中小型系统，1000 用户并发就足够了。对于一个确定的被测系统来说，在某个具体的软硬件环境下，它的"最佳并发用户数"和"最大并发用户数"都是客观存在的。以"最佳并发用户数"为例，假如一个系统的最佳并发用户数是 50，那么一旦并发量超过这个值，系统的吞吐量和响应时间必然会 "此消彼长"，如果系统负载长期大于这个数，必然会导致系统性能严重下降。因此，当我们需要对一个系统长时间施加压力（如连续加压 3 ~ 5 天），来验证系统的可靠性或者稳定性时，所使用的并发用户数应该等于或小于"最佳并发用户数"。

做性能测试需要一套标准化流程及测试策略，并发用户数只是考虑的一个指标。在做负载测试的时候，一般都是按照梯度施压的方式去加用户数，而不是在没有预估的情况下，一次加几万个用户，这样交易失败率非常高，响应时间非常长，已经超过了使用者忍受极限。这样做没有多大的意义，这就好比"有多少钱可以干多少事"一样，需要选择相关的策略。

4.4　一致性问题解决之道

不一致通常意味着出现了问题，例如事件经历者的口径不一致，可能意味着有人撒谎；人和证件不一致，可能意味着人使用了假的或者他人的证件；实际价格和合同价格不一致，则可能意味着严重的商业违约。这都会给事件的后续处理带来极大的麻烦。在计算机系统层面，一致性问题同样重要。一笔交易中，两个相关用户的应付和应收账户不一致会导致用户投诉，数据库读写库之间的数据不一致会导致用户读取过期数据。

在分布式环境下，一笔业务的处理往往需要调用多个服务，跨越多个业务中心，而每个业务中心都有自己的数据库，甚至有些数据库实现了分库分表。这种情况下，无法通过数据库本身的 ACID 特性提供一致性保障，这就需要根据业务特点，来选择合适的数据一致性保障方案。常用的事务保障方案有强一致性事务保障、最终一致性事务保障和事务补偿机制。

4.4.1　强一致性事务保障

分布式环境的强一致性事务保障的基本原理是基于二阶段提交或三阶段提交。目前有两种比较成熟的方案，一种是基于 XA 协议的二阶段提交，另一种是 TCC 编程模式。

XA 是一个分布式事务协议，由 Tuxedo 提出。基于 XA 的强一致性事务保障方案一般都包含事务管理器和本地资源管理器两部分，其中本地资源管理器由数据库实现，如 Oracle、DB2 这些商业数据库都实现了 XA 接口，而事务管理器作为全局事务的调度者，负责各个本地资源的提交和回滚。二阶段提交事务原理如图 4-17 所示。

基于 XA 协议的二阶段提交需要依赖数据库的支撑，总的来说，XA 协议比较简单，如果数据库实现了 XA 协议，使用分布式事务的成本也比较低。但是，XA 也有致命的缺点，那就是性能不理想，无法满足高并发场景。

对于 XA 协议，大部分商业数据库都有很好的支持，而 MySQL 数据库中支持得不太理想。MySQL 的 XA 实现，没有记录 Prepare 阶段日志，主备切换会导致主库与备库数据不一致。还有许多 NoSQL 没有提供对 XA 的支持，这使 XA 的应用场景受到了一定的限制。

TCC 编程模式是二阶段提交的一个变种。TCC 提供了一个编程框架，将整个业务逻辑分为三块：Try、Confirm 和 Cancel。开始阶段先执行 Try，如果没有问题，再执行 Confirm；如果 Try 失败，则进行 Cancel。TCC 编程模式需要开发人员通过代码人为地实现二阶段提交，不同的业务场景所写的代码都不一样，复杂度也不一样，因此，这种模式并不能很好地被复用。TCC 事务控制原理如图 4-18 所示。

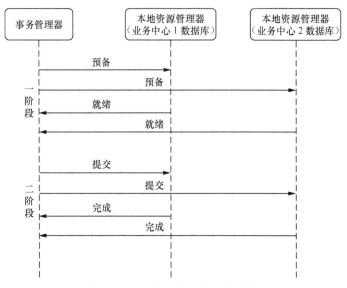

图 4-17　二阶段提交事务原理图

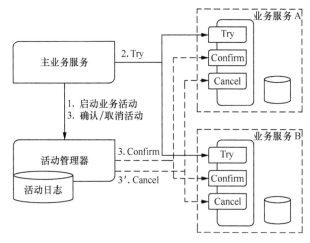

图 4-18　TCC 事务控制原理图

主业务服务需要同时调用业务服务 A 与业务服务 B。

① 主业务服务向活动管理器发起一条服务请求，告知管理器要向服务 A 与服务 B 发起请求；

② 主业务服务向业务服务 A 与业务服务 B 发起请求；

③ 主业务服务做事务提交时，向活动管理器发起确认请求，确认业务服务 A 与业务服务 B 是否完成；

④ 活动管理器向业务服务 A 与业务服务 B 分别确认；

⑤ 若业务服务 A 与业务服务 B 中有一个发生异常，则活动管理器向业务服务 A 与业务服务 B 发起取消请求；反之发起确认请求，业务服务 A 与业务服务 B 完成数据的录入。

4.4.2 最终一致性事务保障

最终一致性是弱一致性的一种特例，它基于 eBay 的架构师 Dan Pritchett 在 2008 年发表的解释 BASE（Basically Available Soft State Eventually Consistency）原则的经典文章。Basically Available 指基本或者部分可用。由于分布式系统通常部署在大量的普通 X86 服务器上，因而节点故障是必然且常见的。基本可用即是在某些节点发生故障时，相应的节点不可用，但其他节点依然能够提供服务；Soft State 是柔性状态，指业务可以忍受一段时间的数据不一致；Eventually Consistency 是最终一致性，指系统中的所有数据副本经过一定时间后，最终能够达到一致性的状态，保证最终数据是一致的。

最终一致性不保证在任意时刻、任意节点上的同一份数据都是相同的，但是在一段时间后，节点间的数据最终会达到一致状态。这是目前为止在分布式系统中使用最为广泛的弱一致性方案。

最终一致性的主要实现方式是可靠消息模式，即通过消息中间件把分布式事务转换成多个本地事务，由消息中间件保证事务的完整性。可靠消息最终一致性事务模式如图 4-19 所示。

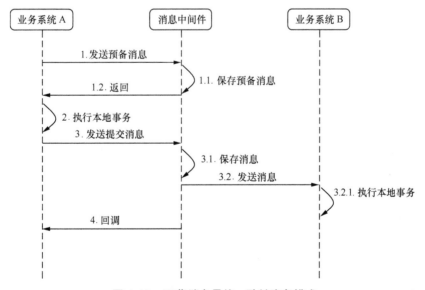

图 4-19 可靠消息最终一致性事务模式

基于消息中间件的两阶段提交往往用在高并发场景下，将一个分布式事务拆成一个消息事务（A 系统的本地操作 + 发消息）+B 系统的本地操作。其中 B 系统的操作由消息驱动，只要消息事务成功，那么 A 操作一定成功，消息也一定发出来了，这时候 B 会收到消息去执行本地操作，如果本地操作失败，消息会重投，直到 B 操作成功，这样就变相地实现了 A 与 B 的分布式事务。

虽然上面的方案能够完成 A 和 B 的操作，但是 A 和 B 并不是严格一致的，而是最终一致的。这里牺牲了一致性，换来了性能的大幅度提升。当然，这种方式也是有风险的，如果 B 一直执行不成功，那么就会破坏一致性。不过这种异步事务模式是人工干预提供的，操作切面比较容易进行，具体干预策略要结合实际的业务来制订。

使用消息中间件实现事务控制时，我们需要注意以下两个问题。

（1）消息的可靠发送

消息发送失败则意味着无法实现服务调用。因此，消息需要持久化在数据库中，并通过消息的状态来保证消息的可靠发送。

（2）消息的幂等性

幂等性就是系统对于同一操作的多次请求做一次请求处理。为了保证消息的可靠性，可能会出现重试等情况。例如客户端消息已经发送了，服务端也已经处理，但在服务端返回确认消息之前宕机，或者网络通信中断，导致客户端没有收到反馈消息，客户端可能会进行消息重发。这时就需要幂等性来保证同一个请求不会被多次处理。

4.4.3 事务补偿机制

由于网络延迟、网络故障等因素，分布式事务的处理可能会出现异常。一个事务包含的操作中，有些操作可能没有执行。针对这种情况，我们还可以使用事务补偿的方式来解决。

事务补偿要求事务中所有的服务操作均有相应的可逆服务操作。假设一个事务中包括两个操作，一个操作已经成功，数据实现了持久化，而另一个操作失败时，一种方式可以通过查询操作状态，对没有执行成功的操作进行重试，另一种方式是调用第一个操作的逆向操作，进行回滚，以此保证事务的一致性。

在实现时，要求服务的操作均提供查询接口，向外部输出操作状态。因此可以获取事务各操作的执行状态，对其中不正常的状态进行修正，保证分布式事务的一致性。这里的修正可以根据情况，选择发起失败操作的重试，或者成功操作的回滚。

补偿模式关键在于业务流程的执行记录，下面展示了一个业务流程的执行记录格式和内容。流程记录的状态及执行过程记录表结构样例见表 4-3。

表 4-3　流程记录状态及执行过程

任务 ID	前置任务 ID	流程 ID	服务 ID	状态	开始时间	结束时间
1		0000001	Cust_IDperateCustSubsRel	0	20180517030725	20180517030726
2	1	0000001	Cust_IDperateCustRealName	0	20180517030726	20180517030727

同时，记录每个任务节点即服务的出、入参信息，具体见表 4-4。

表 4-4 每个任务节点的记录信息

任务 ID	上下文参数

1	`<vars>`
	　`<var name="BUSI_TYPE">1</var>`
	　`<var name="FIRST_SUBSCRIBER_INS_ID">1</var>`
	　`<var name="ACCESS_NUM">1</var>`
	　`<var name="CUST_ID">1</var>`
	　`<var name="CROSS_REGION">1</var>`
	`</vars>`

第5章
服务调用链日志跟踪

微服务架构增加了系统关系的复杂性，系统由集中式走向分布式，使得系统日志也从集中变为分散。同时，由于分布式系统增加服务调用的路由节点，也使得服务出错的概率增加。这些都给系统运维增加了困难。

为了解决微服务架构带来的运维难题，增强分布式系统的运营能力，必须要有一套日志系统，能够汇集各个服务节点的日志输出，通过图形化的方式展现出一条完整的服务调用关系链。运维人员能够通过这条服务关系链清晰地看到一个业务流程经过的每一个节点环节，每个服务的执行时长、执行状态，过程参数，上、下游服务等信息。

本章将介绍服务调用链实现的一般原理和一些实践经验。

5.1 服务调用链实现的一般原理

什么是服务调用链？服务调用链是指完成一个业务过程，从前端到后端把所有参与执行的服务根据先后顺序连接起来形成一个树状结构的链。图5-1根据一个分布式服务调用场景来详细介绍服务调用链的形成过程。

图5-1中假设一个开户服务（S2），从页面开始发起调用，途中调用Web层、接口层、服务编排层、业务中心层的不同服务，最后完成业务办理。而把这个过程中所有参与业务办理的服务连接起来就形成了一个服务调用关系链，如图5-2所示。

服务调用链不仅仅包含服务间的调用关系信息，还应该包含所经过的环节，服务的执行时长、执行状态，过程参数等信息，只有这样才能发挥服务调用链在系统运维过程中的作用。

服务调用链跟踪是分布式系统的必备能力，大的互联网公司都有自己的分布式服务调用链跟踪系统，如Google的Dapper、Twitter的Zipkin、淘宝的鹰眼、新浪的Watchman、京东的Hydra等。但业内最早，也是影响最大的当属Google的Dapper。

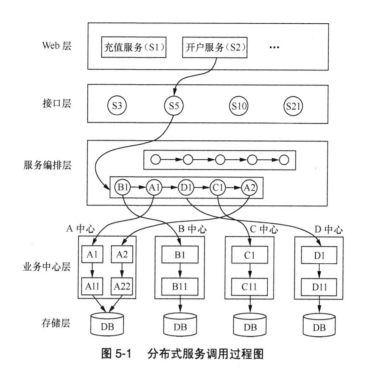

图 5-1 分布式服务调用过程图

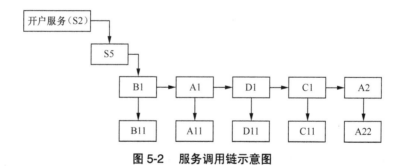

图 5-2 服务调用链示意图

Google 在 2010 年发布的 Dapper 论文中介绍了 Google 分布式系统跟踪的基础原理和架构，介绍了 Google 以低成本实现应用级透明的遍布多个服务的调用链跟踪系统的方法。该调用链跟踪系统帮助 Google 运维团队，对不同编程语言、不同软件模块运行的应用进行系统性的分析。

Dapper 的重大贡献是奠定了调用链的日志格式（如图 5-3 所示），其中 TraceID、SpanID 和 ParentID 最为关键。TraceID 是一个调用链的主线，请求到来生成一个全局 TraceID，通过 TraceID 可以关联到所有参与本次请求的服务，一个 TraceID 代表一次请求。对于 Dapper 来说，一个 Trace（跟踪过程）实际上是一棵树，树中的节点被称为一个 Span(一次服务调用过程),根节点被称为 Root Span。

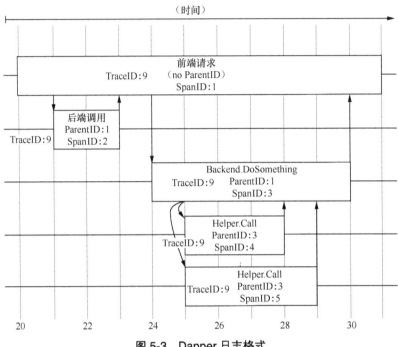

（时间）

前端请求
TraceID:9　（no ParentID）
SpanID:1

后端调用
TraceID:9　ParentID:1
SpanID:2

Backend.DoSomething
TraceID:9　ParentID:1
SpanID:3

Helper.Call
TraceID:9　ParentID:3
SpanID:4

Helper.Call
TraceID:9　ParentID:3
SpanID:5

20　　22　　24　　26　　28　　30

图 5-3　Dapper 日志格式

　　SpanID 和 ParentID 用于记录调用父子关系。每个服务会记录下 ParentID 和 SpanID，通过它们可以组织一次完整调用链的父子关系。一个没有 ParentID 的 Span 就是 Root Span，是调用链的入口。整个调用过程中每个请求都要透传 TraceID 和 SpanID，每个服务将该次请求附带的 SpanID 作为 ParentID 记录下来，同时将自己生成的 SpanID 也记录下来。要查看某次完整的调用则只要根据 TraceID 查出所有调用记录，然后通过 ParentID 和 SpanID 就可以组织起整个调用父子关系链。

　　Dapper 进行日志数据收集的过程如图 5-4 所示，分为 3 个阶段：首先各个服务将 Span 数据写入本地日志文件；然后 Dapper 守护进程获取日志文件，将数据读到 Dapper 收集器中；最后 Dapper 收集器将结果写到 Bigtable 中，一次跟踪被记录为一行。

　　Bigtable 的稀疏表结构非常适合存储 Trace 记录，因为每条记录可能有任意个 Span。整个收集过程是 Out-of-Band 的，与请求处理是完全不相干的两个独立过程，这样就不会影响请求的处理。如果改成 In-Band 的，即将 Trace 数据与 RPC 响应报文一块发送回来，会影响应用的网络状况，同时 RPC 调用也有可能不是完美嵌套的。

　　Dapper 提供 API 允许用户直接访问这些跟踪数据。开发人员可以基于这些 API 开发通用的或者面向具体应用的分析工具。

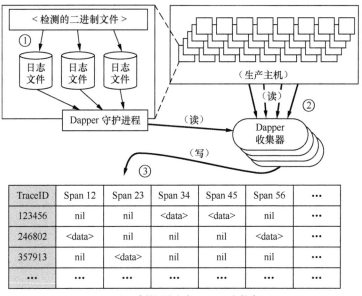

（用于跟踪数据的中央 Bigtable 存储库）

图 5-4 Dapper 日志数据收集过程

5.2 实现调用链日志跟踪

构建调用链日志跟踪系统的目的是提升系统运营维护的能力，其价值体现在丰富的数据应用和分析报表，而这一切需要有数据的支撑。因此，实现调用链日志跟踪系统的关键是数据采集。

性能也是实现调用链日志跟踪系统重要考量的指标，日志的收集不能影响业务系统的正常运行，同时，实时数据监控对日志数据的处理也提出了更高的要求。接下来将重点介绍日志数据的采集和处理。

5.2.1 总体架构

图 5-5 是一个分布式服务调用链日志跟踪系统的架构图，图中包含了日志数据的采集、传输、处理和信息展示 4 部分。

日志数据采集采用客户端代理的方式从不同的应用集群（如 Web 集群、接口程序集群和业务系统集群）中采集数据，异步写入消息中间件 Kafka 集群。数据处理采用流处理方式 Storm，实时从 Kafka 集群中获取数据，实时进行数据分析处理。通过 Storm 处理后对数据进行了分流，原始数据全量存入 HBase 数据库；检索、索引类数据存入 Elasticsearch；统计分析数据存入关系数据库（一般都是 MySQL），用于数据报表展示。

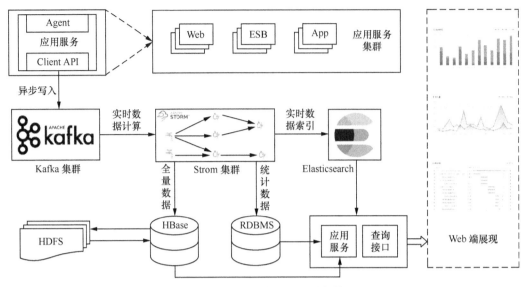

图 5-5　调用链日志跟踪系统架构图

5.2.2　日志数据采集

数据是调用链日志跟踪系统的关键，采集什么数据、从哪里采集、怎么采集都直接关系到调用链日志跟踪系统的应用价值。

数据采集有两种模式：侵入式和非侵入式。侵入式需要业务系统引入日志平台客户端，通过在业务代码中显式调用客户端日志接口向外输出日志的方式完成数据采集；非侵入式对业务代码没有影响，但也需要业务系统引入日志平台客户端，做一下简单配置即可。两种方式的区别主要在于两个客户端的实现原理不同，非侵入式客户端使用了Java Instrumentation 特性，实现非侵入式日志埋点，以 AOP 的方式完成日志收集。

接下来将介绍日志采集的数据格式和非侵入式日志埋点方法的实现。

1. 数据格式

我们把数据格式分为两部分，一部分是基本属性；另一部分是扩展属性，又叫业务属性。基本属性是服务调用链的必备信息，是构建调用链的基础；扩展属性与业务接合密切，是调用链应用的价值所在。表 5-1 列出了数据格式的部分属性字段仅供参考，扩展属性部分可以根据自身的需求进行定制。

表 5-1　数据格式的部分属性字段

分类	字段	描述
基本属性	TraceID	跟踪流水号，在调用链入口生成
	SpanID	调用链中的一个节点，从服务请求开始时生成
	ParentID	上一节点的 SpanID

续表

分类	字段	描述
扩展属性	Sampleratio	采样率，在调用链入口取值
	Servicename	接口名称（服务名称）
	HostIP	当前主机 IP
	Appname	应用实例名
	Starttime	开始时间
	Endtime	结束时间
	Elapsedtime	耗时
	Returncode	返回状态
	Responsesize	响应大小（判断传输量，定位异常数据返回）
	Inparam	入参
	Outparam	出参
	Context	调用上下文信息
	Probetype	日志类型
	BizID	业务 ID
	Errmsg	异常信息

调用链数据格式的基础属性有 3 个：TraceID、SpanID、ParentID，它们是构建调用链的基础。TraceID 是跟踪流水号，是每个调用链的主线，一个 TraceID 代表一次请求，在调用链入口服务请求时生成，全局唯一。TraceID 作为全链共有属性，需要在服务调用过程中全链透传。通过 TraceID 可以关联到所有参与本次请求的服务，但仅依靠 TraceID 无法形成一个链，还需要 SpanID。

如果把调用链比喻成树的话，Span 就相当于树叉，一个连接节点。它有两个属性：SpanID 和 ParentID。SpanID 是节点本身的标识 ID，ParentID 用于记录该节点的父节点的 SpanID。如果一个节点没有 ParentID，则该节点就是根节点，是调用链的入口。SpanID 在每次服务请求时生成，在调用过程中与 TraceID 一起向下透传，每个服务都将该次请求携带的 SpanID 作为 ParentID 来记录，同时将自己生成的 SpanID 和 TraceID 也一起记录。

这样，要查看某次完整的调用过程，则只要根据 TraceID 查出所有调用记录，然后通过 ParentID 和 SpanID 就可以组织起整个调用父子关系链。当然，这样的一个调用链还不具备应用价值，因为没有业务含义，展现出来的仅仅是一串数字编码（如图 5-6 所示）。

要想让调用链真正发挥它的应用价值，只有基础属性是不够的，还需要一些扩展属性。如服务名称（Servicename）可以用来显示节点名称；主机 IP（HostIP）可以让运维人员知道服务的当前位置；应用实例名（Appname）可以让运维人员知道服务所处的业务中心或环节；开发时间、结束时间、耗时、返回状态等可以让运维人员了解服务执行的效率和成败；入参、出参、调用上下文信息能让运维人员了解调用过程中的数据等，这些都可以根据运维需要进行补充和删除。有了这些信息，调用链才能发挥出更大的价值。

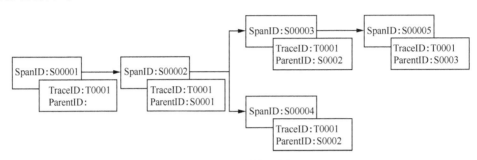

图 5-6　调用链示意图

这里还有一个采样率（Sampleratio），是为了防止系统日志数据量过大，从而影响系统性能设置的一个用来控制日志输出量阈值的选项。

2. 日志埋点

确定了数据格式，我们接下来要面对的就是怎么采集，在哪里采集这些数据的问题了。基础属性由框架自动生成和维护，扩展属性需要通过编程拦截服务调用过程来获取。

分布式系统具有多层次、结构分散的特点，因此，要采集的数据也比较分散。想要采集到完整的信息，就需要了解每个层的业务功能和数据输出，然后在每个层进行针对性的日志埋点去拦截、捕获相关信息。

为了避免侵入业务系统和运行框架，日志埋点采用了 Java Instrumentation 的特性，通过自实现代理程序（Agent），在类加载过程中对字节码进行转换，从而完成日志埋点逻辑的注入，实现日志数据的采集功能。

Instrumentation 是 JDK5 的新特性，它把 Java 的 Instrument 功能从本地代码中解放出来，使之可以采用 Java 代码的方式解决问题。使用 Instrumentation，开发者可以构建一个独立于应用程序的代理程序（Agent）来监测和协助运行在 JVM 上的程序，甚至能够替换和修改某些类的定义。有了这样的功能，开发者就可以实现更为灵活的运行时虚拟机监控和 Java 类操作了，这样的特性实际上提供了一种虚拟机级别支持的 AOP 实现方式，使得开发者无须对 JDK 做任何升级和改动，就可以实现某些 AOP 的功能了。关于 Java Instrumentation 的更多信息，读者可以参考 JDK6 的新特性。

非侵入日志埋点的核心还是 AOP 技术，通过对服务调用过程切面进行拦截，捕获相关信息，完成数据采集。图 5-7 是服务调用链的切面模型。

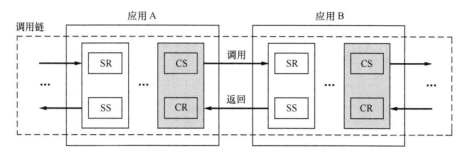

图 5-7　服务调用链的切面模型

依据服务调用链的切面模型，一次服务调用由 4 个采集点组成：CS（Client Send）、SR（Server Recv）、SS（Server Send）、CR（Client Recv）。

CS 和 CR 共同组成 Client 的一个 Span，SpanID 在 CS 切面生成，SR 也将生成自己的 SpanID。

由于是分层架构，每层的功能和输出是不一样的，这里我们把它们分为 3 类：客户端调用信息采集、接口层调用信息采集、服务端调用信息采集。每类的数据采集除了服务调用产生的共有信息外（如 SpanID、ParentID、主机 IP、应用名称、服务名、调用发起时间、结束时间、返回状态、入参、出参、上下文信息等），也会有自己特有的数据，下面做一个简单介绍。

① 客户端调用信息采集。客户端通常是调用链的起点，TraceID 会在这个时候生成，并在整个调用过程中透传。另外，与客户端密切相关的数据还有操作员、应用类型、业务类型、操作类型、采样率等信息。

② 接口层调用信息采集。接口层通常在调用过程中起中转和封装的作用，与接口层密切相关的数据有协议信息、渠道信息等。

③ 服务端调用信息采集。服务端主要完成业务逻辑服务的调用，主要是服务调用一些共有信息，如服务名、调用发起时间、结束时间、入参、出参、返回状态、上下文信息等。

图 5-8 为一个实际例子，供大家学习参考。

日志埋点的原理比较简单，但实现埋点中常常会遇到一些技术问题，例如对业务应用的性能影响，性能影响主要来自日志采集过程中的 I/O 操作，由于 Java I/O 操作通常都是同步的，如果日志采集使用 I/O 比较长或者调用频繁，会导致日志采集阻塞业务应用线程，进而业务延时。同时，频繁地写日志，也会占用大量的 CPU、带宽等资源，影响业务的正常运行。

因此，日志采集输出通常采用异步方案，如方案中的使用高性能 Kafka 消息中间件。另外，还要考虑特殊情况下、日志处理能力不足情况下的处理策略，如直接丢弃策略，还可以通过配置日志埋点采样率来控制日志采集量。

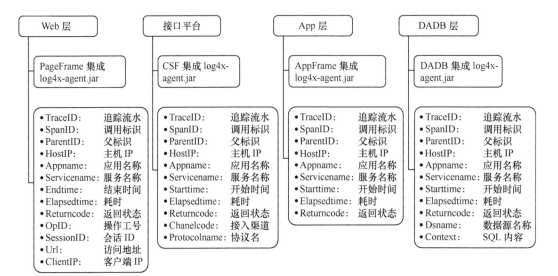

图 5-8　分层日志数据输出参考

3. 采集与传输流程

无侵入日志埋点通过 Agent 以 AOP 的方式实现数据采集，利用本地缓存 RingBuffer 作为采集节点和消息中间件 Kafka 集群之间的缓冲，然后再利用 Kafka 高效的消息队列把数据推送给日志数据处理模块。其传输流程如图 5-9 所示。

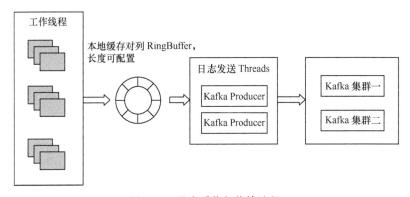

图 5-9　日志采集与传输流程

从图 5-9 中可以看出，日志埋点后的工作线程并没有把采集的数据直接发送给 Kafka 消息集群，而是缓存到本地队列 RingBuffer，这是一种保障稳定性和提升性的技术手段。

收集日志是一项非常频繁的采集和写入操作，如果即采即送，不但会频繁占用网络带宽，而且容易丢失数据。为了有效地解决这个问题，就需要减少写入次数，即将多次写入操作合并成一次写入操作，并且采用异步写入方式。如果要保存多次操作的内容，就要有一个类似"队列"的东西来保存，而一般的线程安全的队列，都是"有锁队列"，在性能要求很高的系统中，不希望在日志记录这个地方多耗费一点计算资源，所以最好有一个"无锁队列"，因此最佳方案就是 RingBuffer 了。

RingBuffer 称为环形缓冲区，又叫环形队列，是标准的先进先出（FIFO）模型，主要用于存储一段连续的数据块且大小可以设置，比较适合用于日志数据的传递。RingBuffer 的高效主要体现在它是一个内存环且通过指针操作，每一次读写操作都循环利用内存环，从而避免频繁分配和回收内存，减轻 GC 压力。同时，由于 RingBuffer 可以实现为无锁的队列，因而可以大幅提高读写性能。RingBuffer 的实现原理不是本书的重点，在此不再多讲。

日志传输采用的是 Kafka 消息中间件，这主要是由 Kafka 的特性决定，目前基本上成了业界收集日志的常识选择。另外，使用 Kafka 可以将不均匀的数据转换成均匀的消息流，从而和 Storm 实现完美结合。

Kafka 的特性主要体现在以下几点。

① 高吞吐量、低时延：Kafka 每秒可以处理几十万条消息，时延最低可达几毫秒，每个 Topic 可以分多个 Partition，Consumer Group 对 Partition 进行 Consume 操作。

② 可扩展性：Kafka 集群支持热扩展。

③ 持久性、可靠性：消息被持久化到本地磁盘，并且支持数据备份，防止数据丢失。

④ 容错性：允许集群中节点失败（若副本数量为 n，则允许 $n-1$ 个节点失败）。

⑤ 高并发：支持数千个客户端同时读写。

5.2.3　日志数据分析处理

日志数据分析处理采用了流处理技术，选择了 Strom 作为日志数据流处理框架。Storm 提供了 Kafka Spout 作为消息队列的消费者，从 Kafka 消息队列获取日志数据。获取到消息后通过 Bolt 任务对原始数据进行一系列的操作（如过滤、统计、分类汇总等），直到完成所有业务处理逻辑的设定，最后对结果进行分类存储（如图 5-10 所示）。

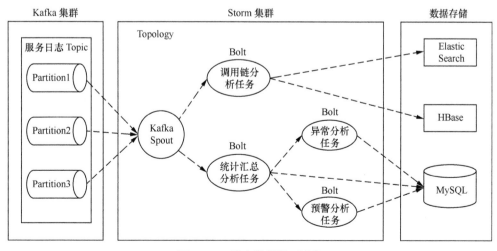

图 5-10　日志数据处理流程

图 5-10 中共列举了 4 种任务类型：调用链分析任务、统计汇总分析任务、异常分析任务和预警分析任务。任务类型可以根据业务需要进行整合或增减，任务执行逻辑也可以根据数据流向进行合理调配。

调用链分析任务主要就是在接收的数据流中找到入口服务，并把入口服务写入索引库 ES 中，同时过滤掉垃圾数据，生成主键索引，把数据全量写入 HBase 库。该任务的处理逻辑非常简单，只需要判断每个服务的根节点是否为空，如果为空，则说明是父节点，然后把入口服务和 TraceID 作为调用链查询的唯一索引写入索引库 ES 中，同时把全量数据写入 HBase 库。用户如果要查看调用链，日志平台会通过 ES 找到 TraceID，然后再根据 TraceID 在 HBase 库中找到关联信息，最后通过可视化的方式展现出来。

统计汇总分析任务首先过滤掉垃圾数据，然后按照不同的维度对数据进行分类汇总。最小的时间单位是分钟，也可以用小时、天和月等来作时间单位。汇总统计可以按业务中心、渠道、地市、应用实例等进行。汇总内容可以是调用次数、平均执行时长、异常信息等。汇总结果数据最后会存入关系数据库 MySQL 中，由前台页面关联展示。

异常分析任务是单独分离出来的任务，用于对服务异常信息进行过滤分析。它主要抽取日志服务中携带的异常堆栈信息，单独进行汇总分析。内容包括堆栈信息、异常内容、异常分类统计等，最后把分析结果数据写入关系数据库 MySQL 中，由前台页面关联展示。

预警分析任务也是单独分离出来的任务，用于对预警指标进行统计分析。它主要依据前面任务的分析结果与预警指标进行比对（如服务耗时、异常、QPS 等），把符合预警条件的服务筛选出来，生成预警信息，写入 MySQL 数据库。

5.2.4　服务调用链信息展示

服务调用链数据生成以后，接下来就是可视化展示。调用链的展示多种多样，这里主要介绍两种实现方式。

第一种展示是最常用的列表方式，也是目前绝大数据的实现方式。以表格的形式分层次展示，从表中可以看到服务名称、执行状态、执行时长、过程数据（上下文）等信息，也可以通过关联按钮查看服务详情。由于厂家不同，具体实现会有差别。

图 5-11 所示为服务调用链跟踪的一个具体实现，共由 3 幅小图组成，第一幅是业务查询，作为调用链查询的入口，表格中每一条记录代表一个业务操作，对应着一个调用链；第二幅是调用链关系展示图，主要包括服务名称、调用类型、服务耗时等信息；第三幅是调用链上某个服务的详细信息。

第二种以服务地图的方式展示（见图 5-12），可以调节大小，节点可以选择展开和收起，单击节点可以查看服务详情等。这种方式看起来比较直观，但技术要求比较高、占用的屏幕空间也比较大，目前，市场上还很少能够实现。

图 5-11　服务调用链跟踪

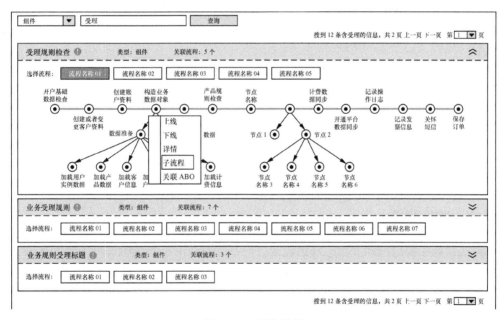

图 5-12　服务地图

5.3　调用链日志跟踪的应用

调用链日志跟踪系统不仅仅是调用链，它还衍生了很多实用的应用，如总体监控（流量监控、性能监控、异常监控）、监控预警、安全审计、故障定位及链路传导分析等，这些都可以基于调用链日志系统实现。本节将对这些扩展应用进行总体的介绍。

5.3.1 总体监控

总体监控是从宏观上统计分析各业务中心或服务单元的服务运行状况，主要监控的指标有服务数量、服务访问次数、服务平均响应时间、服务平均成功率，提供了服务异常监控、服务流量监控和服务运行时长监控报表。同时，为了帮助运维人员更加精确掌握系统可能存在的风险，总体监控增加 TOP10 小工具，TOP10 小工具分别用于展示服务流量 TOP10、响应时长 TOP10、出错次数 TOP10 和失败率 TOP10。服务总体监控如图 5-13 所示。

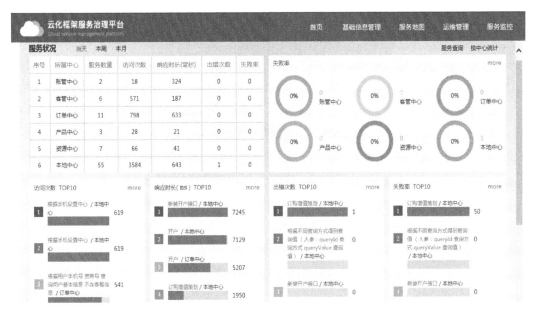

图 5-13　服务总体监控

5.3.2 监控预警

监控预警主要通过预警指标阈值设定，对系统服务潜在的风险进行预告警提醒，如流量预警、响应时长预警、异常预警等，如果有必要也可以实现服务安全提醒。

监控预警可以根据不同的风险等级进行分类管理，不同的分类可以设置不同的处理方式。表 5-2 是对监控预警的一个详细说明。

表 5-2　监控预警指标说明

序号	类别	提醒项目	指标
1	风险	响应时间异常	服务连续 5 次响应时间超过上一周期平均值的 50%
2	风险	错误率异常	服务连续 10 次错误率超过上一周期平均值的 50%

续表

序号	类别	提醒项目	指标
3	错误	服务出错提醒	服务出现无法访问（无法联通、超时）的现象
4	风险	返回结果异常提醒	服务连续 5 次返回结果的状态为失败
5	错误	服务安全提醒	尝试访问未授权的服务

预警指标阈值设置如图 5-14 所示。

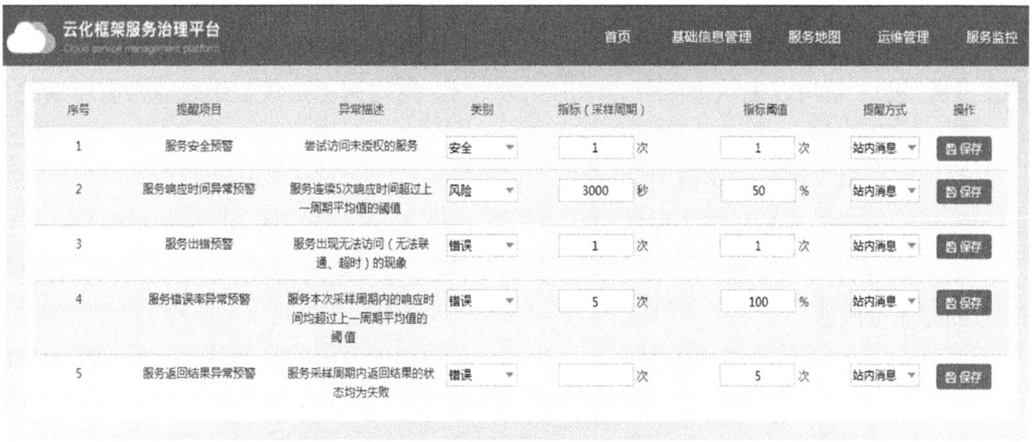

图 5-14　预警指标阈值设置

5.3.3　安全审计

安全审计是对服务非法调用的一种核查方法，可以运用数据挖掘技术和数据分析方法对服务调用日志进行分析运算，把违反服务调用关系限制和系统约束的非法调用行为分析统计出来，供运维人员诊断系统中的漏洞和风险。安全审计参考指标见表 5-3。

表 5-3　安全审计参考指标

序号	指标	口径
1	服务名	分析的主题，被调用者服务简称
2	非法调用次数	总次数
3	非法调用原因	通过直接或间接方式，有调用主服务的中心服务简称
4	调用者	非法调用服务简称
5	业务流水号	业务办理流水号或交易编号
6	调用开始时间	调用开始时间

5.3.4 故障定位及链路分析

服务调用链跟踪的初衷就是为了方便分布式系统的故障定位和问题分析。通过调用链跟踪，可以把一次业务操作完整的服务调用轨迹以调用链、图形化的形式展现出来。由于调用链还携带服务执行状态、服务执行时长、调用过程中的上下文信息，因此，调用链可以很直接地发现故障点以及故障原因。

链路分析是指可以根据服务调用的链路信息开发出更多的应用，如故障传导分析（某个服务如果出现问题，可能影响的范围）。这根据服务调用链信息是很容易实现的，只需以该服务为查询条件，搜索出所有调用过该服务的调用链（TraceID），然后再关联上业务信息，就可以确认该服务影响的业务范围，这对服务上线运维是非常有帮助的。

通过调用链分析，还可以实现以下应用：

① 查询应用直接和间接依赖的服务；

② 绘制完整的服务地图（包括所有调用分支）；

③ SQL 统计，采集访问 SQL，统计 SQL 的使用率及耗时情况，通过分析及时发现 SQL 的复杂度问题；

④ 服务资源预估，分析服务的同比、环比流量信息，为服务的预扩容、缩容提供数据依据。

5.4 日志系统的容量和性能评估

服务调用链日志跟踪系统数据量比较大，由于实时计算对性能要求也比较高，因此，部署前对日志系统的日志容量和处理能力进行评估很有必要。

假设，一个日志系统每天从 200 台主机获取 2TB 日志信息，每条日志的大小在 1KB 左右，日志延迟不超过 5min。单台服务器输出日志的峰值量约为 10 000 条/秒，所有应用服务器的日志峰值输出量之和约为 2 000 000 条/秒。

首先，每天的 2TB 日志来自 200 台服务器，每台机器每秒处理的平均日志量约为：

$$2TB/1KB/200 台 /24/60/60= 115 条$$

这里每台机器每秒的平均请求量为 115 条，根据案例信息，单台服务器每秒峰值处理日志的吞吐量为 10 000 条/秒，可满足性能要求。

所有服务器瞬时的峰值为 2 000 000 条/秒的吞吐量，如使用 Kafka 作为日志缓冲队列，根据 Kafka 在普通 PC 机的性能约为 100 000 条/秒，我们需要 10 个 Kafka 节点的集群来处理。处理日志 1KB 左右，计算 Kafka 的网络 I/O 是否满足性能需求。

$$2 000 000/10 × 1KB= 200MB/s$$

即峰值 Kafka 每秒要处理 100 000 条的日志量，网络 I/O 需要能够承受 200MB/s 的负载量，需要千兆网卡满足需求。

假设一条日志在日志解析器上处理成功并且存储到存储系统需要 20ms，每秒峰值需要处理 100 000 条日志，则一共需要时间为：

$$2\ 000\ 000 \times 20ms/1000 = 40\ 000s$$

再来看不能超过 5min 延迟的情况下，需要处理数据：

$$40\ 000/60/5 = 133.33\ \text{路并发}$$

如果使用 4CPU 的虚拟机或者容器，那么共需要处理器：

$$133.33/4 \approx 34\ \text{台}$$

这里需要 34 个日志解析器节点来处理峰值 2 000 000 条 / 秒的吞吐量。然而在设计系统时，我们必须进行冗余设计来保障业务增长带来的额外冲击。如果使用 Docker，则可在扩展阈值上预设扩展条件来满足动态扩容。

第6章
分布式数据访问平台

在某电信运营商三代业务支撑系统五层架构中，第四层就是分布式数据访问层。它介于上层业务中心与下层数据存储之间，其目的是实现业务中心与数据存储的解耦，以支持分布式数据存储和异构数据库的扩展。

随着大数据、云计算和互联网应用的不断发展，各种创新业务层出不穷，应用场景也五花八门，这些都对电信业务的运营带来很大的压力。业务支撑系统如何创建一个新的数据库架构平台，能够根据不同的业务场景，选择合适的数据库组合实现应用的需要已成为当务之急。

本章将会全面介绍电信运营商在数据存储方面的现状、问题和一些去"O"的实践，以及如何创建适合自己的数据库架构平台。

6.1 传统数据库架构面临的挑战

电信行业 IT 支撑系统主要分为业务支撑系统（BSS）、运营支撑系统（OSS）、管理支撑系统（MSS），以及各专业公司、研发机构的各类 IT 系统。数据库系统采用的基本上是同一个关系型数据库产品。起初，在业务量和数据量不是很大的情况下，关系型数据库表现的性能良好。但是，随着业务量和数据量的不断增加，以及新的数据应用的不断出现，传统关系型数据库系统已显得力不从心。下面从 3 个方面介绍当前数据库系统面临的挑战。

6.1.1 新业务支撑乏力

信息时代社会发展日新月异，短短几年，已经由人连接发展到万物互联，由自动化发展到智能化。以某运营商为例，面对高速发展的信息时代，2017 年提出了"大连接"战略，大力推动"四轮驱动"的融合发展。实现了业务的快速发展，服务用户数据超过10 亿，物联网连接数超过 2 亿，人均流量达到 2.5GB，手机流量成了新的收入增长点。

在此背景下，新的业务形态不断涌现和沉淀，上层应用通过横纵拆分内聚，满足多变的业务诉求，对数据库架构的扩展性、可靠性、可用性提出了更高的要求。而传统的基于关系型数据库本地事务的解决方案已无法满足，需要进一步深化演进，提升 IT 支撑能力。

随着大数据、人工智能的快速发展，对数据的依赖越来越大，数据应用也越来越多样，而海量数据的 3V［数量（Volume）、速度（Velocity）、多样（Variety）］特性也挑战着传统数据库架构的支撑能力。

新时代的业务特点可以归纳为如下几点：

① 随着 4G 的普及以及网速大幅提升，移动互联、物联网将会出现爆发性增长，而业务形态也将由传统的集中办理转向全天候自助服务（2018 年 4G 用户数将突破 7 亿，物联网总连接数超过 3.2 亿）；

② 会出现更多面向互联网的营销场景，如团购、秒杀等；

③ 用户个性化、业务多元化，将使得数据类型更加多样化，除结构化数据外，还包括半结构化和非结构化数据（音频、图片、视频）；

④ 基于大数据场景的多维分析、查询类应用需求将会大增，如精准营销、标签查询等，要求在海量、多样的数据中高效地提取价值。

面对新时代的业务特点和需求，传统数据库架构已难以支撑，面临的主要挑战如下：

① 在满足强一致、高可用的前提下，难以进一步提升数据库的扩展能力；

② 在基于海量、多样数据的挖掘分析、多维查询的场景下能力不足；

③ 响应连接数量和存储容量上已达到上限；

④ 负载压力大，请求响应速度慢。

6.1.2　持续的分库分表难以为继

随着业务量和数据量的不断增长，数据中心的负载不断增加，效率开始下降。基于安全和效率的考虑，传统的解决办法通常是库大拆库，表大拆表，但并不会突破原来的数据库架构模式。

以某省运营商 CRM 系统为例，在过去 10 年内做了 3 次数据库的拆分，第一次是建双中心，第二次是建四中心，第三次是建八中心。目前共拆分了 8 个数据中心，每个数据中心分主备两套数据库，共 16 个库。每个数据库的结构和配置完全一样，由于是冷备，8 个备库基本全年处于零接入状态，造成资源的浪费。为了平衡负载，数据库根据业务量对地市进行分组，一组地市连接一个数据中心。

然而，这种拆分虽然能够缓解连接数和数据量给数据库带来的压力，但也带来了新问题，如过多的数据源管理、复杂的跨地市业务处理，以及分布式事务带来的性能和安全问题等。而且，这种方式何时还要拆分，不可预期；按地市拆分也达不到对数据库访问的均衡；拆分对业务还是有一定影响的。

另外，对于某些新业务需求，由于传统关系型数据库扩展能力不限，运营商通常会单独建库抽取数据。这样就造成一个个孤立的数据池，给管理和维护带来很大的不便，数据也无法共享。

6.1.3 管理上的挑战

对于运营商来说，应用商业数据库产品还面临着管理方面的挑战，包括 TCO（成本）以及核心能力的掌控。

1.TCO 方面

采购中心每两年会进行一次数据库产品的扩容集中采购（单一来源方式）。购买方式通常按处理器核数或数据库使用用户数，需求量大，但议价能力很弱。而在实际采购过程中，往往会根据项目预算与数据库厂家协商所需购买的数据库 License 数量，这又不完全等于需求数。

2. 核心能力掌控

商业数据库产品本身是大而重的，作为核心数据库，任何的抖动和颠簸都会对整个系统的稳定性和性能带来严重的影响。数据库厂家的运维一般都交给合作伙伴来做，给运维团队造成了持续压力。

6.2 数据库技术发展现状

数据库技术发展到今天，形成了 SQL（这里，把传统的强一致性事务型关系数据库通称为 SQL）、NoSQL、NewSQL 为代表的三大阵营。由过去一种 SQL 架构支持多类应用，向 SQL、NoSQL、NewSQL 3 种架构支持多类应用进行转变。三大阵营互为补充，相辅相成。

6.2.1 数据库发展历史回顾

数据库技术产生于 20 世纪 60 年代末，经过几十年的发展演进，取得了十分辉煌的成就：造就了巴克曼、考特和格雷三位图灵奖得主，发展了以数据建模和数据库管理为核心、内容丰富的一门学科，带动了一个巨大的数百亿美元的软件产业。数据库的诞生和发展给计算机信息管理带来了一场巨大的革命。几十年来，国内外已经开发建设了成百上千个数据库，它已成为企业、部门乃至个人日常工作、生产和生活的基础设施。

今天，随着计算机系统硬件技术的进步以及互联网技术的发展，数据库系统所管理的数据以及应用环境发生了巨大的变化。其表现为数据种类越来越多、关系越来越复杂、应用领域越来越宽、数据量剧增，高并发、易检索、快速响应也成为用户追求极致体验的基准。面对瞬息万变的市场变化、复杂多样的业务需求，数据库也经历从 SQL 到

NoSQL 再到 NewSQL 的演进变化。商业模式也从原来的单一、封闭、收费发展到了多元、开放、共享。高速的社会发展、开放的商业氛围给数据库的发展提供了无穷的动力，新产品如雨后春笋般应接不暇，呈现出"百花齐放，百家争鸣"的繁荣景象。图 6-1 所示以时间为轴列出了数据库的发展变化。

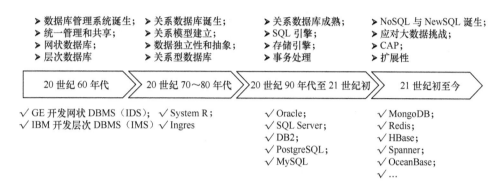

图 6-1　数据库的发展变化

6.2.2　SQL、NoSQL 和 NewSQL

业务是技术发展的原动力，当技术不能满足业务需求时，就会出现新技术、新产品。有的产品兼容并蓄、迭代完善；有的则另辟蹊径、特点鲜明，而数据库产品属于后者，这是由业务复杂性和需求的不确定性决定的。因为数据是信息时代人类社会最基本的基础设施，深入人们生活的方方面面，内容丰富、种类繁多。数据应用还在不断地扩展蔓延，从开始的信息记录、简单报表到数据分析、商业智能，再到现在的大数据、人工智能，几乎渗透到社会的各行各业，需求场景也是种类繁多。数据库作为一种管理数据的技术手段，面对如此海量数据、多样类型和应用场景，又要考虑数据库的处理效率、数据价值和用户的极致体验，在目前的技术条件下，没有哪一种技术手段能够满足所有需求。面对不同的应用场景，细分发展似乎成为唯一的选择。

SQL、NoSQL、NewSQL 的出现也正是上述的发展逻辑，它们之间不是替换关系，而是补充关系。每种数据库都有自己的技术特点、擅长的领域和适用的业务场景，具体分析见表 6-1。

表 6-1　不同数据库的分析

分类	典型产品	典型应用场景	数据模型	优点	缺点
键值 （Key-Value）	Amazon's Dynamo、Redis、Voldemor	内容缓存，主要用于处理大量数据的高访问负载，也用于一些日志系统等	Key 指向 Value 的键值对，通常用 Hash Table 来实现	查找速度快	数据无结构化，通常只被当作字符串或者二进制数据

续表

分类	典型产品	典型应用场景	数据模型	优点	缺点
列存储数据库	Cassandra、HBase	分布式的文件系统	以列簇式存储,将同一列数据存储在一起	查找速度快,可扩展性强,更容易进行分布式扩展	功能相对局限
文档型数据库	CouchDB、MongoDB	Web 应用(与 Key-Value 类似,Value 是结构化的,不同的是数据库能够了解 Value 的内容)	Key-Value 对应键值对,Value 为结构化数据	数据结构要求不严格,表结构可变,不需要像关系型数据库一样需要预先定义表结构	查询性能不高,而且缺乏统一的查询语法
图形(Graph)数据库	Neo4J、InfoGrid、Infinite Graph	社交网络,推荐系统等,专注于构建关系图谱	图结构	利用图结构相关算法,如最短路径寻址,N 度关系查找等	很多时候需要对整个图做计算才能得出需要的信息,而且这种结构不太好做分布式的集群方案

SQL 数据库凭借其强大的语义和关系表达能力,满足高价值、结构化、"热"数据的存储管理和实时性、强一致性事务型应用要求。SQL 数据库采用特定的数据模型,通过关系管理实现数据共享,减少数据冗余,具有较高的数据独立性和强大的数据查询能力。而正是这种结构化、关系型的设计使数据库扩展变得很困难。为保证数据的一致性,需要加锁,影响并发操作。由于数据读写要经过 SQL 解析,造成大数据量、高并发下读写能力不足。因此,SQL 数据库比较适合复杂交易、对事务强一致性要求的应用。

NoSQL 泛指非关系数据库,它是近些年随着移动互联、大数据而发展起来的一种新型的数据管理和应用模式。它基于多维关系模型,非结构化的存储使得其处理高并发、大批量数据的能力很强。由于 NoSQL 是基于键值对的,不需要经过 SQL 层的解析,所以性能非常高。同样也是因为基于键值对,数据之间没有耦合性,所以非常容易水平扩展。相对 SQL 数据库,其不支撑 SQL 工业标准,没有完整性约束,事务处理能力弱,对于复杂业务场景支持较差。因此 NoSQL 比较适合数据模型简单、对数据库性能要求高、不需要强一致性事务和灵活性更强的 IT 系统。

NewSQL 是对各种新的可扩展/高性能数据库的简称,这类数据库不仅具有 NoSQL 对海量数据的存储管理能力,还保持了传统数据库支持 ACID 和 SQL 等的特性。NewSQL 又称为分布式关系数据库,它针对 OLTP 工作负载,追求提供和 NoSQL 系统相同的扩展性能,且仍然保持关系型数据库的特性。NewSQL 是未来数据库发展的方向。

数据库发展了 SQL、NoSQL、NewSQL 三大阵营,每个阵营的产品也有其细分的场景和特点,表 6-2 对比分析三类数据库产品的差异。

表 6-2 三类数据库产品的差异

类型	子类型	一致性	高可用	扩展性	数据模型	记录结构	索引结构	典型产品
SQL	企业级	强一致	中	低	关系	行存储	B 树	Oracle、DB2、SQL Server
	轻量级	强一致	低	低	关系	行存储	B 树	MySQL、PostgreSQL
NoSQL	键值	最终一致	高	高	键值	行存储	Hash	Amazon's Dynamo、Redis、Voldemor
	文档型	最终一致	高	高	文档	行存储	B 树	MongoDB、CouchDB、RavenDB
	列簇	最终一致、强一致	高	高	列簇	列存储	LSM 树	Hbase、Cassandra
	搜索	最终一致	高	高	文档	行存储	倒排	Elasticsearch、SOLR
	时序	最终一致、强一致	高	高	列簇	列存储	LSM 树	OpenTSDB、InfluxDB、KairosDB
NewSQL	分析（MPP）	强一致	高	中 / 高	关系	行存储、列存储	任意列 B 树	GreenPlum、Aster、Vertica、GBase 8a
	多维分析（MOLP）	强一致	高	高	多维	列存储	LSM 树	Kylin
	交易	强一致	高	中 / 高	关系	行存储	B 树	MySQL 集群、PostgreSQL 集群、OceanBase、Spanner

6.2.3 运营商去"O"实践

近些年受互联网公司的影响，以及自身对成本、商业和安全可控方面的考虑，运营商也可开始尝试去"I、O、E"（IBM 的小型机、Oracle 数据库、EMC 存储设备）。去"I、E"容易，去"O"难，目前运营商已基本完成去"I"和去"E"，但去"O"过程还是比较艰辛，有失败也有收获。下面以某运营商为例讲述其去"O"的经验教训。

2010 年，当去"I、O、E"的概念被互联网提出来时，在通信圈也引起了特别关注，因为运营商也有被"困"之痛。2011 年某通信研究院和部分省公司开始先行探索去"O"方向。随着越来越多的省公司发起去"O"诉求，2014 年集团总部正式提出去"O"战略，并委托其下属的研发中心加大研究力度，逐步落地各省公司完成"去 O"试点。

然而，数据与业务的紧密关系，决定了去"O"不可能一蹴而就，于是该研发中心采用了组合数据库方案来替换单一数据库的解决思路组织产品研发。起初某运营商与某商业 DB 合作，于 2012 年推出了一款产品；2014 年又放弃与某商业 DB 的合作，基于 PostgreSQL、MySQL 重新开始开发新版本，分别推出了两款不同的产品，先后在不同的省份进行试点。

既然是试点，就难免有失败。在某省的一个进销存项目中，由于不能满足复杂的分析统计需求而被迫下线。另外一个省的用户管理系统由于新产品不够成熟，在高并发情况下存在系统同步的 Bug，修复时间较长也最终下线。两个项目的失败，主要有以下两个方面的原因。

1. 产品方面

（1）SQL 不能和 Oracle 100% 兼容，高级特性不支持。由于新产品与 Oracle 对 SQL 标准的支持不一样，语法存在差异，需要应用侧配合。

（2）分析和查询性能难以综合支持。Oracle 优化器做得相对比较完善，对于应用侧的 SQL 能自动选取更好的执行计划，达到更好的性能标准，而新产品在此有欠缺，对于一些复杂的 SQL 需要 DBA 进行人工干预优化。

2. 服务方面

（1）应用迁移问题。由于新建系统相对较少，而现网系统存在复用原有代码和系统的情况，往往依赖于传统的 IOE 架构，造成迁移成本高。

（2）运营维护问题。开源数据库（MySQL、PG）的 DBA 数量较少，开源数据库的运营和维护工作量的投入比较大。

也有试点效果比较好的项目，采用的是 PostgreSQL + Oracle 组合库方式，性能和业务续性都表现出了良好的状态。电信行业去"O"仅仅是开始，后面还有很长的路要走，不能为了去"O"而去"O"，要回归本源。互联网公司的去"O"经验不一定适合，需知己知彼，量力而行，适合自己的才是最好的。去"O"首先要有合适的产品，还要有可靠的平台。选择产品要分析研究各类非 O 数据库的技术特性，结合实际的应用场景与数据库特性进行匹配。平台要能够提供稳定状态、良好的性能、平滑的扩展和极致的体验。

6.2.4　数据架构发展方向

繁华落尽，洗尽铅华。去"O"开始回归理性，回归技术。

目前，Oracle 是世界上流行的关系数据库管理系统，系统可移植性好、使用方便、功能强大。它是一种高效率、高可靠性、适应高吞吐量的数据库，经久考验，适用于核心交易系统。

MySQL 是最流行的开源关系型数据库，性能高、成本低、可靠性好，使用轻便、灵活、对开发人员要求较低，在 Web 类业务上非常流行，尤其在互联网行业中几乎是标配。其与 MongoDB 都适用于原生互联网架构的应用场景。

Hadoop+MPP 的分布式计算架构方式天生具有高容错性、高可用性，对硬件要求低，数据存储量大，在海量数据存储、分析和处理中有着天然的优势，适用于海量数据的分析查询业务。

PostgreSQL 被誉为最像 Oracle 的开源数据库，如复杂 SQL 执行、存储过程、触发器、索引、多进程架构等，并具备良好的可维护性。相比 MySQL 更为适合电信级的业务支撑系统，可以用作直接替"O"试点。每一种数据库都有自己的特点和专长，关键是如何结合业务，发挥各自优势。

现阶段，在复杂场景中，单一数据库架构已不能满足应用对海量结构化和非结构化数据的存储管理、复杂分析、关联查询、实时性处理和控制建设成本等多方面的要求。因此，不同数据库进行组合应用才是当前较为实际的选择。

实践证明，关键业务对 CRUD 操作最好的支持还是 Oracle。在电信核心交易场景中，Oracle 依旧是不可或缺的选择之一。未来的数据库架构设计应能够根据不同的应用场景，方便、自由地进行数据库组合。

6.3 数据库选型

当前的数据库市场可谓百花齐放、品类繁多，如何为不同的应用场景选择合适的数据库并不是一件容易的事情。本节将会介绍数据库选型的基本方法和实践经验。

数据库选型是讲究方法的。每个数据库产品都有其技术特性，而每种应用场景都有其应用特性。数据库选型要根据应用场景分析出应用特性，选取关键指标关联至数据库技术特性（应用特性与技术特性有关联关系），从而选择合适的数据库。图 6-2 所示为数据库选型流程。

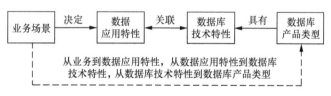

图 6-2　数据库选型流程

6.3.1 数据库的技术特性

每一个数据库产品都自带一致性、高可用性、扩展性、数据模型、记录结构、索引结构、存储介质等技术特性，而数据库产品的差异就体现在这些技术特性上。区分数据库特性就要从这些指标着手，根据不同的特性值选择适合自己的数据库产品。表 6-3 所示是数据库产品技术特性的指标项和指标值。

表 6-3 数据库产品技术特性的指标项和指标值

技术特性	特性说明	特性等级		
一致性	强一致性：一次更新操作成功且返回到客户端之后，随后所有的客户端对该对象的读操作，都能看到本次写的效果	强一致	最终一致性	弱一致
	弱一致性：不保证后续读操作肯定能获取更新过的值			
	最终一致性：允许后续访问操作可以暂时得不到更新后的数据，但经过一段时间后能够返回最新的数据			
可用性	故障自动发现与快速恢复，通过 RPO 与 RTO 指标衡量： —RTO（Recovery Time Objective），即恢复时间目标，指所能容忍的业务停止服务的最长时间； —RPO（Recovery Point Objective），即数据恢复点目标，指业务系统所能容忍的数据丢失量； —RPO 与 RTO 越小，系统的可用性越高，RPO 为 0 表示没有数据丢失	高	中	低
扩展性	机器数量级别：十、百、千数据库架构是否存在瓶颈节点	高	中	低
数据模型	键值模型：以 Key Value 模型对数据建模，Value 没有内部结构，通常只被当作字符串或者二进制数据	—	—	—
	列簇模型：以 Key Value 基础模型对数据建模，Value 可以包含多个列，支持对列进行分组			
	文档模型：以 Key Value 基础模型对数据建模，Value 格式为 JSON 或类似 JSON 格式			
	关系模型：以关系表对数据建模			
	多维模型：以数据立方体对数据建模			
存储结构	行存储模型：数据按照顺序以记录的方式逐条组织成行数据页，再存储到磁盘上			
	列存储模型：与行存储相反，列存储是把同一个属性列中的数据项放在一起构成列数据，再存储到磁盘上			
存储介质	内存数据库：数据主版本驻留在内存			
	磁盘数据库：数据主版本驻留在磁盘			
索引结构	Hash 索引、B 树索引、T 树索引、LSM 树、倒排索引			

6.3.2　数据库应用特性

业务设计时，通常会按照需求，选择所需要的数据存储方案。而在做技术架构设计时，一般业务会对数据库提出以下要求：数据量、并发度、读写特性、一致性、响应时间、操作复杂度、业务连续性等数据应用特性（如表 6-4 所示）。这些是站在业务的角度对数据库提出的功能需求，称为数据库应用特性，而数据库厂家并没有提供相关的应用特性指标项，要想选择合适的数据库，需要找出数据库的应用特性与技术特性的对应关系。

表 6-4　一般业务对数据库的要求

应用特性	特性说明	特性等级			
存储数据量	数据量可以分为存储数据量和计算数据量： ① 存储数据量用于衡量业务运行中数据库需要存储的数据规模，与业务中主要插入操作单次产生的数据量、操作频率以及历史数据需要保存的时间相关； ② 计算数据量用于衡量查询类操作中访问的数据规模，例如，复杂多维分析查询、多表关联查询、统计类查询的计算数据量要远远大于单表主键查询	海量（物联网级）	大规模（计费级）	中（CRM 级）	小规模
并发度	并发度是衡量一个系统在一个指定周期内处理能力的指标，业务系统并发支持能力越高，系统在同一时间内处理的请求数就越多	极高（物联网级）	高（计费级）	中（CRM 级）	低
读写特性	减轻数据存储压力通常需要尝试缓存，但缓存存在不命中和过期情况，因此，还需要通过数据库的读写分离来减轻数据库压力。但是否需要做读写分离取决于业务需求。一般来讲业务读写比要在 2：1 以上，读写分离才有价值。读写分离功能的实现既可以在应用层，也可以在数据库层，在应用层实现，将增加应用开发的负担	纯读/纯写	读多写少	读写平衡	写多读少
数据一致性	任何单一服务器，无论如何强大，都不能满足持续增长的业务需求，必须通过分布式数据存储来满足业务需求。然而，分布式数据存储在解决海量数据存储和高并发的同时，带来了数据一致性的挑战	强一致性	最终一致性	弱一致性	
响应时间	健壮性、可扩展性、安全性，这些在系统设计中都非常重要，但用户往往是看不到的，用户在意的是系统的响应速度	极快（物联网级）	高（计费级）	中（CRM 级）	低
操作复杂度	数据库操作的复杂程度对数据库的响应也有极大的影响。数据库单机场景下，通过索引，对单行数据进行增删改查等操作，数据库响应速度最快。但在数据量大的情况下，依赖数据库单机无法支撑业务的需求，需要实现数据的分布式部署，这就对数据查询操作有了更高的要求	简单	一般	复杂	
业务连续性	数据库存储了业务运行数据，当数据丢失或不一致时，会导致业务的中断，因此数据库的连续性是业务连续性的关键因素。分布式计算后，使得数据库对业务连续性的影响更加突出	极快（物联网级）	高（计费级）	中（CRM 级）	低

6.3.3 应用特性与技术特性的对应关系

数据的应用特性是根据应用场景进行业务分析的结果，是对数据库的应用需求。技术特性则是数据库厂家对其提供的数据库产品的能力描述。选择数据库就是要根据应用特性与技术特性，找出匹配的产品。数据库应用特性与技术特性有着较强的关联关系（如表 6-5 所示），这些关系可以帮助大家进行数据库选型。

表 6-5　数据库应用特性与技术特性的对应关系

应用特性	特性等级	VS	技术特性	特性等级
存储数据量	海量	<—>	扩展性	高
计算数据量	大规模	<—>	存储结构	列存
并发度	极高	<—>	扩展性	高
响应时间	极快	<—>	存储介质	内存
数据一致性	强一致	<—>	数据一致性	强一致
业务连续性	极高	<—>	可用性	高
操作复杂度	多维查询	<—>	数据模型	数据立方体
操作复杂度	全文检索	<—>	索引结构	倒排索引
读写特性	写多读少	<—>	索引结构	LSM 树

6.3.4 数据库选择建议

有了应用特性与技术特性的对应关系，参考前面讲到的 SQL、NoSQL、NewSQL 数据库产品的技术特性，结合通信行业业务应用场景，我总结出如表 6-6 所示的数据库选型建议，以供参考。

表 6-6

场景分类	场景	典型应用	数据库选型建议
交易型	高并发海量时序数据处理	车联网	NoSQL 数据库中的时序数据库
交易型	短时高并发交易类型	电渠团购、秒杀	NewSQL 数据库中的交易型数据库
交易型	复杂交易	营业受理	SQL 中的企业级数据库
交易型	高并发实时交易	计费	内存数据库中的行业 MDB
查询型	海量实时查询	账单详情查询	NoSQL 数据库中的列簇型数据库
查询型	全文检索查询	应用日志检索	NoSQL 数据库中的搜索引擎类数据库
查询型	高并发实时查询	应用缓存	内存数据库中的弱一致性数据库
查询型	多维实时查询	标签查询	NewSQL 数据库中的 MOLAP 数据库
分析型	大数据量中低并发	模型计算	NewSQL 数据库中的 MPP 数据库
分析型	小数据量高并发	指标计算	数据库一体机

6.4 实现分布式数据访问平台

基于对电信业务的深度经营和技术规范的要求，我们推出了分布式应用数据总线的解决方案，简称 DADB。它旨在通过一个数据中间件平台，去屏蔽应用对数据库的依赖，将应用与数据存储分离，同时可以整合不同的数据库产品，提供相应的路由、分库、异构数据库适配、监控、隔离、数据安全等功能。对于应用系统，不用关心数据存储在哪里，对底层数据库迁移、扩容、缩容无感知，数据库的存储策略完全由应用访问规则决定。

6.4.1 分布式应用数据总线

图 6-3 所示为分布式应用数据总线的逻辑架构，包含了 3 个部分，加上一个管理控制平台，整个架构平台共由 4 部分组成：客户端（Client）、控制器（Controller）、数据操作平台（Server）、管理控制平台（Console）。

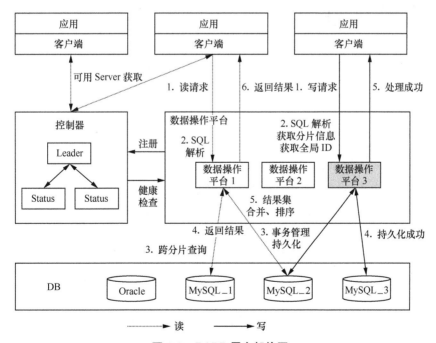

图 6-3 DADB 平台架构图

① 客户端（Client），用于应用接入访问，代理服务端。

② 控制器（Controller），负责数据操作平台（Server）的管理，用于节点服务的注册和发现，负责事物的统一开启和提交等。

③ 数据操作平台（Server），是核心数据库的操作模块，负责实现数据访问，由节点服务发起对数据库的连接，实现数据的读写。

④ 管理控制平台（Console），实现访问代理的运维监控和配置管理。

平台启动后，数据操作平台（Server）会自动注册到控制器，客户端通过驱动连接到控制器，可以获取可用节点服务列表。

下面以数据查询请求为例，介绍数据库平台的处理流程：

① 客户端通过驱动接口从控制器获取一个可用节点服务；

② 查询请求通过 Socket 发送给节点服务；

③ 节点服务执行 SQL 解析，获得执行节点（物理数据库）；

④ 节点服务发送 SQL 到执行节点，执行完成返回执行结果；

⑤ 节点服务获得所有执行节点的执行结果，进行结果集合并、排序等操作；

⑥ 最后节点服务把结果返回给应用。

平台除了提供分布式数据库访问和路由外，还提供了与分布式管理相关的功能，包括分库分表、读写分离、结果集合并、分布式事务等。

6.4.2　分库分表功能实现

分库分表是分布式应用数据总线的基本功能，在单表或单库过大的情况下，为了提升数据访问的效率需要进行分库分表操作。但是，对于开发人员来说，不关注某些逻辑表是否分库分表，分布式应用数据总线会保证分库分表对开发人员透明。

下面以 MEMBER 表为例，介绍数据表水平拆分方式。该表包含 ID、MEMBER_ ID、INFO 字段。分片字段采用 MEMBER_ID，路由算法封装成一个函数，数据将按照路由结果保存到分片库 1 或分片库 2 中。分片字段、路由算法、分片库这些需要在分布式应用数据总线基础配置库中提前配置，业务侧执行数据更新或查询不用关注数据在哪个分片节点。

图 6-4 所示为分库分表逻辑，展示了数据表拆分后的数据流向，一共包括 3 个步骤：

① 客户端执行数据插入；

② 分布式应用数据总线路由模块依据分片字段 MEMBE_ID 值，通过路由算法确定插入哪个分库；

③ 分布式应用数据总线根据路由结果将数据插入对应分库中。

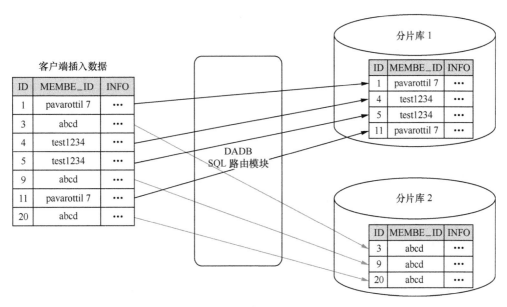

图 6-4　分库分表逻辑图

6.4.3　读写分离功能实现

读写分离是提升系统性能的重要手段，分布式应用数据总线提供了对读写分离的支持。读写分离既可以在相同数据库之间实现，也可以在异构数据库之间实现，关键是写库和读库的数据同步。对于异构库之间的数据同步需要开发实现，对于同库之间的数据同步相对比较简单，因为主流数据库都提供了数据同步功能，例如，MySQL 的主从复制、Oracle 的 RAC 等。

以 MySQL 主从复制为例，首先需要将主从节点分别配置到分布式应用数据总线上，主节点设置成写库，从节点设置成读库，分布式应用数据总线启动后加载配置到缓存。

图 6-5 展示了 DADB 读写分离过程：

① 客户端发起 SQL 请求；

② DADB SQL 解析模块解析请求 SQL 是读或写；

③ DADB SQL 执行模块将读 SQL 转发到读库执行，写 SQL 转发到写库执行；

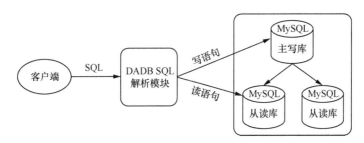

图 6-5　DADB 读写分离过程图

④ 读库和写库的数据同步由 MySQL 的主从复制保障。

6.4.4 结果集合并功能实现

对于实现了分库分表，虽然对开发人员没有什么影响，也不需要关心一个查询会涉及多少个数据库的多少张表，但是，分布式应用数据总线将会涉及多个数据库的结果集并进行合并。

以不带条件的查询为例，图 6-6 所示为分库分表结果集合并过程。

① 客户端发送不带条件的查询；

② DADB 在进行 SQL 解析时会在原查询语句后加上分页条件（防止数据过多，内存溢出），因为没有带入分片键值，所以不能确定在哪个分库执行，它将在每个分片上执行并发查询；

③ 在每个分库上执行完查询后，结果集合并模块将进行结果集合并；

④ 结果集合并完成后，封装成一个 ResultSet 返回客户端。

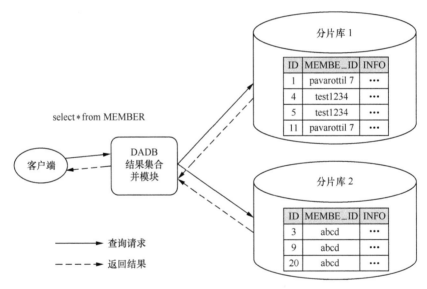

图 6-6　分库分表结果集合并过程

6.4.5 数据库节点路由功能实现

对于带分片键条件的查询，DADB 会根据分库分表规则由平台自动路由到相应的数据库。

假如 MEMBER_ID 字段是 MEMBER 表的分片字段，客户端在执行 "select*from MEMBER where member_id= 'test1234'" 查询时，SQL 执行过程如图 6-7 所示。

① 客户端发送查询请求 SQL；

② 路由模块依据分片算法及传入的分片字段值，计算分库节点为分库 1；

③ 执行模块将 SQL 发送到分片库 1 执行；

④ 获得返回结果，封装并将结果返回客户端。

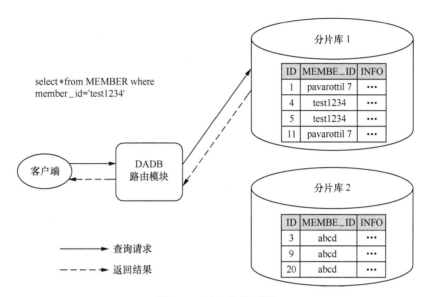

图 6-7　SQL 执行过程

6.4.6　分布式事务功能保障

分布式事务一直是分布式系统面临的难点之一，特别是异构数据库间的事务一致性保障。目前，很难做到高效的强一致性分布式事务保障，大数据实现的都是保证事务的最终一致性。业界对分布式事务常见的解决方案有以下 3 种：

① 基于 XA 协议的两阶段提交；

② 基于可靠消息的最终一致性；

③ TCC 编程模式。

DADB 实现了基于 XA 的分布式事务一致性管理。XA 事务管理器分为两部分：事务管理器和本地资源管理器。其中，事务管理器是 XA 事务管理的核心，负责与每个资源管理器进行通信，协调并完成事务的处理。本地资源管理器是由数据库实现的，目前多数主流数据库如 Oracle、DB2、MySQL 都实现了 XA 接口，而事务管理器作为全局的调度者，负责本地资源的提交和回滚。

XA 事务是基于两阶段提交协议（2PC，Two Phase Commitment Protocol）的。该协议主要为了解决在分布式数据库场景下，所有节点间数据一致性的问题。分布式事务通过 2PC 将提交分成两个阶段：准备和提交。

阶段一为准备（Prepare）阶段。即所有的参与者准备执行事务并锁住需要的资源。参与者准备时，向 Transaction Manager 报告已准备就绪。

阶段二为提交阶段（Commit/RollBack）。当事务管理器确认所有参与者都准备就绪后，向所有参与者发送提交命令。XA 二阶段提交事务模型如图 6-8 所示。

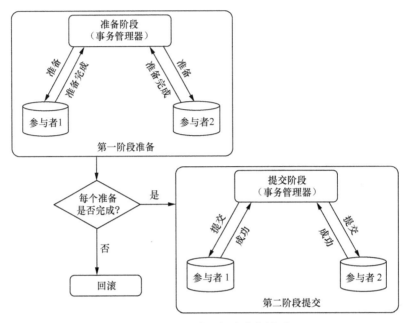

图 6-8　XA 二阶段提交事务模型

基于 XA 的分布式事务处理模型中，一般由外部应用充当事务管理者（协调者）角色，支持 XA 接口的数据库节点是事务资源管理对象。

因为 XA 本质上是基于两阶段提交，所以两阶段提交也会存在问题。主要有两个问题：一是性能问题；二是第二阶段某个节点提交失败导致的数据不一致问题。对于性能问题，采用弱 XA 方式尽量减少性能影响，对多个节点的准备和提交，可采用异步执行以减少等待时间。对于不一致性问题，通常采用事务补偿机制，即通过失败记录的日志信息，采用人工干预方式执行事务补偿，减少或避免不一致性问题。

事务补偿机制主要针对在分布式最终一致性的事务保障机制下、在极端情况下（如提交时某个节点突然宕机）出现的数据不一致性问题。针对这种情况，DADB 提供了日志记录功能，记录了发生异常时事务内全量操作（只记录写操作）。

在分布式事务的提交阶段（Commit/RollBack），如果有一个节点发生提交 / 回滚失败，则认为分布式事务可能出现不一致问题，在对所有节点的提交 / 回滚完成后，日志记录线程会记录本次事务的相关信息，记录载体可以是数据库或文件。记录的日志信息包括：

① 承载该事务的通道编号；

② 通道内事务号；

③ 发生时间；

④ 事务最终状态（提交 / 回滚失败）；

⑤ 异常详细信息；

⑥ 执行的 SQL 语句；

⑦ 所在数据库节点；

⑧ SQL 执行所在数据库。

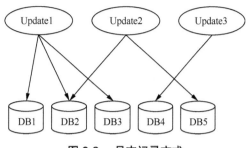

日志记录方式如图 6-9 所示。一个事务内，假如包含 3 个 Update 语句：Update1 在 DB1、DB2、DB3 执行；Update2 在 DB2、DB5 执行；Update3 在 DB4 执行。

图 6-9　日志记录方式

执行全局提交时，依次分别在 DB1 至 DB5 上执行提交。在 DB2 上，提交发生异常，其他节点提交成功，则认为整个分布式事务发生异常。此时对该分布式事务一共记录 6 条日志信息：

① Update1 语句 3 条，分别对应在 DB1、DB2、DB3 上的执行情况，其中在 DB2 节点上执行事务的最终状态是提交失败，DB1、DB3 上的事务状态是提交成功；

② Update2 语句 2 条，分别对应在 DB2、DB5 上的执行情况，其中在 DB2 节点执行事务的最终状态是提交失败，DB5 上事务的最终状态是提交成功；

③ Update3 语句 1 条，对应在 DB4 上的执行情况，事务的最终状态是提交成功。

6.5　异地多活数据同步平台

"多活"是指每个中心都是活的，实时承担流量，任何一点出问题，都可以直接切换，由另外中心直接接管，非传统的"两地三中心"冷备方式。

在实际生产活动中，一般意义上的多活其实是一个数据中心写，其他数据中心同步可以在消息队列层和 RPC 层，或者数据库层，都可以做到异步，或者一定意义上的同步。

电信行业一直都非常重视数据安全，一般都在多个地方、不同的机房建立多个数据中心（有同城的也有跨市的），中心间数据互为备份，中心内部数据为主—从备份。

随着微服务化系统的升级改造，业务中心会越来越多，数据中心库间的关系也会越来越复杂，单纯的一个库备份到另一个库已经无法保障分布式业务调用高可用性。同时，异地部署带来的网络、数据、事务等各种问题混杂在一起，很多问题看似是无法解决的，例如，"网络断了怎么保证数据一致性""怎么保证异地事务一致性""业务怎么无缝在多个库间切换"等。为了保障业务的高可用性，数据中心需要新的解决方案来实现不同中心间的数据同步，实现多活。

除了解决异地多活的技术问题，还需要转变思想理念。经常困扰我们的主要问题是"追求完美的异地多活方案",这样导致"异地多活"设计中出现很多的思维误区,而如果意识不到这些思维误区,就会陷入死胡同,导致无法实现真正的"异地多活"。在系统互联网化转型的过程中,必须要从传统的"一个数据都不能丢"转变成"将数据丢失的比例降到最低"。

6.5.1 异地多活架构设计

在介绍异地多活架构之前,我们先看一下在电信行业普遍使用的多中心冷备容灾方案,如图 6-10 所示。

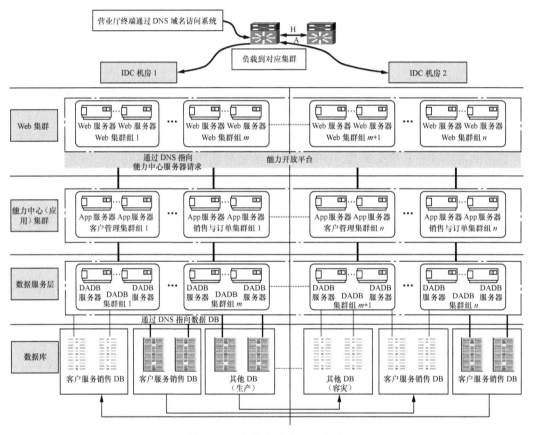

图 6-10 多中心冷备容灾方案

多个中心按用户归属地区进行路由,不同区域的用户数据存储在不同的数据中心,数据通过向另一个中心路由实现数据的异地冷备容灾。

在原有架构基础上,要做到真正的异地多活,我们还需要解决如下问题。

① 跨中心的数据无感知的访问。由于不同地区的数据存储在不同的数据中心,每个数据中心都存有另一个中心的备份数据,但是由于是冷备,并不能被直接消费。对一些异地业务来说,它们需要从顶层设计路由规划,以便实现不同数据中心的自动切换。

② 数据同步延迟问题。由于冷备完全依赖数据库本身的数据同步机制，效率不高，达不到多活的延迟要求。

③ 数据中心扩展困难，存在大量数据割接，同时对入口的路由会导致用户需要切换访问地址不能做到无感扩展。

根据传统多中心的架构以及考虑以上分布式架构容灾的要求，新的异地多活架构应时而生，如图 6-11 所示。

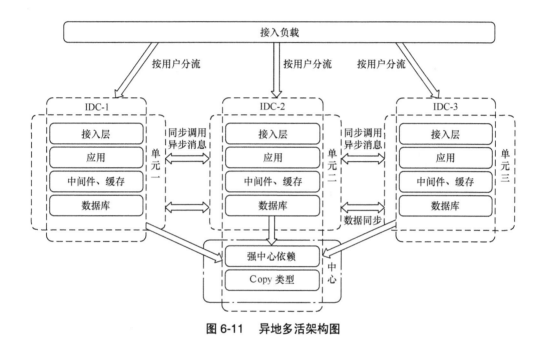

图 6-11　异地多活架构图

接入层应用可通过同步调用或异步消息实现相互的调用。通过相关的服务注册和发现机制保障寻址、路由、熔断、切换等。

在数据库层面，通过准实时同步的方式实现数据中心间数据的双向同步。以 MySQL 数据库为例，其同步示意如图 6-12 所示。

中心间采用解析 MySQL 二进制日志（binlog）实现增量准实时双向同步数据，通过数据稽核检验保障数据最终一致。在灾难发生情况下，业务不中断，可人工或自动进入数据中心切换。

考虑到数据同步的效率，中心间的数据同步需要采取一定的策略。对于共性业务，数据中心之间只对系统静态参数和核心动态业务数据进行增量备份，其他业务数据不做备份；对于个性业务，只对个性业务的静态及配置数据进行两中心同步。

实现异地多活的关键在于数据中心间的数据同步，而数据同步的关键是要保证中心间的数据一致性和数据同步的低延迟。数据同步平台很好地解决了实现异地多活产生的数据同步问题。

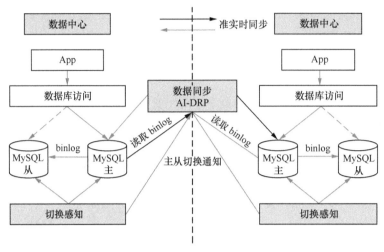

图 6-12　数据同步示意图

6.5.2　数据同步平台架构设计

本节以 MySQL 数据库数据同步方案为例，讲述数据同步平台的基本实现原理，并对关键技术的实现进行说明，如图 6-13 所示。

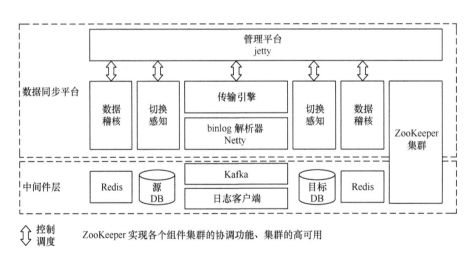

图 6-13　数据同步平台总体架构

数据同步平台主要由管理平台、切换感知、传输引擎、binlog 解析器、数据稽核模块组成。binlog 解析器通过订阅 MySQL 的 binlog 实现准实时跨中心数据同步，从而达到中心间 MySQL 数据的一致性。数据同步平台高度自治，只与 MySQL 交互。对中心间需要同步数据的 MySQL 建立传输管道，每个中心下包含需要同步的 MySQL 主—从数据库地址。

管理平台是 MySQL 数据同步平台的管理门户，主要提供配置和监控功能。配置功能包括传输管道、传输引擎、数据稽核、切换感知配置以及 binlog 解析配置；监控功能包括切换感知、传输引擎、异常、binlog 解析以及数据稽核过程。

切换感知主要解决中心内 MySQL 数据库主—从切换后，通知 binlog 解析器与传输引擎切换到新的 MySQL 主库上进行解析 binlog 与回复 binlog。

传输引擎通过内嵌解析器方式对接解析器，获取数据库增量日志数据，将增量数据传输到异地机房并加载到相应的 MySQL 主库中。

binlog 解析器采用开源 dbsync 进行定制开发，以达到数据同步的要求。

数据稽核是在发生异常情况下，中心间数据同步过程中出现数据不一致问题。数据稽核是保障中心间数据同步的最终一致性的主要手段，分为冲突校验、定时全量稽核，根据稽核的结果进行手动、自动修复数据。

管理平台对切换感知、binlog 解析器、传输引擎、数据稽核进行管理配置、监控。数据同步平台通过切换感知及时发现中心内 MySQL 的主—从切换，并通知传输引擎与 binlog 解析器切换到新的 Master 上进行数据同步。

1. 数据同步原理分析

数据同步的前提是配置好需要实现同步的源数据库 / 表和目标数据库 / 表，在管理节点（Manager）配置传输管道等相关信息。数据同步平台各功能模块之间的关系如图 6-14 所示。

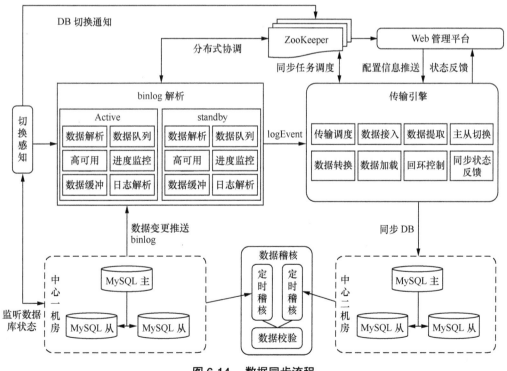

图 6-14　数据同步流程

流程简述如下：

① 数据库数据发生变更后，由数据库将 binlog 发送至 binlog 解析模块；

② 解析器对接收到的 binlog 进行协议解析，补充一些特定信息，如字段名字、字段类型、主键信息、Unsigned 类型处理；

③ 将解析后的数据传递给事件队列模块进行数据存储，该操作是一个阻塞操作，直到存储成功；

④ 存储成功后，定时记录 Binary log 的位置；

⑤ 进入数据队列后，由数据队列实现数据过滤、路由分发等功能；

⑥ 数据通过 RingBuffer 实现内存存储，防止缓存数据过大导致 Jvm 内存溢出；

⑦ 传输引擎从 ZooKeeper 获取同步任务，并接入 binlog 解析模块开始同步数据；

⑧ 传输引擎主要实现 4 个阶段的操作，分别是数据接入（Select）、数据提取（Extract）、数据转换（Transform）、数据加载（Load）；

⑨ 在目标库实现数据入库。

其中，切换感知模块用于监控数据库主—从切换，并通知 ZooKeeper 以及 binlog 解析模块对 Master 实现切换。数据稽核模块在业务负载较低的时段对源库和目标库进行数据校验，用于保证数据的最终一致。

2. 切换感知

切换感知主要解决中心内 MySQL 数据库主—从切换后通知 binlog 解析器与传输引擎切换到新的 MySQL 主库上进行解析 binlog 与回复 binlog。其技术方案如图 6-15 所示。

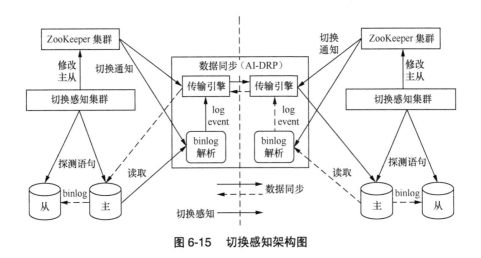

图 6-15　切换感知架构图

切换探测集群通过对 MySQL 执行探测命令确认主—从切换并找出新的主库，并通过 ZooKeeper 通知 binlog 解析器和传输引擎组件。为了实现切换感知的高可用性，切换感知也实现了集群部署。切换感知通过管理平台配置传输管道和探测频率，即可定时发起对传输管道下 MySQL 集群主—从切换的探测。

切换感知的探测流程如图 6-16 所示。

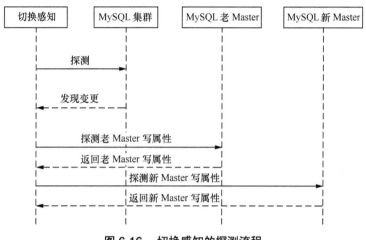

图 6-16　切换感知的探测流程

为了保障切换感知结果的正确性，切换感知采用双向确认的方式，即当发现 MySQL 集群有主—从切换，则切换感知会分别向新、老 Master 发起切换探测，只有结果一致，才会确认发生了主—从切换。具体实现流程如下：

① 切换感知定时在 MySQL 集群中实例执行 show slave status 命令；

② 获取每个实例的关键信息，对关键信息进行前后两次对比，检查前后差异，根据差异发现 Master 差异；

③ 查询老 Master 读写属性，如果老 Master 写未关闭，不做切换通知，如果关闭，则进入第④步；

④ 查询新 Master 读写属性，如果新 Master 写打开，通知切换；如果关闭每隔 3s 重新读取，新 Master 写未打开，进入第⑤步；

⑤ 发起 MySQL 集群内写实例（写属性打开的实例）探查，如果发现写实例，通过命令 show slave status 分析是否有其他实例从该写实例同步数据，如果有，确认该写实例为新 Master，记录日志发起切换通知；如果没有，发起告警，并停止 MySQL 集群中心间数据同步。

由于切换感知的每次探测中间是有时间间隔的，因此，不可避免地会出现在间隔期发生主—从切换的情况。如果在切换感知探测之后发生了主—从切换，传输引擎在加载数据时会遇到只读异常（因为原主库已经切换成为只读备库），这时切换感知会立即发起主—从探测，等待探测结束后，新 Master 重新加载数据。

当 binlog 解析得到 MySQL Master 切换消息后，会判断当前 Master 是否同步完成，等待同步完成，再切换到新 Master 进行 binlog 解析。切换到新的主库中需要根据 binlog 的 GTID 进行数据排重。

3. binlog 解析

MySQL 主备数据复制实现原理如图 6-17 所示。

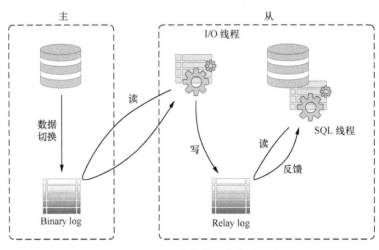

图 6-17　MySQL 主备数据复制实现原理

从上层来看，复制分成 3 步：

① Master 将改变记录到二进制日志（binlog）中（这些记录叫作二进制日志事件，可以通过 show binlog events 命令进行查看）；

② Slave 将 Master 的 binlog events 拷贝到它的中继日志（Relay log）；

③ Slave 重做中继日志中的事件，将改变反映它自己的数据。

关于 binlog 的解析原理，感兴趣的读者可参考阿里巴巴旗下的一款开源项目 Canal，这里不再赘述。

4. 传输引擎

通过对接解析器，获取数据库增量日志数据，将增量数据传输到异地机房并加载到相应的 MySQL 主库中。

传输引擎架构如图 6-18 所示。Manager 运行时推送同步配置到节点；节点将同步状态反馈到 Manager 上；基于 ZooKeeper 解决分布式状态下的调度，允许多节点之间协同工作。

传输引擎采用 S/E/T/L 阶段模型，即数据接入、数据提取、数据转换和数据加载，如图 6-19 所示。为了更好地支持系统的扩展性和灵活性，将整个同步流程抽象为 Select、Extract、Transform、Load 4 个阶段。

Select 阶段：解决数据来源的差异性，如接入 binlog 解析获取增量数据，也可以通过接入其他系统获取其他数据等。

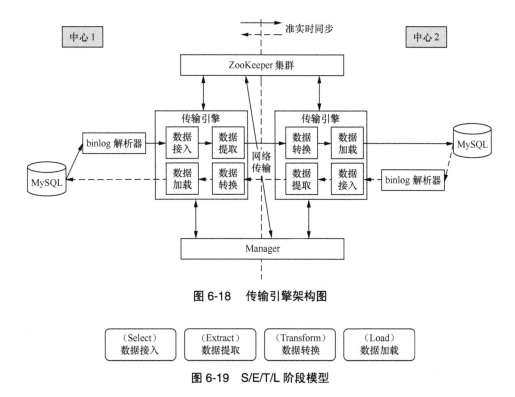

图 6-18 传输引擎架构图

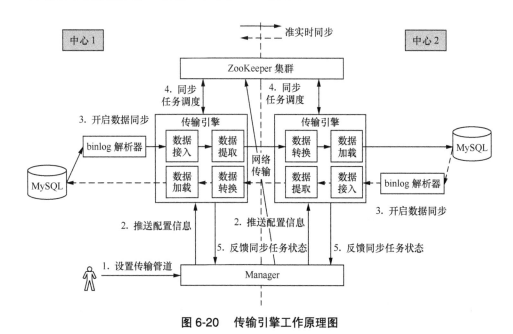

图 6-19 S/E/T/L 阶段模型

Extract、Transform、Load 阶段：类似于传统的 BI 的 ETL 模型，具体可为数据接入、数据转换、数据载入等操作。

传输引擎的数据同步工作原理如图 6-20 所示。

图 6-20 传输引擎工作原理图

工作原理描述如下：

① 由配置人员在管理节点配置传输管道的相关信息，同步启动；

② 由管理节点推送传输管道配置信息到传输引擎以及 ZooKeeper 中，并在 ZooKeeper 中写入同步任务，需要跨中心同步配置信息；

③ 开启 binlog 解析器，同步数据；

④ 由传输引擎获取同步任务，并接入 binlong 解析器开始同步；

⑤ 传输引擎反馈同步状态给管理节点。

为了提升数据同步效率，数据入库摒弃原有事务顺序，采用最终一致性提升入库性能。入库算法采取了按 PK Hash 并行载入 +batch 合并的优化。打散原始数据库事务，预处理数据，合并 Insert/Update/Delete 数据，然后按照 Table + PK 进行并行（相同 Table 的数据，先执行 Delete，后执行 Insert/Update，串行保证，解决唯一性约束数据变更问题），相同 Table 的 SQL 会进行 Batch 合并处理。

数据合并处理：

Insert + Update → Insert；

Insert + Delete → Delete；

Update + Update → Update；

Update + Delete → Delete。

5. 数据稽核

主—从数据同步是一个复杂的过程，在中心间数据同步过程中难以避免会产生数据不一致的问题。数据稽核是保障中心间数据同步的最终一致性的主要手段，分为实时增量校验和定时全量校验，根据校验的结果进行手动或自动修复数据。

在数据同步过程中，导致数据不一致常见的有以下两种情况。

第一种情况是同一条数据"同时"修改，造成这种情况有以下两种原因：

① 上层应用系统通过 DNS 做流量切换，DNS 在收敛时间内可能导致同一条数据同时修改；

② 上层应用没有控制，导致公共数据同时修改。

第二种情况是在数据同步过程中可能发生异常导致数据丢失，如：

① MySQL 不可用，包括 MySQL 所在主机宕机、MySQL 宕机等丢失未 Dump 的 binlog；

② 中心间网络不可用导致 binlog 未及时存储。

在数据一致性保障机制方面，应根据不一致原因采用不同的策略。

对于第一种同一条数据"同时"修改的情况，由于在双中心的背景下，不允许同一条数据"同时"修改，所以应采用实时校验的方式及时发现不一致的数据并告警。

"同时"是一个时间段，表示 A 中心修改数据开始直到 B 中心可见为止。"同时"定义示意如图 6-21 所示。

实时校验主要解决发现同一条数据"同时"在两个中心修改的问题。通过时间交集算法发现可能"同时"修改的数据，对此数据进行二次校验确认是否异常，以及发起告警、申请手工修复。实时校验原理如图 6-22 所示。

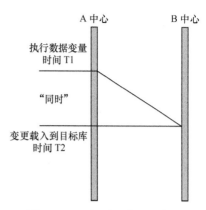

图 6-21 "同时"定义示意图

实时校验过程描述如下。

① binlog 解析完数据后，根据 PK 归属原则、分析出数据流向是否异常，例如，中心 2 的数据流向为从右到左，如果发现中心 2 的数据出现从左向右流动，说明上层系统发生中心间切换，此时发起数据实时校验。将数据存入 Redis 中，使用表名 +PK 作为 Key，Value 中包含数据产生时间（Ta），失效时间设置为两倍同步时间 + 消息处理时间。

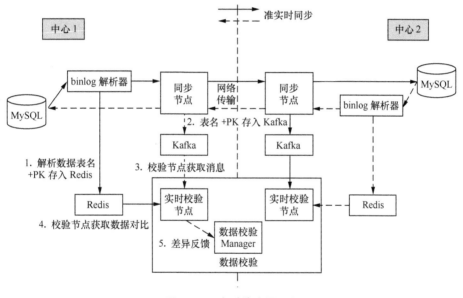

图 6-22 实时校验原理图

② 数据 Load 完成后，将数据发送给 Kafka，数据中包含数据产生时间（Tb1）以及当前时间（Tb2）。

③ 实时校验节点获取 Kafka 消息。

④ 实时校验节点以表名 +PK 为 Key，从 Redis 中获取数据，如果数据存在，从数据中读取时间（Ta）；如果时间（Ta）正好在 Kafka 消息中的两个数据 Tb1 与 Tb2 之间，说明数据修改发生冲突。

⑤ 两中心数据发起核对，如果不一致，反馈差异到管理节点，发出告警、申请人工修复。

对于第二种数据丢失的情况，数据丢失修复应采用定时全表数据核对，并根据修复策略进行自动或者手工修复，定时全量校验原理如图 6-23 所示。

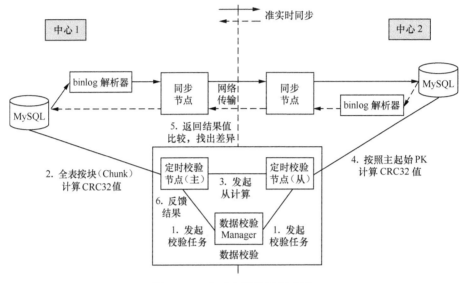

图 6-23　定时全量校验原理图

定时全量校验过程描述如下。

① 该过程由管理节点发起任务，并从两个中心各选一个校验工作节点，并选出其中一个作为主节点。

② 主节点按块（Chunk）进行 CRC32 计算，具体计算如：通过分页 SQL 语句查询出 Chunk（例如，Chunk 设置为 1000）条数据，并按照 PK 排序，进行数据 CRC32 计算，并取出边界 PK。可以在数据库中计算，也可以批量获取后在校验节点中进行计算。

③ 把 SQL 语句以及边界 PK 发给从校验节点，主节点发起下一块 CRC 计算，等待从节点返回结果。

④ 从节点发起 SQL 执行，获取 CRC 校验，并获取边界 PK。

⑤ 从节点检查是否有差异，返回结果给主节点。

⑥ 主节点根据返回结果判断，如果 CRC32 数值不一致，发起该块数据逐条计算 CRC32 值，找出不一致的数据并记录，等待两倍数据同步时间，再计算该条数据在两个库中的 CRC32 值，比较是否一致，如果不一致，再与上次计算的值分别计算；如果还不一致说明数据持续有修改，把该条数据反馈给管理节点，发出告警。如果与上次计算 CRC32 值一致，启动修复机制。

差异告警是数据稽核发现有数据不一致，异步往管理平台发送告警数据，包括差异类型、差异数据点等。差异类型有中心 1 缺失数据、中心 2 缺失数据、中心 1 和中心 2

字段数据差异。

　　数据修复针对差异类型不同提供不同的修复策略。如中心 1 数据缺失或者中心 2 数据缺失需要根据数据归属以及 binlog 解析日志进行删除或者插入修复动作；中心 1 和中心 2 字段差异，则需要根据数据归属以及修改数据进行修复。修复数据前会记录修复前的数据以及修复时间等信息。

6. 同步表限制条件

　　在没有分布式锁限制情况下，MySQL 主—主双活模式不能百分之百保障数据一致，且要满足数据同步时延、吞吐量要求，需要对同步的数据库提以下限制条件（见表 6-7），但不仅仅局限于以下条件。

表 6-7　数据库的限制条件

	约束	是否必须	说明
1	同一份数据不允许"同时"在两个中心修改	是	防止数据同时修改产生脏数据
2	同步表不能有自增长字段	是	防止数据重复
3	同步表必须有主键	是	数据同步时防止对表进行全表扫描
4	同步表的主键在两个中心间必须有差异	是	防止由于主键冲突导致数据同步失败
5	定时任务必须按分中心识别数据源	是	防止数据同步引起定时任务重复处理
6	不支持同步表有外键关联	是	防止同步失败
7	不支持函数、触发器等	是	防止数据同步引起其他数据修改，并且形成环形同步
8	不支持 DDL	是	若支持系统自动权限较高，风险加大
9	同步表数归中心属标识	是	双写库通过数据中心归属标识进行数据冲突检测；数据一致性修复策略标识
10	同步表字段有时间字段（最好能到毫秒级）	是	数据不一致修复策略之一
11	MySQL binlog 支持行模式（RBR），需数据配置	是	采用 SBR，数据同步可能导致不一致
12	两个中心间数据库服务器与业务服务器需要做 NTP	是	防止服务器时间不一致导致数据修复策略误判

第 7 章
消息平台

消息中间件是分布式架构中必备的技术组件，也是实现分布式系统解耦、服务异步调用，有效提升业务处理能力的重要手段。当前开源和企业领域消息中件间各有侧重场景的产品众多，企业内各个系统的使用也不统一，给开发、运维都带来了很大的麻烦。

消息平台通过整体架构的设计和优化，主要在开源消息中间件适配的基础上，通过一系列统一集群、注册中心的构建，打造了一个具备消息中间件云化能力的集成平台，面向业务应用屏蔽不同消息中间件之间的使用差异，对外提供统一的消息编程接口（API），以简化开发、降低运维成本。同时通过一系列监控、运维管理能力补充，构建了一个符合企业级的消息中间件云化的平台。

消息平台作为融合多种消息中间件的应用和管理平台，应该具备什么功能呢？本章将会介绍消息平台的总体架构设计和主要的功能实现。

7.1 消息中间件产品介绍

目前，市场上的消息中间件产品很多，为了更好地帮助大家选择合适的中间件产品，下面介绍一些主流消息中间件的实现特性及应用场景。

7.1.1 ActiveMQ

ActiveMQ 是 Apache 出品的开源的、实现了 JMS1.1 规范的、面向消息（MOM）的中间件。产品历史悠久，自诞生起就被广泛应用，为应用系统提供高效、安全的消息通信。

ActiveMQ 整体架构主要涉及 5 个方面：传输协议、消息域、消息存储、集群（Cluster）、监控（Monitor），如图 7-1 所示。

① 传输协议：消息之间的传递无疑需要协议进行沟通，启动一个 ActiveMQ 打开

了一个监听端口，ActiveMQ 提供了广泛的
连接模式，其中主要包括 SSL、STOMP、
XMPP。ActiveMQ 默认的使用协议是
OpenWire，端口号：61616。

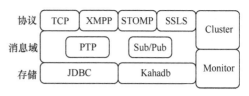

图 7-1 ActiveMQ 整体架构

② 消息域：ActiveMQ 主要包含点对点
（Point-to-Point）和发布 / 订阅者（Publish/Subscribe Model）两种消息模式，其中在
Publich/Subscribe 模式下又有非持久化订阅（Nondurable Subscription）和持久化订
阅（Durable Subscription）两种消息处理方式。

③ 消息存储：在消息传递过程中，部分重要的消息可能需要存储到数据库或文件
系统中，当中介崩溃时，信息不会丢失。

④ 集群（Cluster）：最常见的集群方式包括 Network of Brokers 和 Master
Slave。

⑤ 监控（Monitor）：ActiveMQ 一般由 JMS 来进行监控。

ActiveMQ 作为一个历史悠久的开源产品，已经广泛应用在众多产品中，可轻松融
合多种协议，支持多种持久化方式，但是整体不够轻巧，并且不适用于队列数较多的情
况下。

ActiveMQ 的主要特点如下：

① 稳定性：支持多种保护机制，失败重连机制（Failover）、持久化服务、容错机
制和多种恢复机制；

② 高效性：支持多种传送协议（TCP、SSL、NIO、UDP），集群服务消息在多个
代理之间转发防止消息丢失，支持超快的 JDBC 消息持久化和高效的日志系统；

③ 可扩展性：ActiveMQ 的高级特性都可以配置的形式来表现，很好地实现游标、
容错机制、消息 Group 及监控服务，同时扩展了很多成熟的框架 Spring，使得其使用
更加成熟。

7.1.2 RocketMQ

RocketMQ 是阿里巴巴开源的消息中间件，使用 Java 语言开发，具有高吞吐量、
高可用性，适合大规模分布式系统应用的特点。主要功能如下：

① 支持消息堆积查询；

② 支持异步、同步刷盘，可靠性高；

③ 基于 Pull/Push 的消费模型来处理消息消费；

④ 支持发布 / 订阅（Pub/Sub）和点对点（P2P）的消息模型；

⑤ 消费失败支持定时重试，每次重试间隔时间顺延；

⑥ 严格保证消息的有序性。

RocketMQ 整体分为 4 部分：Name Server、Broker、Producer 和 Consumer，如

图 7-2 所示。

① Name Server：存储 Broker 集群中的路由信息。

② Broker：每个 Broker 与 Name Server 集群中的所有节点建立长连接，将 Topic 信息注册到所有 Name Server 节点。

③ Producer：与 Name Server 中的任意一个节点建立长连接，定期发送 Topic 路由信息，并与提供 Topic 服务的 Broker Master 建立长连接，将消息发送至 Topic 中。

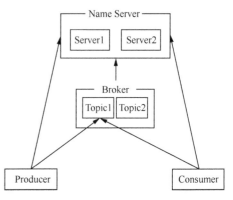

图 7-2　RocketMQ 逻辑图

④ Consumer：订阅主题，并与 Name Server 集群中的任意一个节点建立长连接，定期获取 Topic 路由信息，从相应 Topic 队列中获取订阅消息进行消费。

RcoketMQ 是一款低延迟、高可靠、可伸缩、易于使用的消息中间件；性能非常好，可以在 Broker 中大量堆积消息，支持多种消费，包括集群消费、广播消费等；开发度较活跃，版本更新很快；其最大的缺点是没有实现 JMS 等接口。

7.1.3　Kafka

Kafka 最初是由 Linkedin 公司开发的一个多分区的、多副本的，基于 ZooKeeper 协调的分布式消息系统。它最大的特性就是可以实时处理大量数据以满足各种场景的需求，如基于 Hadoop 的批处理系统、低延迟的实时系统、Storm/Spark 流式处理引擎、Web/Nginx 日志、访问日志、消息服务等。Kafka 用 Scala 语言编写，于 2010 年贡献给 Apache 基金会并成为顶级开源项目。

Kafka 的主要特点如下：

① 吞吐量非常高，至少支持每秒数百万的消息量；

② 采用消息分片、存储消息分段、增加索引多种策略，实现高性能的消息持久化；

③ 支持数据复制；

④ 采用异步刷盘，可靠性略低、数据丢失概率高；

⑤ 基于 Pull 的消费模型来处理消息消费；

⑥ 不支持消息失败重试。

Kafka 主要应用于大规模数据收集，如日志收集、日志处理分析。

Kafka 的消息模型不同于传统的点对点、发布订阅（广播）模式，它结合两种模式的优势，形成消费者组模型。Kafka 中一个 Topic 中的消息可以分配到多个分区（Partition）进行存储，每个分区可以分布在不同的 Broker 上。一个 Topic 中的所有消息以广播形式发送给各消费者组，而各消费者组内部的消费者则遵循点对点模式。也就是说，一个消息可以被多个消费者组消费，但是只能被一个消费者组中的一个消费者消费。实际上，当只存在一个消费者组时，就等同于点对点模型；当存在多个消费者组时，就是广播模型。如图 7-3 所示，其中一个 Topic 分为 Partition0、Partition1、Partition2、Partition3 四个分区。

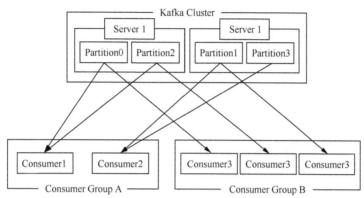

图 7-3　Kafka 逻辑图

值得注意的是，Kafka 的消费者（Consumer）的消费模式是主动从 Broker 中拉取消费数据，即 Pull 模式。

Kafka 设计的初衷是作为日志传输的消息平台，支持消息顺序和海量堆积，其性能远超过传统的 ActiveMQ、RabbitMQ 等，且由于其分区特性使得容错性非常高。但由于其消息的消费使用客户端 Pull 方式，消息可以被多个客户端消费，可能会导致消息重复。同时 Kafka 某一个固定的 Partition 内部的消息是保证有序的，如果一个 Topic 有多个 Partition，Partition 之间的消息送达不保证有序。

7.1.4　RabbitMQ

RabbitMQ 是一种基于 Erlang 语言开发的开源消息中间件产品，是 AMQP(Advanved Message Queue）高级消息队列的实现。图 7-4 所示为 RabbitMQ 的工作原理图。

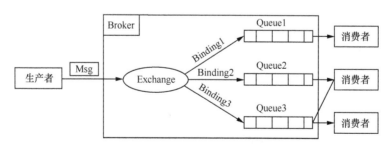

图 7-4　RabbitMQ 原理图

① Broker：消息队列服务器，保证从生产者到消费者的消息传输；

② Exchange：消息交换机，指定消息路由规则，即按什么方法将消息发送至哪个队列；

③ Queue：消息传输载体；

④ Routing Key：消息的路由关键字，Exchange 根据 Routing Key 进行消息路由；

⑤ Binding：Exchange 和 Queue 的绑定关系，每个 Queue 设定一个 Binding_Key，如 Queue1 的 Binding_Key 设置为 Map，表明 Queue1 只接收 Routing_Key 为 Map 的消息，当交换机接收 Routing_Key=Map 的消息时，将其投递至 Queue1 中。

生产者客户端连接到消息中间件的 Broker，建立一个专有消息通道。同时，客户端创建 Exchange、Queue，并将消息投递到 Exchange。Exchange 接收到消息后，按照指定的路由规则将消息路由送至指定队列中。消息路由到指定队列后，轮询发送给监听该消息队列的消费者。

RabbitMQ 支持消息确认机制，消费者处理消息成功后，返回 ACK，RabbitMQ 删除消息。如果消费者因宕机或其他原因没有发送 ACK，RabbitMQ 会将消息重新发送给监听该队列的下一个消费者。

RabbitMQ 在数据一致性、稳定性和可靠性方面比较优秀，而且直接或间接支持多种协议，对多种语言支持良好，但是其性能和吞吐量差强人意，且由于 Erlang 语言本身的限制，二次开发成本较高。

7.1.5 消息中间件特性对比

消息中间件的特性对比见表 7-1。

表 7-1　消息中间件的特性对比

	ActiveMQ	RocketMQ	Kafka	RabbitMQ
消费模型	Push/Pull	Push / Pull	Pull	Push / Pull
数据可靠性	同步刷盘	支持同步、异步刷盘	异步刷盘	同步刷盘
顺序消息	不支持	支持严格的消息顺序，在顺序消息场景下，一台 Broker 宕机后，发送消息会失败，但是不会乱序	支持消息顺序，但是一台 Broker 宕机后，就会产生消息乱序	不支持
定时消息	支持	支持（只支持 18 个固定 Level）	不支持	不支持
事务消息	支持	支持	不支持	不支持
消费失败重试	不支持	支持定时重试，每次重试间隔时间顺延	不支持	支持
消息查询	支持	支持	不支持	
消息回溯	不支持	支持按时间回溯消息，精度为毫秒，如从一天之前的某时某分某秒开始重新计算消费消息	支持	不支持
消息持久化方式	内存、文件、数据库	文件	文件	内存、文件

每种消息中间件都有各自的特性和优势，在实际的应用中需要按需选择不同的消息中间件。在一个项目或系统中可能会根据需求引入多个消息中间件，如服务间的异步通信可能会选用性能更好的 ActiveMQ，日志输出可能会选择吞吐率更高的 Kafka。而不同的中间件产品的接入方式和编程模式都不同，这无疑会给开发人员增加难度，这时消息平台就派上了用场。

7.2 消息平台总体架构设计

消息平台采用的是 C/S 架构模型，分别为客户端和服务端。客户端是消息平台向外提供编程接口，供应用程序集成调用，用于应用的消息生产和消费。服务端提供不同消息中间件的集成和集群管理，用于连接消息的生产端和消费端，保证消息的可靠传输。

从功能模块上划分，消息平台的核心功能共分为控制台（配置管理、监控管理、运维管理、系统管理）、客户端、消息注册中心和 Broker 集群（消息中间件集群，这部分使用开源实现提供的服务端能力），消息平台架构如图 7-5 所示。

控制台是消息平台面向使用者提供的门户界面，为平台提供了可视化的操作管理能力，包括配置管理、监控管理、运维管理和系统管理。配置管理提供对消息中间件资源的接入配置、消息主题配置以及监控阈值配置；监控管理提供对消息中间件集群（Broker 集群）和客户端的应用监控，包括集群资源的使用、集群的处理性能、客户端接入量、客户端处理性能、消息的流经轨迹和消息内容等；运维管理提供对消息使用方的消息稽核、消息死信队列等运维操作的管理功能；系统管理负责消息平台用户、权限、租户和认证管理。

客户端是提供给业务使用的入口，采用单独的 SDK 包提供给应用集成使用。客户端包括两类，一类是消息生产者客户端；另一类是消息消费者客户端；共享数据序列化 / 反序列化、日志切面、消息持久化、消息负载均衡化等公共组件能力。

注册中心是连接客户端和消息 Broker 集群服务的分布式协调者。注册中心支持实时的接受消息 Broker 集群中新增或者减少服务的节点信息，通过分布式协调服务能力，及时地协调通知到客户端应用。这为消息服务的客户端提供了实时发现 Broker 的能力，也为客户端负载的使用消息服务提供路由刷新信息。

Broker 是消息最终存储和供生产者、消费者应用的核心服务。Broker 集群主流的方式为主—从结构，在原生各个开源的消息中间件基础上，消息平台提供了统一的集群管理。

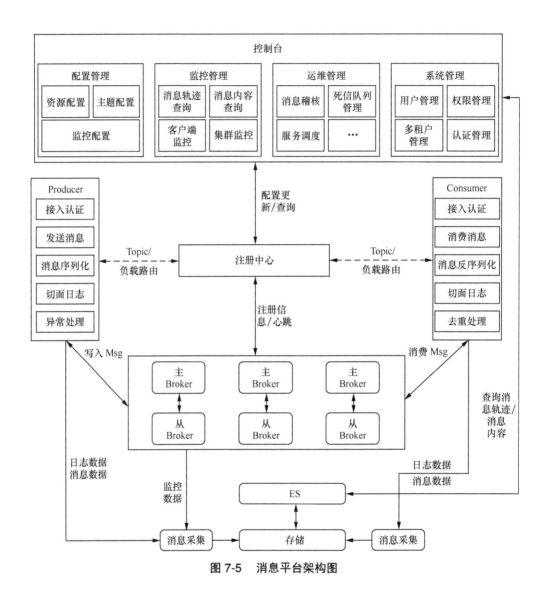

图 7-5　消息平台架构图

7.3　消息控制台

7.3.1　配置管理

　　配置管理对平台资源、消息主题创建和监控阈值参数等相关的配置数据提供统一的管理能力。消息中间件平台的配置信息结合注册中心模块为消息客户端、消息监控等功能提供了配置信息实时分布式化协调的能力。配置管理原理如图 7-6 所示。

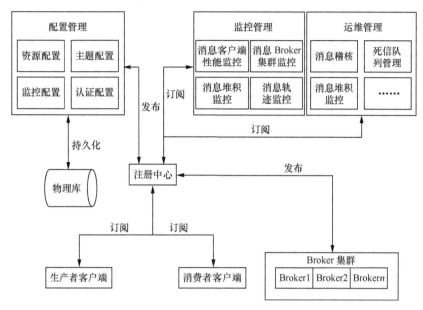

图 7-6 配置管理原理图

配置管理数据持久化存储在物理数据库,为平台所有的配置数据提供最终落地保存。同时配置相关的参数数据发布到统一的注册中心上,注册中心支持 Etcd 和 ZooKeeper 作为分布式协调服务。

配置数据消费端,消息的生产、消费客户端应用、消息的监控模块,以及消息中间件提供的 Broker 服务集群都以订阅消费的模式实时获取配置数据并使用它们。配置管理主要包括如下几个部分。

1. 资源配置

消息平台支持多种类型的开源消息中间件,并通过消息控制台录入 Broker 集群信息,如资源名称、消息中间件类型、部署信息以及用户验证信息等。

同时,消息平台也支持 Broker 集群自动注册服务,即消息服务端 Broker 在适当改造封装之后,启动时会主动连接注册中心,统一上报消息服务端资源。

消息的客户端可以实时订阅并发现这些服务端的资源,在处理应用请求的过程中动态调整负载能力。

另外,消息平台的监控等模块也可以根据动态上报的消息服务 Broker,在线监控相关信息。

2. 主题配置

消息中间件为不同类型消息定义了不同主题,在实际应用中,主题实际上是为业务分配相应的处理通道。配置管理模块支持主题信息的创建、修改等管理功能,为消息生产和消费端统一提供在线管理主题的能力。

3. 监控配置

监控配置主要统一定义监控相关的信息，如监控的采集源、监控的类别（消息轨迹、消息内容、消息的性能指标等）、监控的阈值指标、告警动作等配置参数。

4. 认证配置

针对认证接入使用消息服务的应用，提供了基于 Token 认证的管理机制，该模块主要为管理、申请、分配认证信息提供配置功能。

7.3.2 监控管理

监控管理提供对平台中间件集群、客户端、消息主题和消息生产、消费过程的全面监控，具体如图 7-7 所示。

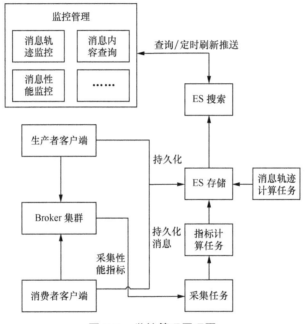

图 7-7　监控管理原理图

监控管理主要包括以下三大功能。

① 数据采集功能，监控内容的展示、告警等处理必须有相关消息处理的不同类型数据的采集和存储，具备了各类监控数据的实时采集功能，为后台实时处理展示相关监控内容提供数据来源。

② 监控计算分析，消息平台针对消息在业务使用中需要重点关注的消息服务集群的资源、处理性能；客户端接入量，客户端消息处理性能；消息在客户端、消息服务端流经处理的轨迹；消息内容解析展示等监控内容。

③ 监控告警，针对上述的监控内容定义相应的告警阈值，这类告警阈值包括针对消息中间件服务集群的资源利用率、处理性能以及客户端相关的性能指标阈值的元数据

定义管理。另外针对这些阈值，后台提供相应的实时告警处理能力，告警通知支持短信、邮件等可配置方式。

消息监控流程如图 7-8 所示。

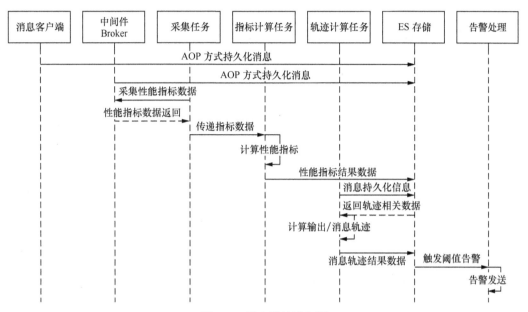

图 7-8 消息监控流程图

① 所有消息中间件的生产、消费客户端持久化方式采用 AOP 切面方式接入来实现，AOP 方式可以复用数据采集持久化方法，持久化点的消息数据入 ES 搜索存储。

② 消息中间件 Broker 不同，实现的开源消息中间件也不同，因此该部分的持久化，支持适配方式改造对接开源的 Broker，支持输出持久化消息，持久化点的消息数据入 ES 搜索存储。

③ 客户端、Broker 服务端的性能相关指标数据通过采集模块对接 Broker 服务端，周期采集指标相关数据，如主题 Topic 信息、Topic 下分钟等时间维度的流量、TPS 等输入数据。

④ 消息监控指标计算，指标数据采集后，会通过流的方式输出到指标计算模块，准实时方式计算 TPS，客户端吞吐量等性能相关指标，最终指标数据输出到 ES 搜索存储中。

⑤ 消息轨迹的计算，消息轨迹根据消息客户端（包括生产、消费端）、消息中间件 Broker 持久化的消息信息，从 ES 搜索存储中获取消息的 Trace 信息，计算出流经消息客户端、Broker 端的轨迹，将这些轨迹数据存放在入 ES 搜索，供消息轨迹功能查询。

⑥ 告警处理，消息控制台根据监控信息提供告警功能，告警配置内容包含监控类型、消息中间件资源、监控阈值、关联通知人。当指定类型数据到达设定阈值时触发告警，自动将告警信息发送给通知人，及时发现问题。

消息监控展示，控制台首页以图表形式展示总体监控信息：

① 包括生产者 / 消费者客户端资源总览（入队 TPS、出队 TPS、积压量）、当前 Broker 活跃排行榜（入队 TPS 数量 TOP10、出队 TPS 数量 TOP10、积压量 TOP10）；

② 包括消息流经生产、消费者和消息中间件的消息轨迹监控查询，支持按照 Topic、消息 Key 等维度查询消息的轨迹，为业务提供消息使用定位手段；

③ 可视化提示各类监控阈值告警能力，支持针对异常消息的重处理操作等。

7.3.3 运维管理

1. 消息稽核管理

消息中间件是分布式化系统的一种应用通信手段，分布式最大的问题是系统应用之间传递带来网络依赖的问题。这类问题严重时会破坏数据在应用之间传递的一致性。目前在现有的分布式系统下，针对这类场景比较好的解决方法就是通过消息稽核这类的保障措施，在消息数据传递中出现不一致的情况下，通过实时比对计算能力，准实时方式发现以及通过相应手段来修复不一致的数据，达到最终一致性的目的。消息稽核需要结合业务使用场景提供端到端的稽核功能，其原理如图 7-9 所示。

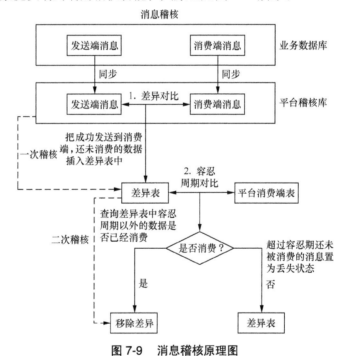

图 7-9　消息稽核原理图

① 在消息生产和消费过程中，消息平台同步把生产端生产的消息和消费端的消息分别记录到生产端消息表和消费端消息表中。

② 通过定时任务定时对消息生产表和消息消费表按照消息 ID 进行对比，把差异的消息记录到差异表，消息进入容忍周期。

③ 通过定时任务定时将差异表中已经超过容忍期，且状态不是丢失状态的消息和

消息消费表中的消息进行对比。

④ 如果差异表中的消息已经被消费，则将消息移至历史表中，如果超过容忍期的消息仍然未被消费，则表示当前消息已丢失，置消息状态为"丢失"。

消息控制台会展示稽核结果，包括消息体、消息主题等相关信息。运维人员可以通过控制台对稽核结果进行人工干预，如删除已丢失消息、单条重发、批量重发等。

消息稽核补偿操作一共包括两种。

一种是自动补偿处理（见图 7-10）。

① 提供实时稽核后台任务，采用准实时方式在确认差异的消息列表中查找需要补偿操作的消息 ID。

② 关联 ES 集群提供的消息内容查询服务，自动构建相应的、完整的业务消息，通过消息的客户端集成发送出去，供后续消费者重新消费。

③ 已经补偿处理操作过的消息，存入历史的稽核表，供后续查询。

另一种是人工运维确认补偿机制（见图 7-11）。

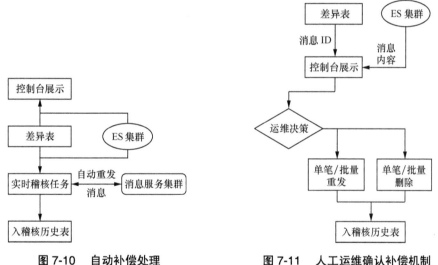

图 7-10　自动补偿处理　　　　图 7-11　人工运维确认补偿机制

① 消息稽核的差异表存放最终确认差异的基本 ID 信息，该差异表作为补偿操作的来源，会在运维控制台上提供批量可视化查询。

② 该差异表在稽核的运维可视化界面中也支持消息内容的具体查询，便于业务分析，通过差异表中的消息 ID，关联相应的消息内存存储的 ES 服务。

③ 可视化查询稽核差异的展示，为业务使用人员提供是否需要批量补偿的便利操作。

2. 死信队列管理

在消息中间件中，当消息过期或者由于某种异常原因导致消息无法正常消费时，最终会在消息中间件的死信队列区域存放，被定义为死信消息的这部分消息数据无法再被消费。死信队列管理原理如图 7-12 所示。

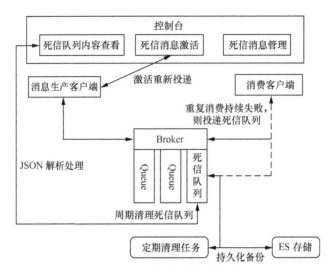

图 7-12 死信队列管理原理图

死信消息运维管理的功能主要包括如下几点。

① 消息中间件中集群多实例的 Broker 服务，集中提供可视化的界面管理死信消息数据，及统一死信内容查询的能力，为业务使用消息定位该部分数据提供手段。由于消息存放在 Broker 服务端并采用二进制格式存储，因此提供通用的基于 FastJSON 组件的解析处理，供界面端展示。

② 该功能包括：支持死信消息在分析定位完成后对死信消息的在线编辑修改，同时支持将死信消息在可视化界面中激活，重新作为生产消息数据发送出去，供消费端消费。

③ 死信消息定时清理，针对可能不断增长的死信消息数据，提供了专门的清理定时任务，将该类型数据按照存储和清理策略执行清理。同时也将该类数据持久化到 ES 存储中，供后续稽核差异化消息数据使用。

7.3.4　系统管理

消息控制台提供统一的平台租户、用户、角色、权限和认证、接入管理。

用户管理，外围系统通过注册用户方式登录消息平台管理控制台，平台提供用户生命周期管理以及菜单操作权限管理。

认证管理，客户端为每个控制台用户分配唯一的动态 Token 信息，与后端认证服务同步认证信息，提高系统安全性。

接入管理，消息控制台为接入系统提供了统一的可视化配置页面。外围系统在消息控制台登录后按照其日消息量、平均消息大小、峰值 TPS 向平台发起接入消息中间件申请。平台按照系统的消息量及消息处理需求信息为其分配合适的消息中间件资源。

除此之外，消息控制台还可以维护当前用户客户端运行的参数配置，灵活开启异常处理、消息切面等功能。

7.4　消息客户端

客户端是消息平台对外提供的供外围系统访问消息平台的编程接口，用于屏蔽不同消息中间件产品之间的差异性，简化对消息中间件的开发应用。消息根据生产和消费模型，可分为消息生产端和消息消费端。消息生产端用于消息的生产，提供了接入认证、消息发送、序列化、切面日志、异常处理等功能；消息消费端用于消息的消费，提供了接入认证、消息消费、反序列化、切面日志、去重处理等功能。

7.4.1　客户端功能介绍

消息平台的客户端包含消息生产发生 / 消费两个主要核心功能，客户端支持 SDK 方式引入应用。消息客户端主要面向应用封装了不同开源消息中间件对外开放的公开接口的适配服务，通过配置化支持方式来设定使用的具体开源消息中间件。另外，客户端在支持普通单笔、普通批量、顺序、事务型消息操作的基础上，也提供了序列化组件框架、消息负载均衡、消息持久化、去重、切面日志等重要特性。

1. 消息发送和消费

消息客户端提供的操作接口需要兼容不同的开源消息中间件，在统一接口的设计下支持配置化方式适配对应的操作对象。其基本封装设计思路如图 7-13 所示。

统一的操作接口设计见表 7-2。

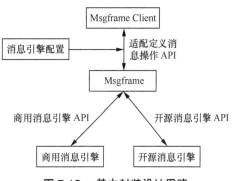

图 7-13　基本封装设计思路

表 7-2　统一的操作接口设计

接口返回类型	接口名称	说明
void	send（String subject, Msgframe message）	普通消息发送接口
void	sendOrderMsg（String subject, Msgframe message, String orderId）	顺序消息发送接口
void	sendByTran（String subject, Msgframe message）	事务消息发送接口
boolean	commit	提交事务接口
boolean	rollback	回滚事务接口
void	asyncSend（String subject,Msgframe message, CompletionListener completionListener）	异步发送消息接口

接口返回类型	接口名称	说明
void	sendOneway	发送 Oneway 模式消息
void	subscribe	订阅消费消息接口

在客户端，消息型事务可以使用本地事务来组合消息的发送和接收，通过提供 Commit 和 Rollback 接口来实现。事务提交意味着生产的所有消息被发送，消费的所有消息被确认；事务回滚意味着生产的所有消息被销毁，消费的所有消息被恢复并重新提交，除非它们已经过期，原理图如图 7-14 所示。

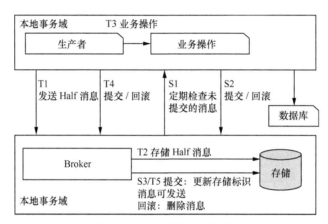

图 7-14　消息型事务原理图

Msgframe 支持 3 种事务。

（1）JMS 标准事务

在支持事务的 Session 中，Producer 发送 Message 时，Message 中带有 Transaction ID。Broker 收到 Message 后判断是否有 Transaction ID，如果有，就把 Message 保存在 Transaction Store 中，等待 Commit 或者 RollBack 消息。

（2）XA 事务

XA 事务是基于二阶段提交（Two-phase Commit）实现的。XA 事务有两种角色：事务管理者（TM，Transaction Manager）和资源管理器（RM，Resource Manager），通常为数据库或者 JMS 服务器。

（3）Notify 式的事务消息

① 发送 Half 消息；

② Broker 存储 Half 消息；

③ 执行本地业务操作；

④ 提交本地事务（提交或者回滚）；

⑤ 更新消息状态，通知消费者消费。

2. 序列化与反序列化

消息中间件除了具有服务端提供核心存储能力外，最重要的就是对外提供客户端通信能力。其中数据对象传递的序列化和反序列化能力是一个核心特性，目前配置化支持 JDK 原生、ProtoBuffer、Kryo，默认支持 JDK 序列化 / 反序列化使用方式。

3. 消息持久化

为确保消息不会丢失，并为后续消息流经轨迹查询展示、消息稽核等提供数据依据，消息平台通过 AOP 切面实现消息数据的持久化，其中存储结合查询能力的需要，在技术上选择 ES 搜索。

4. 异常框架及重试处理机制

消息平台的客户端标准化了消息读写的异常编码和处理操作，为业务处理过程中出现的因网络闪断、业务逻辑出错等情况提供统一的处理和重试机制，消息重试机制如图 7-15 所示。

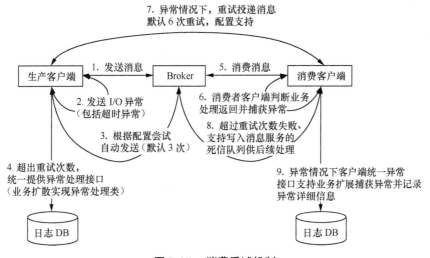

图 7-15   消费重试机制

生产者和消费者客户端针对异常情况分别提供相应的重试处理机制。

消息生产者异常处理和重试机制设计为：

① 消息生产者发送消息到消息中间件；

② 如果消息发送存在 I/O、超时等异常情况，消息平台异常框架将捕获该异常情况；

③ 消息客户端配置化支持异常重发消息特性，默认配置为 3 次尝试处理，以应对网络闪断可能带来的短暂异常情况；

④ 对于超出重试次数的处理，消息发送客户端提供了统一的异常处理接口，该接口支持使用方实现自己的异常定义类，输出必要业务的相关数据。

消息消费者异常处理和重试机制设计为：

① 消息消费者客户端从消息服务端获取消息；

② 消费者客户端在业务处理中支持捕获处理异常；

③ 在异常的情况下支持配置化的重试投递的功能，自动重新投递，重新消费；

④ 如果消费消息超过配置的重试次数，消息本身可能不是因为网络闪断、高并发等带来的异常问题，进入死信队列进行统一管理，死信队列的消息数据在运维功能中支持统一可视化的操作；

⑤ 同时，异常接口体系中可以根据应用异常实现类，支持将捕获的异常信息、异常消息内容等信息入库，供业务定位分析。

5. 消息去重

消息中间件本身在存储消息数据的策略上，为了确保可靠到达，大多数开源中间件都只支持至少发一次的能力（"at least once"），即在消息发送失败、异常等情况下支持消息重发送。

而我们的实际生产应用中，不仅仅要确保消息的可靠到达，同时还需要支持消息只会发送一次（"exactly once"）的语义能力，那么为了避免这类开源消息中间件在使用过程中存在重复消费的问题，消息中间件客户端提供了去重幂等性的封装特性。在消费者客户端结合 Redis 缓存和 BloomFilter 算法针对流经客户端的消息进行了一次去重处理。消息去重原理如图 7-16 所示。

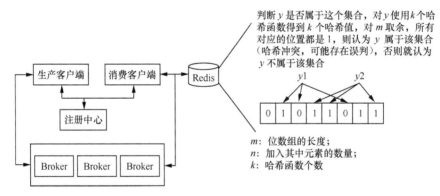

图 7-16　消息去重原理图

结合 BloomFilter 在大数据去重方面的核心思路，及 Redis 中的 BitMap 数据结构，需要注意的是，Redis 的 BitMap 支持 2^{32}MB，最大不超过 512MB。在实际的应用中，通过构建多个 Redis 分片实例的 BitMap，及 Hash 取模方式进行分散存储即可。

上述每次流经消费客户端的 y 消息，通过对 y 使用 k 个哈希函数得到 k 个哈希值，同时对 m 取余，所有对应的位置如果都是 1，则 y 属于该集合元素，否则 y 不属于该集合，进行排重重复消息的处理。

上述消息客户端的排重算法会存在一定的误差率，这个误差率控制在万分之一内，业务应用侧可以结合该特性实现最终幂等性，业务应用通过数据库唯一索引定位实现业务级幂等性，而该特性的配合使用一定程度上可以减少业务幂等性定位索引的性能开销。

6. 消息离线容灾切换

对于私有部署方式的企业应用平台，由于机房的不稳定性，或者消息服务部署的机器集群出现大面积主机资源集群的异常情况下，支持在线传递和存储落地的消息能够从传统有保障的物理数据库进行传递通信，确保业务的连续性。这个特性对于企业级应用尤其重要，企业级应用在很多互联网化技术的应用及稳定性和高并发支持上，会侧重于稳定性。

消息平台中的消息客户端针对这种情况，在客户端封装中提供了两类切换离线接口表的能力。配置化支持离线容灾切换，支持和配置中心对接，在线生效配置能力，消息大面积消费异常情况下实时切换离线处理。消息容灾切换原理如图 7-17 所示。

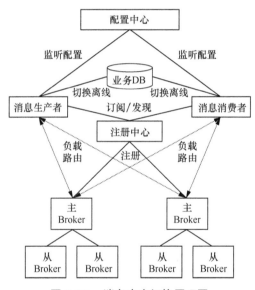

图 7-17　消息容灾切换原理图

配置中心统一托管其异常容灾切换的配置信息，与应用消息的客户端建立监听连接。支持手动在配置中心设置配置项值，将消息发送和消费支持按照 Topic/Queue 逻辑分区切换至业务物理 DB，在消息中间件全部出现异常的情况下，业务数据处理转换为离线处理模式，确保不中断。

7.4.2　客户端关键流程

1. 客户端认证流程

客户端访问消息平台时，为了访问的安全，建立消息集群服务连接的客户端需要进行认证，如 Token 唯一性校验、黑名单验证，确保请求消息的安全性。

客户端认证由认证管理和认证鉴权两部分组成，客户端认证鉴权流程如图 7-18 所示。

接入认证校验成功后，客户端获取运行态参数配置（如集群资源、关联主题、订阅信息等），与具体 Borker 建立初始化连接，后续即可进行消息发送和接收。

2. 客户端集群负载流程

面向应用消息中间件通过客户端提供接入使用能力，消息中间件作为服务端，需要接收并响应消息生产和消费的请求处理，具体如图 7-19 所示。

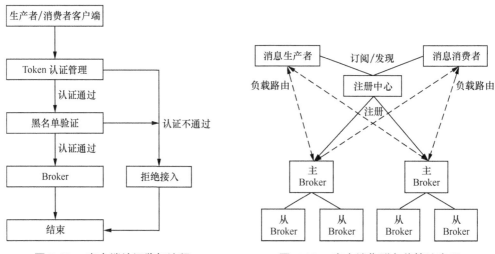

| 图 7-18 客户端认证鉴权流程 | 图 7-19 客户端集群负载算法实现 |

消息平台的负载主要由消息服务端集群、消息注册中心、面向消息客户端组成。消息注册中心用于接收消息服务端资源的注册，面向消息客户端提供消息服务的订阅和在线发现功能。其中应用请求的负载均衡在客户端中集成实现，即客户端应用访问消息服务的时候，由客户端来决策调度的算法，并决定消息负载在哪些服务端。

目前，消息中间客户端负载算法支持随机、顺序和最小连接数 3 种方式，根据配置化方式来决定负载调度的方式，同时也支持接入动态配置在线调整调度方式的能力。客户端集群负载算法流程如图 7-20 所示。

① 消息服务端集群服务启动，向注册中心注册自身服务。

② 消息的生产端和客户端都在注册中心订阅消息集群服务。

③ 一旦消息服务集群注册之后，在线发现并更新注册的消息服务列表地址信息，缓存到本地。

④ 消息的客户端与配置中心建立连接，监听负载算法的配置项，获取具体客户端负载的配置信息。

⑤ 生产端或者消费端一旦发送或者消费消息，根据预先建立的 Topic/Queue 分区负载的关系，将消息根据负载的算法连接对应消息服务集群进行发送或者消费。

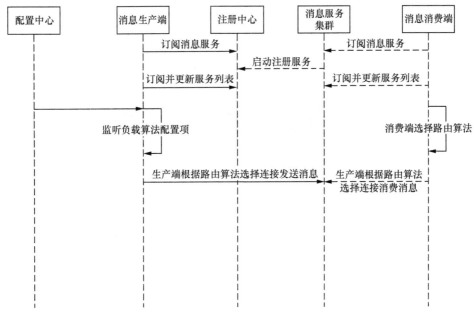

图 7-20 客户端集群负载算法流程

第 8 章
分布式缓存平台

缓存是分布式系统中的重要组件，主要解决高并发、大数据场景下热点数据访问的性能问题，提高快速访问的能力。目前，市场上缓存中间件种类繁多，企业内部的缓存应用也五花八门，这些都给开发、运维带来了很大的麻烦。

分布式缓存平台试图打造一个缓存中间件的集成平台，用于屏蔽不同缓存中间件的差异，对外提供统一的缓存编程接口（API）；对内提供统一的管理，以简化开发，降低运维成本，同时满足微服务系统建设的缓存要求。

本章将介绍缓存平台的设计与实现。

8.1 缓存中间件介绍

目前，市场上有很多缓存产品，常用的有 Memcached、Redis、Coherence 等。它们都具有什么特点，应该如何选择呢，本节将带领大家认识这几款产品。

8.1.1 Memcached

Memcached 是一个高性能的分布式内存对象缓存中间件。它通过在内存中缓存数据和对象来减少读取数据库的次数，从而提高系统访问的速度。Memcached 以键值对（Key-Value）的方式存取数据。其主要特性有：

① 内存存储：提供内置的内存存储空间以保存数据；

② 客户端算法实现分布式：Memcached 虽然称为分布式缓存服务器，但服务器端并没有分布式功能；Memcached 集群主机不能够相互通信传输数据，它的分布式是基于客户端的程序逻辑算法进一步实现的；

③ 多线程实现缓存：单实例吞吐量极高，可以达到每秒几十万的查询率。

使用 Memcached 存储缓存数据时，客户端接收数据后，使用 Hash 算法决定数据保存在 Memcached 的哪台服务器上，并根据数据的大小选择一个尺寸最合适的 Slab

Class，然后查询该 Slab Class 内的空闲 Chunk 列表，将数据以键值对（Key-Value）的形式存储在内存 Chunk 中。

　　查询 Memcached 中的缓存数据时，客户端先通过计算 Key 的 Hash 值来确定键值对所存储的服务器位置。当服务器地址确定后，客户端发送一个查询请求给对应的服务，以获取确切的数据。Memcached 实现原理如图 8-1 所示。

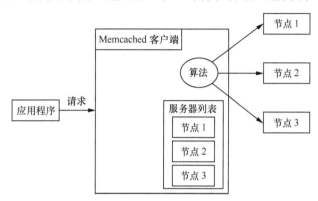

　　Memcached 与其他缓存产品最大的不同在于，其预分配的内存实现机制 Slab Allocation 不仅效率非常高，还可以解决内存碎片问题，然而依然存在缺陷，即由于其内存大小都是预先分配好的固定尺寸，可能无法充分利用分配的内存，导致内存空间浪费。

图 8-1　Memcached 实现原理

Memcached 中缓存的数据保存在内存中，并不会作为文件存储在磁盘上，虽然存取速度非常快，但由于不支持数据的持久化存储，在服务器端的服务重启之后存储在内存中的这些数据就会消失。

8.1.2　Redis

　　远程数据服务（Redis，REmote Dictionary Server）是基于内存的键值对高速缓存存储系统，相较于 Memcached，它支持更多类型的 Value 存储类型。Redis 使用内存提供主存储支持，并支持多种方式持久化内存数据，吞吐量和响应性能都非常高，目前，广泛应用于各大网站，如新浪、淘宝等均在使用 Redis 的缓存服务。

　　从 Redis3.0 开始实现去中心化分布式集群功能，客户端可以与服务端集群中的任一节点连接，解决 Redis 单点无法横向扩展的缺陷。其主要特征有以下几方面。

　　① 支持多种 Value 存储类型，如字符串（String）、链表（List）、集合（Set）以及有序集合（Zset）等数据结构的存储。

　　② 主从模式支持数据备份，实现故障恢复。

　　③ 提供数据持久化存储，将内存中的数据异步保存到磁盘，重启时仍然可以再次加载使用。

　　④ 单线程 I/O 复用，性能较高，支持如排序聚合等计算，但是计算的时候影响吞吐量。

　　Redis 服务端集群将所有的数据存储划分为 16 384 个分片（Slot），每个 Slot 负责一部分数据。Redis 集群中的每个主节点都会负责一部分 Slot。在 Redis 集群中，Master 拥有 Slot 的所有权，Slave 共享主节点的 Slot 及 Slot 的数据。

使用 Redis 存储缓存数据时，Redis 客户端通过 Hash 算法进行数据分片，将数量庞大的缓存项均匀分布到集群中的每个节点上，Redis 缓存存储如图 8-2 所示。

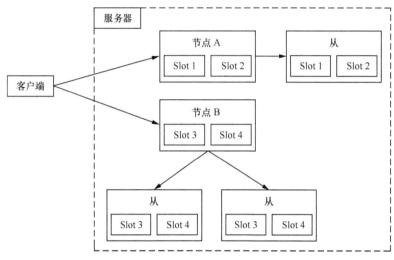

图 8-2　Redis 缓存存储

Redis 缓存查询时，客户端根据 Slot_ID 将请求路由对应到 Redis 节点。假设客户端请求 Key 在节点 B 的 Slot3 上，客户端请求路由到节点 A 时，Redis 节点 A 会返回 MOVED 指令给客户端，MOVED 指令用于更新客户端数据分布信息，客户端根据 MOVED 响应更新其本地的路由缓存信息，下次请求访问时，路由到正确的节点 B 上获取数据，具体如图 8-3 所示。

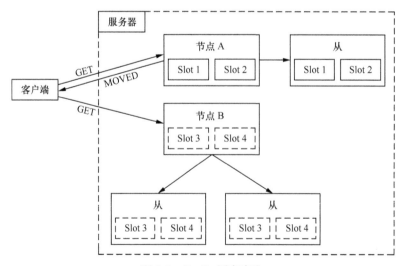

图 8-3　Redis 缓存查询

Redis 的性能非常出色，每秒至少可以处理 10 万次的读写操作，是已知性能最快的键值对数据库。而 Redis 的出色之处不仅仅是性能，还支持保存多种数据结构。此外，单个 Value 存储的最大限制是 1GB，不像 Memcached 只能保存 1MB 的数据，因此 Redis 可以用来实现很多有用的功能，例如使用 List 来做 FIFO 双向链表，实现一个轻量级的高性能消息队列服务；使用 Set 可以做高性能的 Tag 系统等。

8.1.3 Coherence

Coherence 是 Oracle 出品的基于内存的企业级分布式集群缓存框架，具有自管理、自恢复、高可用性、高扩展性等优良特点，在电信行业有部分应用，其主要特性如下。

1. 分布式集群

Coherence 是一个分布式的缓存方案，一个数据集合被分发给集群节点中的任何一个计算机，集群中的每个节点负责缓存的一片数据，为应用提供强大的缓存后备支持。Coherence 主要是内存缓存，即存储区域主要在内存当中。

Coherence 将启动的实例节点自动组成集群（Cluster）。在一个局域网环境中，通过多播（Multicast）机制，第 1 个启动的节点能自动发现后启动的节点，后面启动的其他节点依次类推，自动组成集群。集群各节点间通过单播（Unicast）机制进行数据复制，同步及发送通知消息。

Coherence 支持数据的分区处理，就是如果有 N 个处理节点，则每个节点只管理 $1/N$ 的数据，当一个节点失效时，该节点的数据会在剩下的节点均分，每个节点将管理 $1/(N-1)$ 的数据。同样，当一个节点增加进来时，则每一个节点都会分配一部分数据给新的节点，则最终每个节点只管理 $1/(N+1)$ 的数据。Coherence 这种设计只需要通过增加节点的数量就能够处理非常多的数据。

2. 故障切换

Coherence 能自动检测到故障节点，当某台服务器故障时自动为服务重新分配集群，当故障服务器重启或增加新服务器时，自动将该服务器加入集群，并将服务切回该服务器，数据的一致性仍然得到保持，不会有数据丢失。Coherence 包含网络级的容错特性和透明的软重启功能，以支持服务器的自我修复。

8.1.4 缓存中间件产品特性对比

至此，我们对前文中提到的 3 种主流缓存中间件的特性做一个简单总结，见表 8-1。

表 8-1 3 种主流缓存中间件的特性对比

	Memcached	Redis	Coherence
分布式集群	本身不支持，通过客户端 Hash 算法实现	Redis3.0 开始实现去中心化分布式集群功能	支持

	Memcached	Redis	Coherence
持久化	不支持，需要通过第三方应用开发实现，如新浪研发的MemcacheDB	支持，提供 RDB 和 AOF 两种数据持久化方式； RDB：存储内存中所有全量数据到文件中； AOF：存储每一条操作数据库的命令到文件中	提供了 Backing Maps 与 CacheLoader/CacheStore 结合，实现数据持久化
数据存储方式	以键值对的方式存储在项目结构中	以键值对的方式存储在项目结构中，其中，Value 支持 String、List、Set、Sorted Set、Hash Table 类型	以键值对的方式存储
缓存数据内存管理	Slab Allocation 机制实现内存管理	Slot 分区实现数据管理	数据均匀分布在各个集群节点上
缓存过期移除策略	LRU	惰性删除：读/写已经过期的 Key 时，直接删除掉过期 Key； 定期删除：定期主动淘汰一批已过期的 Key； 定时删除：为 Key 创建定时器，定时器在 Key 将过期时，对 Key 进行删除	支持多种过期策略可配置，LFU、LRU、NEVER …
优点	简洁，灵活，所有支持 Socket 的语言都能编写其客户端。在100KB 以上的数据中，Memcache 的性能要高于 Redis	提供更丰富的数据结构，3.0 版本开始支持集群功能，其最大的优势是支持数据持久化	具有一般缓存框架所没有的强大特性，自管理、分区缓存、线性扩展等使得它能有效地提升应用，特别是大型企业级应用的性能
缺点	无法持久化，数据不能备份，且重启后数据全部丢失	数据持久化存在不足，RDB 方式在服务发生故障时可能会导致内存数据丢失，且由于其全量存储的特性，大量数据严重影响系统性能	是一个 Oracle 的专有软件，并不提供开源和免费的版本

8.2　缓存策略

8.2.1　热点缓存

缓存是基于内存存储的，由于容量有限，不可能缓存大量的数据，因此，缓存什么数据成了应用缓存的关键。

那么究竟哪些数据适合缓存呢？这里总结了 3 类。

① 频繁读取的静态数据，这类数据的变更概率小且经常被使用，如配置信息、规则信息等。

② 频繁访问的热点数据，"二八原则"适用于大部分业务场景，即 80% 的访问量都集中在 20% 的热点数据上。

③ 计算量大的数据，对于一些需要经过复杂计算才能得出的数据，在某些特定情况下可对其进行缓存，以减少响应时间，提升用户体验，还可以在一定程度上减少数据库的压力。

应用程序读取以上数据时，首先从缓存中获取，若缓存中不存在该数据或数据已失效，则访问数据库，同时将数据写入缓存中以供下次使用。

8.2.2 多级缓存

目前的缓存应用早已从原来单一的热点缓存转向了多层次、分布式的缓存应用。在分布式系统中，缓存的应用非常广泛，从浏览器、应用服务器到数据库，系统架构的每个层级都可以运用缓存技术。从部署角度来看，缓存应用有以下几个方面。多级缓存架构如图 8-4 所示。

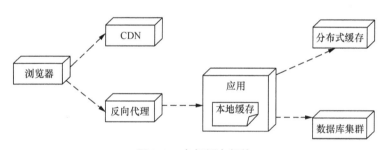

图 8-4　多级缓存架构

1. 浏览器缓存

当浏览器请求一个网站的时候，会加载各种各样的资源，例如 HTML 文档、图片、CSS 和 JS 等文件。对于一些不经常变的内容，浏览器会将他们保存在本地的文件中，下次访问相同网站的时候，直接加载这些资源，加速访问。这些被浏览器保存的文件就称为缓存。

浏览器缓存是浏览器本身提供的一种存储网页资源的手段，不同的浏览器会有不同的资源存放位置和存取规则，但实现原理和编程应用基本上都是一样的。浏览器通常会在硬盘中专门预留一块空间来存储资源，通过在 HTTP 请求头中设置 Cache-Control 和 Expires 属性来控制是否使用缓存，以及使用缓存的策略。

浏览器的缓存网页资源文件没有用到缓存中间件，而是保存在本地的硬盘，浏览器也没有提供可扩展的接口。但是，对于浏览器端的加速应该如何实现呢，CDN 缓存将解决这个问题。

2. CDN 缓存

CDN 缓存就是在浏览器和服务器间增加的一层缓存，用于缓存 HTML、图片、JS、CSS、XML 等静态资源。目前，在大型互联网应用中，为了提升前端页面访问的性能，往往会把静态资源和动态页面分开部署，而静态资源会被缓存到 CDN 节点上，页面中引用的资源地址会指向 CDN 缓存，CDN 负责与服务器间的数据同步更新。

有 CDN 的业务请求需要浏览器先检查是否有本地缓存及是否过期，如果过期，则向 CDN 边缘节点（离用户最近的服务器）发起请求，CDN 边缘节点会检测用户请求数据的缓存是否过期；如果没有过期，则直接响应用户请求，此时一个 HTTP 请求结束。如果数据已经过期，那么 CDN 还需要向服务器发出资源请求，来拉取最新的数据，具体如图 8-5 所示。

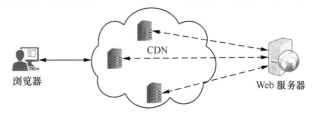

图 8-5　CDN 缓存

当然，内容分发网络（CDN，Content Distribute Network）不仅仅是缓存，顾名思义它的关键就是内容存储和内容分发。它的基本原理是将各种缓存服务器分布到用户访问相对集中的地区或网络中，在用户访问网站时，利用全局负载技术将用户的访问指向距离最近的正常工作的缓存服务器上，由缓存服务器直接响应用户请求。

3. 反向代理缓存

反向代理缓存也是一种应用加速的方案，它和 CDN 缓存的基本原理基本相同。区别在于，CDN 部署在网络提供商的机房，使用户在请求网站服务时，可以从距离自己最近的网络提供商机房获取数据；而反向代理则部署在网站的中心机房，当用户请求到达中心机房后，首先访问的服务器是反向代理服务器，如果反向代理服务器中缓存着用户请求的资源，就将其直接返回用户，反向代理加速如图 8-6 所示。

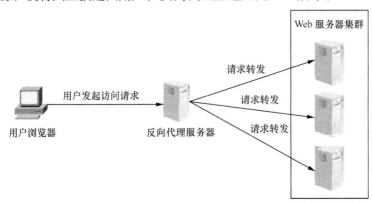

图 8-6　反向代理加速

通过反向代理服务器为应用加速是将内容缓存在反向代理服务器上，缓存机制的实现仍然采用 HTTP/1.1 协议。当缓存内容发生变化时，通过内部通知机制通知反向代理缓存失效，反向代理服务器会重新加载最新内容，并再次缓存。反向代理服务器一般只缓存静态资源，动态资源转发到应用服务器上处理。常用的缓存应用服务器有 Varnish、Ngnix、Squid。

当然，反向代理服务器不仅仅用于加速，也可以有效地保护网站安全，它相当于在 Web 服务器之间建立了一个保护屏障，同时还可以实现请求的负载均衡，提高系统的整体性能。

4. 分布式缓存

CDN 缓存、反向代理缓存主要解决静态文件，或用户请求资源的缓存，数据源一般为静态文件或动态生成的文件（有缓存头标识）。而分布式缓存主要指缓存用户经常访问数据的缓存，数据源为数据库，一般起到热点数据访问和减轻数据库压力的作用。

分布式缓存设计，是分布式和微服务架构中必备的架构要素，常用的中间件有 Memcache、Redis。

5. 本地缓存

本地缓存是指应用内部的缓存，标准的分布式系统一般由多级缓存构成。本地缓存是离应用最近的缓存，一般可以将数据缓存到硬盘或内存中。

硬盘缓存是将数据缓存到硬盘，从硬盘中读取。原理是直接读取本机文件，减少了网络传输消耗，比通过网络读取数据库的速度更快。硬盘缓存可以应用在对速度要求不是很高，但需要大量缓存存储的场景。

内存缓存是直接将数据存储到本机内存中，通过程序直接维护缓存对象，是访问速度最快的方式。在分布式系统中，通常会把分布式缓存中的数据在本地内存中也保留一份，以达到高可用性和更高的要求。

8.3　缓存平台的架构与实现

缓存平台提供了对缓存中间件产品和缓存数据的统一管理。缓存平台采用 C/S 工作模式，客户端屏蔽了不同缓存中间件之间的差异，通过客户端应用程序可以方便实现对各种缓存的操作。

8.3.1　总体架构

缓存平台主要包含缓存管理控制平台 Web、缓存管理平台 App 和缓存客户端 SDK 3 部分功能，其中管理控制平台是整个缓存平台的管理控制中心，通过可视化的管理页面集成了所有的管理控制功能，如图 8-7 所示。

缓存管理控制平台 Web 集成了用户的操作界面，同时负责平台的基础信息管理，提供了操作员权限管理和各种配置管理，如缓存中间件的接入配置、业务系统缓存块配置以及缓存块与数据库表关系管理等。

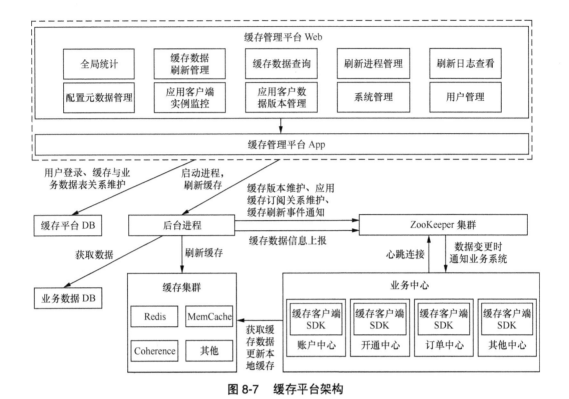

图 8-7　缓存平台架构

缓存管理平台 App 负责缓存数据的刷新和更新管控，当数据发生变更时，可通过自动刷新和手动刷新策略实现缓存数据的更新。同时，它还能将数据的变更推送给应用，使应用及时从缓存中间件中下载新的缓存数据，保证了数据的一致性。

缓存客户端 SDK 为业务系统提供统一接口接入缓存平台，并适配各类缓存中间件的读写接口。通过读取业务系统的配置文件，将业务系统的数据请求路由至指定的缓存中间件服务器中。

8.3.2　缓存管理控制平台 Web

缓存管理控制平台 Web 集成了缓存平台的可视化操作，负责缓存平台的基础信息管理和正常的运营操作，主要包括缓存总览、缓存版本管理（版本刷新管理和版本订阅状态管理等）、数据查询、进程管理、日志查看、配置管理（缓存配置查看、缓存与数据库表关系管理）、用户权限管理等。

1. 缓存总览

缓存平台通过内部接口从 ZooKeeper（ 简称 ZK ）集群中获取缓存数据刷新过程中各种运行态监控数据的实时信息，图形化地展示应用本地缓存监控信息，包括缓存类型分布（手动刷新、自动刷新）、缓存块加载耗时 TOP10、缓存块大小、缓存内容数量等，如图 8-8 所示。

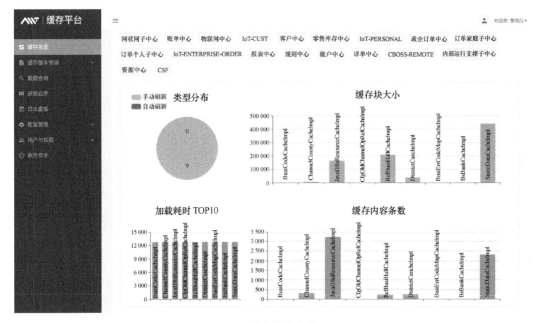

图 8-8　缓存数据总览页面

缓存总览的实现原理是业务的缓存配置文件托管在了缓存平台，因此，缓存平台可以获取到有多少业务中心，每个业务中心有多少缓存项。另外，在缓存刷新时，缓存平台会在 ZK 中记录缓存块的大小、加载耗时以及内容条数等信息。缓存管理控制平台 Web 可以通过缓存平台访问 ZK 获取总览信息并在页面中展示。

2. 缓存版本管理

缓存版本管理是一种对缓存数据的安全防护，每次缓存数据刷新，缓存平台都会为刷新的数据生成一个新的版本号，每份数据默认保留 3 个版本。缓存刷新可通过定时任务，也可以通过页面手动刷新。当用户从通过操作页面进行缓存数据刷新时，管理控制平台将缓存块 ID 及其归属中心信息发送到缓存管理平台 App，缓存管理平台 App 根据 ID 和中心找到托管的配置文件和缓存加载实现类，调用缓存加载实现类从数据库加载缓存到缓存中形成一个新的数据版本；加载完成后，再通过 ZK 通知应用从缓存中更新数据到应用的本地 JVM 中。

缓存平台提供了缓存版本管理的操作页面，通过页面可以实现缓存数据的刷新、查看、切换和稽核，如图 8-9 所示。

3. 进程管理

缓存平台维护后台进程，这些进程主要负责业务中心与缓存中间件之间的数据同步。每一个业务中心在缓存平台 App 主机上都有一个执行定时刷新任务的进程，这个刷新进程读取业务中心托管的缓存配置和缓存加载类后，在后台保持运行，由缓存配置文件中配置的 quartz 定时规则定时触发刷新。通过停止或启动各个中心的定时刷新进程就能实现开启和关闭定时刷新功能。

图 8-9　缓存版本管理页面

缓存平台提供了进程状态的管理页面，可以通过页面控制刷新进行的启停，如图 8-10 所示。

图 8-10　进程管理页面

4. 刷新日志查看

为了保证缓存数据的安全，每次缓存平台进行手动刷新和自动刷新，都会将刷新记录保存到数据库中。运维人员可以通过刷新日志查看界面刷新记录。刷新日志记录了数据所属的业务中心或系统、刷新人员、缓存数据版本、缓存数据大小、刷新时间等，如图 8-11 所示。

图 8-11　缓存数据刷新日志查询页面

5. 缓存配置管理

缓存配置管理包括缓存配置文件管理和缓存与表关联关系管理。缓存配置文件用于配置缓存数据加载实现类和数据刷新定时任务，每个业务中心对应一个配置文件（cache.xml）。缓存平台提供了对配置文件的托管管理，业务中心将缓存配置文件托管在缓存平台指定的目录中。

缓存与表关联关系管理用于管理缓存与表的映射关系，其主要目的是运维方便，可以清楚知道缓存数据来源于哪里。

缓存平台提供缓存配置管理的操作页面，通过操作页面可以很方便地查看与编辑缓存的相关配置信息，如图 8-12 所示。

图 8-12　缓存配置文件查看页面

8.3.3 缓存管理平台 App

缓存数据管理主要实现了对缓存数据刷新、版本切换和缓存数据的生命周期管理，这些功能通过界面也体现在缓存管理控制平台 Web，但核心功能是在缓存管理平台 App 中实现的。

1. 缓存数据刷新

缓存平台的刷新使用了 ZooKeeper 作为同步协调服务，ZooKeeper 主要包括以下功能。

① 维护缓存版本信息：缓存刷新时，缓存平台会从数据库加载数据到缓存中间件，形成一份缓存数据版本，这个信息将会维护到 ZooKeeper 中进行统一管理。

② 监控应用接入状态：应用使用缓存数据时，需要接入缓存平台，应用的相关信息被维护到 ZooKeeper 进行统一管理，通过 ZooKeeper 实现了应用上下线的实时监控。

③ 监控应用使用的缓存版本：应用侧使用的缓存版本号实时反馈到缓存平台，并在 ZooKeeper 中进行维护。

④ 通知应用进行缓存更新：缓存平台通过在 ZooKeeper 中找到所有应用并向其发送缓存更新事件来通知应用进行数据变更，使应用中的缓存数据保持最新状态。

缓存平台实现了手动指定业务系统集群的缓存刷新和定时任务后台刷新。缓存每刷新一次，其版本号同步更新，平台默认一个缓存块只保留 3 个版本号，当超过 3 个缓存版本时，删除最早的版本号。

（1）手动刷新

手动刷新是指用户从页面发起，并在缓存管理平台 App 执行的缓存刷新操作。目的是当数据库数据发生变更时，发起一次刷新操作，将数据库的数据刷新到缓存中间件，并通知应用从缓存中间件获取新的数据。手动刷新流程如图 8-13 所示。

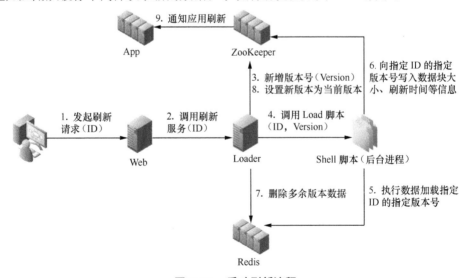

图 8-13　手动刷新流程

① 操作员通过缓存平台 Web 管理页面发起缓存刷新请求至服务器，指定刷新业务系统的缓存块，可选择全量刷新或按照业务应用集群刷新。

② 缓存管理平台启动 Loader 进程实现刷新服务，并在 ZooKeeper 中新增缓存版本号。

③ Loader 调用配置文件 Cache.xml 中业务系统的实现类接口，从业务系统数据库中获取数据（如缓存块与数据表关联关系数据），并加载到缓存中间件中；同时将缓存数据、刷新时间、缓存内容大小等信息更新到 ZooKeeper 中最新的缓存版本号中；当超过 3 个版本时，删除缓存中间件中最早的版本号，并将 ZooKeeper 中最新的版本设置为当前缓存版本号。

④ 业务系统和 ZooKeeper 通过心跳实现通信，当 ZooKeeper 中的数据出现变更时，通知业务系统更新。

⑤ 缓存客户端感知到 ZooKeeper 的变更，从缓存中间件中获取最新的缓存数据，更新至本地的 JVM 中。

⑥ 运维人员可通过控制台核对各中心的实例缓存是否刷新成功。

（2）定时刷新

定时刷新是指缓存管理平台自动定时执行的缓存刷新操作，目的是实现无人值守的缓存数据更新，根据业务的定时配置，固定在每天的某些时段触发刷新操作，将数据库的数据刷新到缓存中间件，并通知应用从缓存中间件获取新的数据。

操作员通过缓存平台 Web 管理页面启动定时刷新进程即可调用进程启动服务接口，后台刷新进程运行启动脚本根据 CacheConfig.xml 文件的缓存配置信息以及 Cache.xml 文件的缓存加载实现类配置信息，定时从数据库中获取需要缓存的业务数据并加载到分布式缓存中间件中。本地缓存框架（缓存客户端）自动从分布式缓存中间件中获取对应的缓存信息，并加载至 JVM 缓存中。

2. 版本切换

在用户进行缓存手动刷新或系统进行缓存自动刷新时，在缓存管理平台中会形成多个缓存版本，这些缓存版本的数据存储于缓存中间件中。缓存版本切换可以对缓存数据在多个版本之间进行切换，切换的过程是直接从缓存中间件中加载对应版本的缓存数据，不需要从数据库中读取。版本切换流程如图 8-14 所示。

操作员通过缓存平台 Web 页面发起版本切换请求，缓存平台通过 Loader 进程调用的数据切换服务，将 ZooKeeper 中的当前缓存版本号变更为指定版本号。版本号的变更会被通知所有业务系统，业务系统从缓存中间件中获取对应的版本数据更新到本地。业务系统更新完缓存数据后将自身的信息注册到新的缓存版本号以告知缓存平台完成缓存切换。

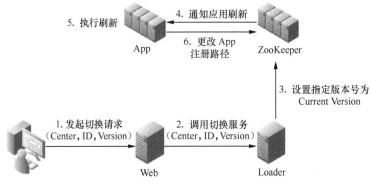

图 8-14　版本切换流程

8.3.4　缓存客户端 SDK

应用系统通过缓存平台提供的统一客户端接入缓存平台，统一适配需要使用的缓存中间件。

1. 客户端实现

每种类型的缓存中间件的读写接口都不相同，缓存平台客户端中提供了统一的平台读写接口，对各类缓存中间件的读写接口进行适配。

客户端的实现原理如图 8-15 所示。

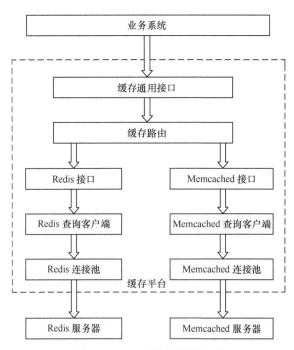

图 8-15　客户端的实现原理

缓存接口的适配逻辑如下：

① 业务系统通过缓存平台的客户端调用平台的通用接口，通用接口可同时适配 Redis 和 Memcached 等多种缓存中间件；

② 缓存平台根据业务系统在接口中传递的数据类型（data_type），从 CacheConfig.xml 配置文件中获取对应的缓存类型（cache_type）是 Redis 还是 Memcached，以及该数据类型归属的数据源（belong_group）；

③ 缓存平台调用 Redis 接口或 Memcached 接口，并根据数据源（belong_group）找到其关联的 Server 连接池，通过连接池连接 Redis 或 Memcached 服务器，操作缓存数据。

2. 业务系统接入

CacheConfig.xml 主要用于配置业务系统与缓存中间件的缓存路由关系，包含 ZooKeeper 管理中心、缓存路由、缓存参数和缓存块托管 4 部分。

（1）ZooKeeper 管理中心

```
<!-- Zookeeper配置-->
<ConfigKind name="zk">
    <!--<ConfigItem name="zkServerList" remark="zk服务器列表">xxx.xxx.xxx.xxx:xxxx</ConfigItem>-->
    <ConfigItem name="zkServerList" remark="zk服务器列表">xxx.xxx.xxx.xxx:xxxx</ConfigItem>

    <ConfigItem name="zkCatalog" remark="zk目录">/aicache</ConfigItem>
</ConfigKind>
```

ZooKeeper 管理中心主要用于业务系统和缓存平台之间的服务协调，如刷新服务的事件通知等。

（2）缓存路由

```
<!-- 缓存路由配置 -->
<cache_routers>
    <cache_router data_type="order" cache_type="redis" belong_group="static" status="U"/>
</cache_routers>
```

```
<!-- 缓存服务器配置 -->
<cache_servers>
    <!--<server server_code="TEST_MEM" server_ip="xxx.xxx.xxx.xxx" server_port="xxxx"-->
        <!--belong_group="static" requirepass="" state="U" remarks="" />-->
    <server server_code="TEST_MEM" server_ip="xxx.xxx.xxx.xxx" server_port="xxxx"
        belong_group="static" requirepass="" state="U" remarks="" />
</cache_servers>
```

缓存路由定义各业务系统的缓存数据与缓存中间件类型及所属分组的关联关系，根据所属分组（belong_group）可匹配各缓存中间件的具体服务器地址。它记录了缓存中间件的类型，通过该配置，缓存客户端可对其进行不同缓存中间件的路由和转发功能。

（3）缓存参数

缓存参数主要用于实现业务系统对缓存客户端的缓存连接池相关属性的控制，实现定制化的缓存连接池和不同业务场景下的连接池优化。

```
<!-- 缓存参数配置 -->
<cache_parameters>
    <parameter server_code="COMMON" parameter_name="Serialization" parameter_value="java" state="U" remark="序列化方式"/>
    <parameter server_code="COMMON" parameter_name="HitCountFlushInterval" parameter_value="30" state="U" remark="命中计数持久化间隔,单位:秒"/>
    <parameter server_code="SHARD" parameter_name="RebuildPoolOnError" parameter_value="true" state="U" remark="分片发生故障是否重建连接池"/>
    <parameter server_code="REDIS" parameter_name="MaxActive" parameter_value="40" state="U" remark="连接池的最大连接数"/>
    <parameter server_code="REDIS" parameter_name="MaxIdle" parameter_value="20" state="U" remark="最大等待连接中的数量"/>
    <parameter server_code="REDIS" parameter_name="MaxWait" parameter_value="5000" state="U" remark="最大建立连接等待时间"/>
    <parameter server_code="REDIS" parameter_name="TestOnBorrow" parameter_value="true" state="U" remark="获取连接时是否验证连接有效性"/>
    <parameter server_code="REDIS" parameter_name="NeedWriteSYN" parameter_value="true" state="U" remark="是否需要对写操作同步"/>
    <parameter server_code="MEMCACHED" parameter_name="MaxByteSize" parameter_value="5242880" state="U" remark="单个值的最大字节数"/>
    <parameter server_code="MEMCACHED" parameter_name="CompressThreshold" parameter_value="1048576" state="U" remark="开始压缩阈值字节数"/>
    <parameter server_code="MEMCACHED" parameter_name="FailoverRetry" parameter_value="3" state="U" remark="容灾的重试次数"/>
    <parameter server_code="MEMCACHED" parameter_name="ConnMin" parameter_value="20" state="U" remark="连接池最小连接数"/>
    <parameter server_code="MEMCACHED" parameter_name="ConnMax" parameter_value="20" state="U" remark="连接池最大连接数"/>
    <parameter server_code="MEMCACHED" parameter_name="ConnTimeout" parameter_value="2" state="U" remark="连接超时,单位秒"/>
    <parameter server_code="MEMCACHED" parameter_name="ConnCheckDelay" parameter_value="5000" state="U" remark="连接池检查开始延迟秒数"/>
    <parameter server_code="MEMCACHED" parameter_name="ConnCheckPeriod" parameter_value="3" state="U" remark="连接池检查间隔秒数"/>
    <parameter server_code="MEMCACHED" parameter_name="LoadBalance" parameter_value="RoundRobin" state="U" remark="负载均衡策略:RoundRobin, Random"/>
</cache_parameters>
```

（4）缓存块托管

Cache.xml 文件中指定了业务系统与预置缓存块的关系、缓存加载数据逻辑。各业务系统在缓存加载实现类中定义了缓存块与业务数据库表的关系。

```xml
<?xml version="1.0" encoding="gb2312"?>
<caches>

    <quartz>
        <!--线程池 -->
        <property name="org.quartz.threadPool.class" value="org.quartz.simpl.SimpleThreadPool" />
        <property name="org.quartz.threadPool.threadCount" value="3" />
        <property name="org.quartz.threadPool.threadPriority" value="5" />
        <property name="org.quartz.threadPool.makeThreadsDaemons" value="true" />

        <!--scheduler -->
        <property name="org.quartz.scheduler.instanceName" value="CacheScheduler" />
        <property name="org.quartz.scheduler.makeSchedulerThreadDaemon" value="true" />

        <!--JobStore -->
        <property name="org.quartz.jobStore.misfireThreshold" value="60000" />
        <property name="org.quartz.jobStore.class" value="org.quartz.simpl.RAMJobStore" />
    </quartz>


    <!-- 配置数据表 -->
    <cache dataType="RES" id="com.ai.res.cache.loader.BsParaDetailCacheImpl" init="true"/>

    <!-- 模糊化缓存配置 -->
    <cache dataType="RES" id="com.ai.res.cache.loader.BOMaskSaveCtlCacheImpl" init="true"/>

    <cache dataType="RES" id="com.ai.res.cache.loader.BONewMaskSaveCtlCacheImpl" init="true"/>
```

程序中 <cache> 标签中的缓存块将被托管到缓存平台，可在界面上对其进行刷新和缓存版本相关操作。缓存平台通过这个配置，获取相应的数据加载逻辑，在用户发起缓存刷新时，调用其中配置的缓存实现类，从数据库中加载数据到缓存中间件中。

第三部分
构建企业级微服务架构

第 9 章
企业级微服务架构综述

9.1 什么是企业级微服务架构

第二部分主要讲的是微服务的架构特征和必备的技术组件，以及这些组件功能的实现。然而，企业实施微服务架构，并不只是这些技术组件的简单堆砌。IT 支撑系统可能每天都会面临业务更新、功能上线、故障修复、运营考核等压力，这就需要建立一套完整高效的开发、运维保障机制，为业务系统的持续运营保驾护航，这就是所谓的企业级微服务架构。

那究竟什么是企业级微服务架构呢？

企业级微服务架构是具有一套完善的软件生产流程、资源管理机制和风险管控体系的微服务架构平台。它的本质是将所有的编程资源服务化为可编程接口，为应用的开发和运行维护提供通用、快捷、稳定的基础支撑能力。它能够整合所有技术组件，协同工作；能够协同开发与运维，实现软件自动化交付；能够提供容器化封装和服务编排，实现资源共享和弹性伸缩；能够提供系统监控，实现故障自测和自我修复，提供快速定位问题能力；同时还具备数据分析能力，为系统运营的持续改进提供帮助。

9.2 企业级微服务架构必备能力

正如什么是企业级微服务架构所讲，企业级微服务架构要具有一套完善的软件生产流程、资源管理机制和风险管控体系，不但要满足日常软件交付，还要能实现资源的弹性伸缩、系统的风险管控和业务的持续运营。这是因为微服务架构带来的分布式系统的复杂性已经超出人工的能力范围，所以需要一整套完善的保障机制来保障系统在人力的可控范围之内运行。

实施微服务的目的是增强系统的扩展能力和弹性伸缩能力，也就是系统的运营能力。说到运营能力，要看系统的反应能力，面对新需求、业务变更的反应速度。在信息时代，唯"快"不破，因此高效的软件交付也是企业级微服务架构的必备能力之一。

总之，企业级微服务架构要具备以下能力：自动化软件交付、智能化系统运维、系统化业务运营，如图 9-1 所示。

图 9-1　企业级微服务架构能力

9.2.1　自动化软件交付

在传统开发模式中，系统要上线，开发人员提交代码，通过版本管理工具进行代码整合，运维人员把代码打包编译成一个 JAR 包，然后进行集群部署。由于操作对象少，一切还在人为掌控之中。而一旦实现微服务，一个系统拆分成大大小小几十个、上百个微服务，甚至更多，如果还采取人工部署上线的方式，结果可想而知。

微服务架构增加了系统的复杂度，面对数量庞大的微服务，考虑到集群部署，集群间关系，如果还按照传统的软件交付模式，已很难支撑。这就需要一种新的软件交付模式，DevOps 的出现解决了微服务交付的难题。

DevOps 即开发运维一体，其核心是自动化协同。自动化是技术手段，通过纵向打通工具链，把从开发提交到上线部署的各个环节打通，实现自动化，完成一键部署。协同是横向打通部门墙，通过流程把开发、运维和所有相关人员连接起来更高效地工作，如图 9-2 所示。

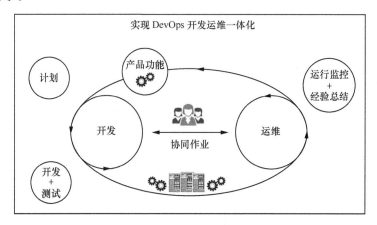

图 9-2　DevOps 开发运维一体化

9.2.2　智能化系统运维

为什么智能化运维是企业级微服务架构运维的必备能力？

这要回到微服务架构的本质，微服务架构把一个完整的系统拆分成一个个微服务，再加上集群化部署，大大增加了系统的复杂性。有时候这些复杂性已经超出了人工的能力范围，需要借助一些智能化的手段来帮助运维人员维护这么庞大的资源。这就是企业级服务架构必须要实现智能化运维的原因。

笔者认为实现智能化运维必须具备以下能力。

1. 基础资源管理能力

基础资源指代码库、配置信息、容器、环境等资源。拆分成微服务后，代码库体积可能变化不大，但管理对象会增多，关系会变得复杂，运营指标也会不一样，这些都需要有效的管理。配置信息涉及服务资源的分配，而服务数量众多，还要考虑资源动态分配，所以配置信息对于系统的稳定运行至关重要。容器与环境是微服务的基础，如果不能为自动化软件交付提供基础能力和实现系统资源的弹性伸缩，那么实施微服务就是一句空话。

2. 有效的服务治理能力

打造平台的稳定性是系统建设的永恒追求，特别是拆分成微服务后，分布式系统固有复杂性带来了更多的故障潜在点和更难的问题排查，这就对系统的稳定性和可维护性提出了更高的要求。如果没有有效的服务治理手段，则系统就会陷入无序和不可控。所谓有效服务治理，就是系统要能够提供服务资产管理能力、在线服务控制能力，以及问题自动检测和主动自愈能力。服务注册与发现、熔断机制、限流与降级、流量调度、故障转移等都是打造平台稳定性的有效手段。

3. 调用链跟踪分析能力

微服务架构解耦了业务系统，使得系统日志碎片化。如果还采用在单体模式下通过登录后台主机查看日志的方式定位问题和分析则会变得非常困难，必须要有一种新的技术手段能够快速定位和分析问题。因此，调用链跟踪分析成为微服务架构的必备能力。调用链跟踪分析是通过汇集日志，把完成一项业务过程中调用的所有服务根据先后顺序串接起来形成调用链。调用链跟踪除了展示服务的调用关系外，还要能够记录每个服务的执行状态、执行时长、运行态参数等信息，具备系统执行瓶颈分析、故障传导分析、运营指标分析和输出质量报表等能力。

4. 预警、告警能力

预警、告警也是一种保障系统稳定性的重要手段。预警是一种事前告警行为，通过设置安全阈值实现预警。告警则是一种事后的告警行为，当系统出现问题，就发出告警，通知相关责任人。预警、告警要能够根据告警的不同级别设定不同的默认处理方式，如容灾、容错、故障转移等。

9.2.3　系统化业务运营

支撑业务运营是系统价值所在。以前业务运营对系统的要求并不高，只要系统运行稳定，能够满足日常的业务活动即可，并没有特别要求。而今，市场发生了很大的变化，人口红利结束，个性的需求开始出现，系统也不再孤立，出现了生态，这就对系统的运营能力提出了新的要求。不但要能够保证 7×24 小时不间隔地提供服务，还要能够与外部连接，提供各种分析报表，这就要求运维团队由运维向运营进行职能转变。

系统运维变成了系统运营，这也是企业精细化管理的要求。微服务化后的系统运营责任会更加明确，每个团队都有自己负责的微服务，这些微服务的服务能力和服务质量与团队的业绩绑定。另外，以微服务的质量作为考核指标，这也有助于系统的优化，有助于提升微服务的价值。

因此，系统化业务运营要能够达到以下要求：

① 能够评估微服务的质量，与运维团队绩效相关；

② 提供系统运营质量报告，包括服务引用次数、出错率、系统分布、价值、风险评估等内容；

③ 需求的定制能力，能够根据用户个性化要求提供有针对性的产品或服务；

④ 构建生态的能力，能够通过能力开放与外部系统进行连接。

9.3　实施企业级微服务架构的前提条件

企业实施微服务架构是有"门槛"的，并不是简单的技术组件堆砌，要构建微服务架构平台，首先得拥有超过这条基准线的"身高"，如图 9-3 所示。

企业基准身高就是企业实施微服务架构必须具备的能力，笔者认为企业首先应该具备以下能力。

① 计算资源的快速配置能力：微服务讲究的是独立部署、独自演进，这会涉及很多计算单元。这就要求计算单元的配置必须是自动化、快速和弹性的，以便满足微服务的需求。

② 基本监控能力：微服务是一个复杂的系统，我们可以控制和预测的东西很有限。因为在微服务架构中，很多服务一起协作处理一个请求，协作容易出现问题，而这些问题在测试环境难以被发现。所以我们需要一个有效的监控机制来快速地检测这些问题。

图 9-3　MicroService Architecture 基准身高

③ 应用快速部署能力：在微服务架构中，一个功能的变更可能需要部署多个服务。因为需要管理的服务太多，所以需要尽快地部署它们。在早期允许部分的人工干预，但

在后期需要完全自动化。

④ 持续改进的团队组织：由于微服务具有"按业务能力组织服务"和"服务即产品"的特征，我们会把一个大应用拆分成不同的领域系统，更倾向于让每个团队自己负责分配给自己微服务的全部生命周期，所以每个微服务背后小团队的组织是跨功能的，包含实现业务所需的全面技能，微服务负责制对个人能力要求更高，自驱动和自学习能力更强的人会得到更多的成长机会。

拥有了以上基本能力之后，团队才算是做好了将微服务架构引入企业应用的准备。如果达不到上述要求，千万不要急于催促自己的开发团队将微服务架构引入系统建设中。事实上，这些能力在运行大规模单体应用系统时也同样重要。尽管目前很多软件开发企业还不具备这种能力，但此类能力在任何系统环境下都应具备很高的优先级。

第 10 章
构建基于容器的应用托管和任务调度平台

基于容器资源池的应用托管是实现应用水平缩放和资源弹性计算的关键，也是实现 DevOps 生产流水线的基础，是微服务架构平台的重要组成部分。本章将介绍基于 Kubernetes 和 Docker 组合的应用托管平台和任务调度平台的建设方案。

10.1 容器的发展历程

Linux 容器技术是一种操作系统层面的进程隔离技术，旨在单一 Linux 主机上交付多套隔离性 Linux 环境。可以为这些容器设置计算资源限制，挂载存储，连接网络，应用程序可以运行在一个个相互隔离的容器中，与虚拟机不同的是，这些应用程序共用一个 Kernel，如图 10-1 所示。

其实，容器的概念早在 2000 年就出现了，但一直不温不火，直到 Docker 的出现，才使人们真正地认识容器，以至于很多人都把 Docker 等同于容器。Docker 实际上是一家公司，在 2013 年这家公司还叫作 DotCloud。Docker 是公司的一个容器管理产品。2013 年年初，DotCloud 决定将 Docker 开源，Docker 在短短几个月间风靡全球，DotCloud 公司随后也把公司名更改为 Docker。

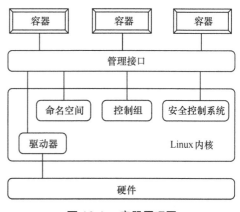

图 10-1　容器原理图

回顾容器的发展历程（如图 10-2 所示），早在 1979 年，就有了容器技术的雏形，Changeroot 技术的引进开启了进程隔离大门。2000 年，FreeBSD Jails 技术将计算机分为多个独立的小型计算系统。2006 年，谷歌推出了 Process Containers 技术，在进程隔离的基础上，进行了计算资源的限制。2008 年，LXC 成为第一个具有完整意义的容器管理工具。2013 年，LMCTFY 实现了 Linux 应用程序容器化，成为 Libcontainer 的重要组成部分。同年，Docker 出现，容器的关注度出现爆发性的增长。Docker 最初使用 LXC，后来替换为 Libcontainer。2014 年，CoreOS 推出了 Rocket，试图通过更原生的组件来帮助用户构建自己的、更具灵活性的容器平台，以挑战 Docker 的"霸主"地位。然而，也许是先入为主，也许是人性懒惰，人们已经习惯了 Docker 的全面呵护，使得其地位一时还很难撼动。

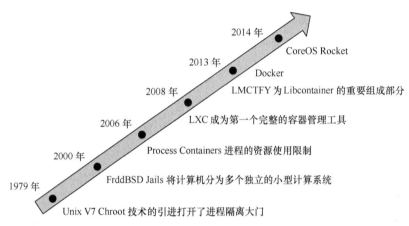

图 10-2　容器发展历程

Docker 与虚拟机的主要差别在于隔离级别不同。Docker 是共享同一个操作系统内核（Kernel），将应用进程与系统其他部分隔离开；而虚拟机是共享操作系统，虚拟化使得许多操作系统可同时运行在单个系统上，如图 10-3 所示。

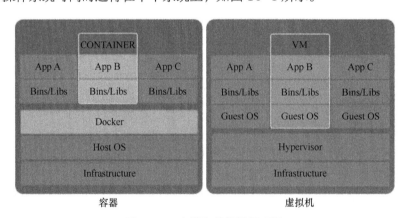

图 10-3　容器和虚拟机原理图

由于运行在同一个主机上的 Docker 是共用一个 Kernel 的，而虚拟机则是使用自己 OS 上的 Kernel，从这一点上，虚拟机之间比 Docker 拥有更好的隔离性。但 Docker 相比于虚拟机有更多的优势。首先，虚拟机 OS 的存在额外占用了更多的计算资源。其次，从空间占用上，一个虚拟机基本上都是 GB 级别的，而一个容器可小至几兆。再者，虚拟机的安装启动需要几十分钟，而容器的创建启动只需要几分种或几秒。由于容器的轻量级，它具备了更好的快速扩展能力。最后，Docker 比虚拟机具备更好的跨平台迁移能力，例如虚拟机无法从 VMware 迁移至 KVM，但 Docker 不一样，只要安装了 Docker 引擎，Docker 就可以在这些平台上运行，这也说明了 Docker 如此受人追捧的原因。

10.2　Docker 带来的改变

Docker 作为一个"容器"，它到底是用来装什么的呢？ 答案是应用。而"应用"的定义，对于 Docker 来说，范围十分广，网站是应用、程序是应用、系统也是应用。只要有了 Docker，用户便不再需要为这些应用配置其所需的特有的环境，也不需要为这些应用统一环境了，因为 Docker 早已将各种不同类型的应用打包好了，这些应用之间不仅是分离独立的，同时它们还能共享 Docker 的环境资源。

Docker 如此强大，它能给我们带来什么呢？

诚如上文所言，无论用户的应用是一段程序、一个系统还是其他，都可以放到 Docker 上运行，它的包容性很强。同时，最重要的一点是，Docker 提供了一组应用打包、传输和部署的方法，以便用户能够更好地在容器内运行任何应用。这对于现在的开发运维模式是革命性的。

首先对于开发者，得益于 Docker，他们用一条或者几条命令就能完成环境搭建。对开发者来说，每天都会催生出各式各样的新技术需要尝试，然而在如此短暂且宝贵的时间内，开发者却不太可能逐一搭建好环境并进行测试。Docker 之所以能够实现以上功能，得益于它的仓库（Repository）技术，能够在后台自动获得环境镜像并且运行环境。

对于运维者，Docker 把整个开发环境打包成一个镜像（Image）交给运维团队直接运行。对运维人员来说，大概最困惑的就是"应用程序明明在我的环境里运行是正常的，怎么到别人的环境里就不行了呢？"其实，产生这种问题的原因很可能是在搭建环境中，由于两个环境的细微不同而导致了应用程序的部署失败。Docker 由于是应用与环境一起打包，从根源上解决运维人员的烦恼，真正实现了"一次构建，到处运行"，运维人员只需直接运行即可。

Docker 之所以倍受推崇，与 Docker 的三大技术密不可分，即镜像、容器和仓库。镜像是基于一定格式封装了应用以及相关依赖的只读文件系统，是创建 Docker 的基础；Docker 由镜像创建的应用程序运行实例；仓库是集中存放镜像文件的场所，用户可以从公开仓库中下载自己需要的镜像，然后基于这些镜像构建自己的应用程序镜像。有关 Docker 原理性的东西，请读者自行查阅了解，在此不再多做介绍。

10.3 基于 Kubernetets 的应用托管平台

利用容器技术，用户能够轻松地构建、部署和启动应用程序，容器也提供了功能丰富的 API 用于对容器的管理和控制，但这也只是针对单个容器。对于微服务架构应用，面对的可能是分布在多台主机上拥有数百套容器的大规模容器集群，这些 API 就会显得力不从心了。

Kubernetes 提供了一整套完善的容器管理工具，为容器集群管理提供了一站式服务，包括容器编排，统一资源调度，容器化应用程序部署、扩展等，确保其严格按照用户的意愿运行。Kubernetes 又是一个开放的开发平台，提供了各种机制和接口来保证应用的快速发布和健康运行，提供了丰富的命令行工具（CLI）和 API 接口，便于与集群交互。

接下来我们将介绍 Kubernetes 的基本原理和基于 Kubernetes 开发的应用托管平台的具体实现。

10.3.1 Kubernetes 基本原理

1. Kubernetes 是什么

Kubernetes 是谷歌开源的容器集群管理系统，提供了应用部署、容器的扩展和资源的调度等功能，利用 Kubernetes 能方便地管理跨机器运行容器化的应用，其主要功能如下：

① 自动化容器的部署、升级和复制；

② 按需扩展或收缩容器规模，实现容器的水平伸缩；

③ 以集群的方式运行、管理跨机器的容器，并且提供容器间的负载均衡和计算资源的统一调度；

④ 解决 Docker 跨机器容器之间的通信问题（容器编排）；

⑤ Kubernetes 的自我修复机制使得容器集群总是运行在用户期望的状态。

2. Kubernetes 总体架构

Kubernetes 属于主从分布式架构，主要由 Master 节点和 Worker 节点组成，以及客户端命令行工具 Kubectl 和其他附加项。Master 节点作为控制节点，负责集群调度、对外接口、访问控制、对象的生命周期维护等工作。Master 节点由 API Server、Scheduler、Controller-Manger、Etcd 所组成。Worker 节点作为真正的工作节点，负责容器的生命周期管理（如创建、删除、停止 Docker）以及容器的服务抽象和负载均衡等工作。Worker 节点包含 Kubelet、Kube-Proxy 和 Container Runtime。Kubectl 通过命令行与 API Server 进行交互，实现对 Kubernetes 操作，以及对集群中各种资源的增、删、改、查等操作，如图 10-4 所示。

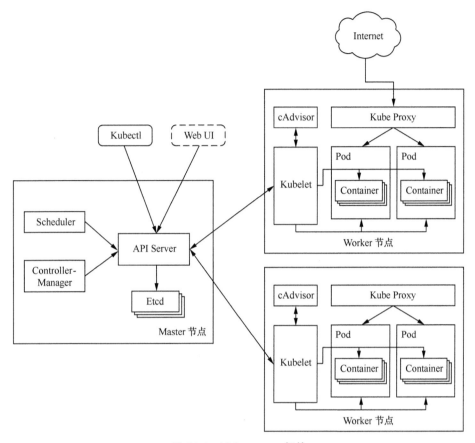

图 10-4　Kubernetes 架构

由图 10-4 可知，API Server 是整个集群的核心，负责集群各个模块之间的通信。集群内部的功能模块通过 API Server 将信息存入 Etcd，其他模块通过 API Server 读取这些信息，从而实现各模块之间的信息交互。例如，Node 上的 Kubelet 每隔一个时间周期，通过 API Server 报告自身状态，API Server 接收这些信息后，将节点状态信息保存到 Etcd 中。Controller Manager 中的 Node Controller 通过 API Server 定期读取这些节点状态信息，并做相应处理。Scheduler 监听到某个 Pod 创建的信息后，检索所有符合该 Pod 要求的节点列表，并将 Pod 绑定到节点中最符合要求的节点上，如果 Scheduler 监听到某个 Pod 被删除，则删除本节点上的相应 Pod 实例。

在 Kubernetes 中，Node、Pod、Replication Controller、Service 等概念都可以看作一种资源对象，通过 Kubernetes 提供的 Kubectl 工具或者 API 调用进行增、删、改、查等操作并将其保存在 Etcd 中。Etcd 负责存储 Kubernetes 所有对象的状态信息，它是 Kubernetes 最核心的组件。

下面是对 Kubernetes 的核心组件和资源对象的介绍。

（1）Master 节点

① API Server：提供了集群管理的唯一入口，任何对集群资源的增、删、改、查的操作都要通过 API Server 处理，并提供认证、授权、访问控制、API 注册和发现等机制；对外提供 RESTful 的 Kubernetes API 服务。

② Scheduler：集群中的调度器，负责 Pod 在集群中的调度和分配。Kubernetes 目前提供了调度算法，但是同样保留了接口，用户可以根据自己的需求定义调度算法。

③ Controller Manager：集群的内部管理控制中心，负责集群内的 Node、Pod 副本、服务端点（Endpoint）、命名空间（Namespace）、服务账号（ServiceAccount）、资源定额（ResourceQuota）的管理，当某个 Node 意外宕机时，Controller Manager 会及时发现并执行自动化修复流程，确保集群始终处于预期的工作状态。它由一系列的控制器组成，每个资源一般都对应一个控制器，如 Replication Controller、Node Controller、ResourceQuota Controller、Server Controller 等。

④ Etcd：是一个高可用的键值存储系统，Kubernetes 使用它来存储所有资源对象的状态，提供 Restful 的 API 接口。

（2）Node

① Kubelet：Master 在每个 Node 上面的 Agent，负责该 Node 上的 Pod 和容器的生命周期管理，如对 Pod 的创建、修改、监控、删除等。每个 Kubelet 进程会在 API Server 上注册自身节点的信息，定期向 API Server 汇报节点资源的使用情况，并通过 cAdvisor 监控容器和节点资源。

② Kube-Proxy：实现 Service 的抽象，负责为一组 Pod 抽象的服务（Service）提供统一接口和 Pod 群组内部的服务发现和负载均衡。

③ Container Runtime：容器运行环境，每一个 Node 都会运行一个 Container Runtime，负责镜像管理和容器的运行。

④ cAdvisor：一个运行时的守护进程，负责收集、聚合、处理和输出运行中容器的信息，部署在每个节点上。作为 Kubernetes 集群的一部分，cAdvisor 会收集本机以及容器的监控数据，如 CPU、Memory、FileSystem、Network 等。cAdvisor 提供 Web UI 和 Rest API 两种方式来展示数据，帮助管理者了解主机以及容器的资源使用情况和性能数据。

⑤ Pod：Kubernetes 最小部署单元，由 Kubernetes 统一创建、调度和管理。一个 Pod 可以包括一个或多个容器，同一个 Pod 的容器共享网络地址和文件系统。通常一个 Pod 里运行相同的应用。

⑥ Service：真实应用服务的抽象，定义了 Pod 的逻辑集合和访问这个 Pod 集合的策略，Service 将代理 Pod 对外表现为一个单一访问接口，外部不需要了解后端 Pod 如何运行，这给扩展或维护带来了极大的好处，提供了一套简化的服务代理和发现机制。

3. 应用部署原理分析

Kubernetes 的应用部署能力是由 Controller Manager 提供的，说到应用部署就不得不讲 RC（Replication Controller）。RC 用来管理正常运行的 Pod 数量，一个 RC 可以由一个或多个 Pod 组成，在 RC 被创建后，系统会根据定义好的副本数来创建 Pod 数量。在运行过程中，如果 Pod 数量小于定义的，就会重启停止的或重新分配 Pod，反之则"杀死"多余的 Pod。

RC 的主要用法有以下几点。

（1）重新规划：无论你有一个还是多个 Pod 需要运行，RC 都会确保指定数量的 Pod 副本存在，即使发生节点故障或 Pod 终止也是如此。当 Pod 运行出错或者无法提供服务时，RC 也会"杀死"出错的 Pod，重新创建新的 Pod。

（2）自动缩放：在业务高峰或者低峰时，系统可以通过 RC 动态地调整 Pod 的数量来提高资源的利用率。如果配置相应的监控功能，定时从监控平台获取 RC 关联 Pod 的整体资源使用情况，则可以做到应用的自动缩放。不管是手动修改 Yaml 文件还是通过其他的自动管理的工具，都需要修改 Replicas 值。

（3）滚动升级：一种应用平滑升级方式，通过逐步替换的策略，保证整体系统的稳定。通常的方法是创建一个新的只有 1 个 Pod 副本（Replicas 值为 1）的 RC，然后新的 RC 每次加 1，旧的 RC 每次减 1，直到旧 RC 的 Replicas 值变成 0，然后删除旧的 RC。这样就完成了滚动升级，规避了一次性全部升级可能出现的问题。

（4）多版本发布追踪：在程序更新过程中，我们可以通过多版本的追踪，让多个版本额外运行一段时间，也可以在一段时间内持续地运行多个版本（新旧共存），版本追踪是通过 Label 实现的。

下面我们以 RC 为例，介绍 RC 应用部署的原理。

图 10-5 是一个应用部署的流程。首先，我们通过创建 RC 命令把应用的部署信息提交给 API Server，随后 API Server 将数据写入 Etcd 中保存，与此同时，Controller Manager 在 Watch 所有的 RC 资源对象。因此，一旦有 RC 对象被写入 Etcd 中，Controller Manager 就得到了通知，它会读取 RC 的定义，然后比较 RC 中所控制的 Pod 的实际副本数与期待值的差异，采取对应的行动。此刻，Controller Manager 发现集群中还没有对应的 Pod 实例，就根据 RC 中的 Pod 模板定义，创建一个 Pod 并通过 API Server 保存到 Etcd 中。类似地，Scheduler 进程在 Watch 所有 Pod，一旦发现系统产生了一个新的 Pod，就开始执行调度逻辑，为它安排一个新家（Node），如果一切顺利，此 Pod 就被安排到某个 Node 上，即 Binding to a Node。接下来，Scheduler 进程就把这个信息及 Pod 状态更新到 Etcd 中。最后，目标节点上的 Kubelet 监听到有新的 Pod 被安排到自己这里，就按照 Pod 中的定义，拉取容器的镜像并且创建对应的容器。当容器成功创建后，Kubelet 进程再把 Pod 的状态更新为 Running 并通过 API Server 更新到 Etcd 中。如果此 Pod 还有对应的 Service，那么接下来就轮到 Kube-

Proxy 出场了。每个 Node 上 Kube-Proxy 进程会监听所有 Service 及这些 Service 对应的 Pod 实例的变化，一旦发现有变化，就会在所在节点上的 Iptables 中增加或者删除对应的 NAT 转发规则，最终实现 Service 的智能负载均衡功能。

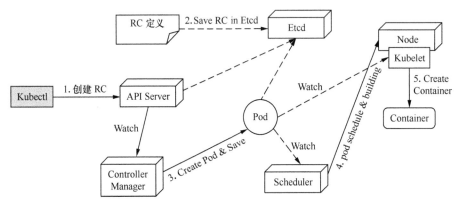

图 10-5　应用部署流程

如果部署过程中遇到某个节点宕机，这时 Controller Manager 会将这些 Pod 删除并产生新的 Pod 实例，然后把这些 Pod 调度到其他节点上。因为节点上如果没有 Kubelet 进程定时汇报这些 Pod 的状态，那么这个节点上的所有 Pod 实例会被判定为失败状态。

这样整个流程下来就完成了应用的部署，而这一切只需要一个命令，其他都由 Kubernetes 自动完成，无须人工干预。

4. 水平缩放原理分析

Kubernetes 水平缩放是指适应负载变化，以弹性可伸缩的方式提供应用资源。上节讲到了 Replication Controller 的用法，其中应用的水平缩放也是其应用之一。具体到 Kubernetes 中，就是根据负载的高低动态调整 Pod 的副本数量。调整 Pod 的副本数可通过修改 RC 中 Pod 的副本数来实现，示例命令如下。

```
扩容 Pod 的副本数目到 15
$ kubectl scale rc yourRcName --replicas=15
缩容 Pod 的副本数目到 2
$ kubectl scale rc yourRcName --replicas=2
```

水平缩放应用不管是手动修改 Yaml 文件还是通过其他的自动管理工具，都需要修改 Replicas 值。通过更新字段 Replicas 的值，Replication Controller 可以轻松地增加或减少 Pod 副本数量。

想要自动缩放，Kubernetes 提供两个方案，一种是通过 Kubectl 命令 Autoscale，另一种是通过 HPA（Horizontal Pod Autoscaling）资源对象。

Autoscale 命令可以实现按比例缩放，即它给一个 RC 指定一个副本数的范围，在实际运行中根据 Pod 中运行应用的负载情况自动在指定的范围内对 Pod 进行扩容或缩容。举例，当 CPU 使用率超过 80% 时，将 RC 中 Pod 的数量控制在 2 ~ 5 之间。

```
$ kubectl autoscale rc yourRcName--min=2 --max=5-cpu-percent=80
```

HPA 在 Kubernetes 中被设计为一个 Controller，它的操作对象是 RC、RS 或 Deployment 对应的 Pod，根据 Pod 当前系统的负载来自动水平扩容。HPA Controller 默认 30 秒轮询一次，查询指定的资源使用率，并且与创建时设定的值和指标做对比，从而实现自动伸缩的功能。

5. 弹性计算原理分析

Kubernetes 的弹性计算是适应负载变化动态地为 Pod 分配计算资源。上节讲到应用水平缩放，是通过监控资源利用率，利用 RC 控制的 Pod 副本数量来实现的。Kubernetes 弹性计算也是利用 RC 再加上节点调度来实现的。Kubernetes 增加计算资源的方法是通过创建更多的 Pod 副本，然后把这些副本调度到相对空闲的 Node 上来实现的。

Kubernetes 还做不到为一个 Pod 副本动态地分配计算资源，这与 Kubernetes 对 Node 的管理模式是有关系的。

在 Kubernetes 中，Node 是 Pod 真正运行的主机，可以是物理机，也可以是虚拟机。为了管理 Pod，在每个 Node 节点上安装了 Container Runtime、Kubelet 和 Kube-Proxy 服务。Node 不像其他的资源，它本质上不是 Kubernetes 创建的，因此，Kubernetes 只是管理 Node 上的资源。虽然可以通过 Manifest 创建一个 Node 对象，但是 Kubernetes 也只是检查 Node 的状态是否正常。

这个检查是由 Node Controller 完成的。Node Controller 主要负责发现、管理和监控集群中的各个 Node，完成集群范围内的 Node 信息同步和单个 Node 的生命周期管理。

10.3.2 系统架构

基于 Kubernetes+Docker 的应用托管平台，系统可实现对底层资源弹性调度和应用的运维管理。图 10-6 展示了应用托管平台系统架构。

应用托管平台主要由 4 部分构成：控制台、应用托管、资源管理、系统管理。

控制台是托管平台的操作页面，运维人员通过控制台进行平台管理和应用的部署与监控。应用托管模块主要是基于 Docker 实现了对应用的生命周期管理。资源管理是基于 Kubernetes 实现了对计算资源虚拟化管理，通过资源调度提供了弹性计算能力和针对应用的配额管理。系统管理主要是针对平台本身的管理，如用户管理、权限管理、角色管理和菜单管理等。

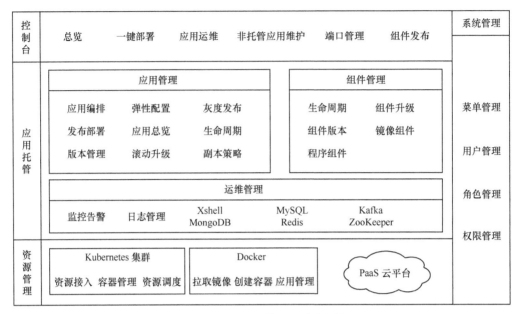

图 10-6　应用托管平台系统架构

在微服务架构中，应用托管平台是实现 DevOps 的核心组件，也是进行应用系统运维操作的维护平台。正是由于应用托管平台与 DevOps 的对接才使得 DevOps 生产流水线解决了"最后一公里"的问题。同时，由于 Kubernetes 本身提供了强大的应用生命周期管理和监控能力，因此，应用托管平台也就理所应当地成为应用的运维平台。

10.3.3　底层资源管理

应用托管平台对底层资源的管理体现在两个方面，一方面是计算资源扩缩容管理；另一方面是针对应用的弹性计算。

计算资源扩缩容管理就是在平台中增加或删除节点资源（主机资源）。在托管平台中增加节点资源非常简单，当有新节点需要加入托管平台的资源池时，只需要通过托管平台的资源管理就可以实现节点环境（Kubelet、Kube-Proxy、Docker）的一键安装，然后将 Kubelet 和 Kube-Proxy 启动参数中的 Master URL 指定为当前托管平台集群中 Master 的地址，最后启动这些服务即可。基于 Kubelet 的自动注册机制，新的节点将会自动加入现有的托管平台集群中。在托管平台中删除节点有很多种办法，可以通过托管平台资源管理页面直接删除节点，也可以关掉主机，或者停止 Kubelet 和 Kube-Proxy 服务，图 10-7 是托管平台资源管理页面示例。

对于应用的弹性计算，托管平台提供了对上层托管应用的资源调度能力。资源调度是基于 Kubernetes 的 Scheduler 调度器来完成的。在创建或者扩容应用时，调度器根据应用的资源需求为应用寻找合适的部署节点；在应用下线或者缩容时，调度器会重新回收资源，以分配给更需要资源的应用，以此实现资源的高效利用。

图 10-7　托管平台资源管理

在托管平台中，运维人员可以通过维护资源池来保证托管应用的资源供应。

10.3.4　应用托管管理

应用托管是指平台提供的应用生命周期管理，主要涉及从应用部署到应用下线等一系列的维护工作。

1. 应用部署

应用托管平台继承了 Kubernetes 应用部署的便捷性，运维人员只需要通过控制台配置完成应用部署的基础信息，即可实现一键部署。但是，对于一个微服务架构的系统来说，一个应用系统面对的是众多的微服务和一些技术组件（如缓存、消息中间件），而微服务与微服务、微服务与技术组件都存在着一定的调用关系，由于都是容器封装，因此，这就涉及容器编排、镜像获取和实例运行几个环节。

为了对应用部署进行全面的管理，托管平台提供了组件管理功能用来管理应用组件（包括微服务组件和技术组件）。托管平台把组成应用的微服务和中间件都视为组件，部署应用时，通过选择需要的组件、组织其启动顺序、配置依赖关系等，完成整个应用的编排。图 10-8 是一个容器编排示例。

容器编排完成后，托管平台就可以开始部署应用了。单纯应用的部署对于托管平台来说非常简单，正如前面 Kubernetes 应用部署原理分析章节所述，只需要一键即可完成应用部署和服务发布。在控制台配置好应用的基本信息、部署资源域、扩缩容策略、存储卷之后，部署人员只需要一键即可完成应用的部署。平台会自动按照容器编排的顺序完成镜像拉取、容器创建、实例运行等工作。图 10-9 是应用部署时的配置页面。

图 10-8　容器编排

图 10-9　应用部署页面

2. 故障自愈

讲解故障自愈之前，我们先来讲一下副本控制器，这是 Kubernetes 提供的重要功能，它能够让应用程序的实例一直保持在一定的数量范围内。如果某一个应用实例出现故障了，或者主机宕机，副本控制器会立即删除发生故障的应用实例，同时创建一个新实例，如果是主机宕机则会把新应用实例调度到其他节点。应用托管平台就是利用 Kubernetes 这一功能特性实现了应用的故障自愈。

故障自愈是副本控制器的一个具体应用，运维人员需要应用组件配置一定的副本数（Replicas）来保证其服务能力。应用托管平台定期对实际运行的副本数进行监控，并与配置的副本数做比较，如果出现异常导致某些服务实例不能正常工作，平台会自动监控到，这时，平台会删除异常实例信息，同时启动新的 Pod 创建流程，为该服务重新拉起一个新的实例，使实际运行的副本数与配置的副本数保持一致，这样，系统就能保证服务稳定地按照配置的能力持续运行，如图 10-10 所示。

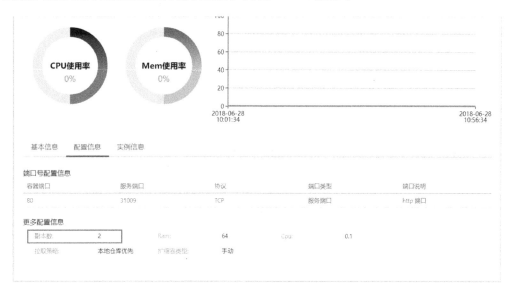

图 10-10　运行副本数配置

3. 自动扩缩容

自动扩缩容指托管平台根据监控的应用运行指标自动进行应用的扩容和缩容，如在服务负载超过设定阈值时，通过增加实例来降低已有实例的工作负载，实现系统的扩容；而在服务负载降低至低阈值且达到持续时间之后，平台又会"杀掉"若干实例，来达到缩容释放资源的目的。

在生产环境中，我们经常能遇到需要实现弹性伸缩的场景，例如，对于计费系统，在每月的月末和月初属于出账期。这时候，系统运行计算量大、资源需求量也大，需要为计费系统配置更多的主机。然而，出账期之后，系统负载迅速下降，配置的主机也闲置了下来，造成浪费。自动扩缩容解决的就是应用的潮汐现象，在流量持续增长时，增加业务服务实例，提升业务处理吞吐量；在流量降低后，按照策略逐渐降低业务服务实例，释放资源。图 10-11 是应用托管平台实现自动扩缩容的示意图。

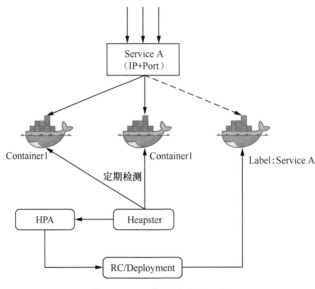

图 10-11　水平缩放原理图

托管平台通过 Kubernetes 的 HPA 特性实现服务实例的弹性扩缩容。上述缩放流程说明如下：

① 外部服务对服务 A 的请求由平台负载均衡服务进行路由转发；

② 服务实例 Container1 和 Container2 接受处理客户端请求；

③ Heapster 提供上述两个容器实例的 CPU 资源使用率的监控；

④ HPA 定期检测 CPU 使用率是否达到扩容条件；

⑤ 如果实例负载达到配置的策略要求（可能包括阈值以及相应的时间），HPA 调整 RC 的副本数；

⑥ RC 副本数调整后，由平台发起容器创建及镜像拉取操作，完成服务 A 的扩容。

除了自动扩缩容，托管平台还提供了手动模式。手动模式是指通过历史数据以及当前活动分析，提前对业务集群做弹性伸缩，一般来讲都是做扩容处理。例如，在出账期，根据历史流量数据，再加上一定的增长率，提前为业务系统扩容，以满足活动期间的服务吞吐量要求。

托管平台通过 Kubernetes 的副本控制器来实现服务实例的增减。针对每个运行的服务实例，托管平台都提供扩缩容操作按钮。运维人员很容易通过托管平台实现服务实例的增减，如图 10-12 所示。

4.优雅停机

在弹性伸缩方面，伸要比缩简单得多。从原理上讲，伸就是为待扩容的服务增加复制样本，并挂载在同一个负载均衡器来实现流量的分担。然而，在缩容时，平台就会遇到一个比较棘手的问题，即如何处理在途数据。为此，平台提供了一种优雅的停机机制，在缩容的时候对在途数据进行保护。

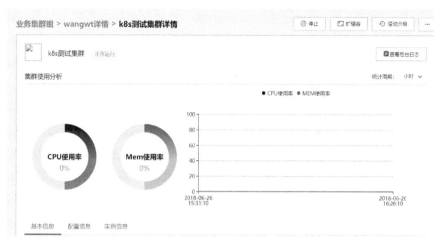

图 10-12　弹性扩缩容

住过酒店的朋友应该体验过，绝大部分酒店房间是插卡取电的。当房客要离开房间时，会先将卡取出，然后离开房间。这个时候，当卡取出后，房间的电力供应并没有立刻切断，而是有一定的时延，确保房客能够在充足的灯光下安全离开房间，而不是在一片黑暗中摸索出门。优雅停机就是想达到这样的效果。

所谓优雅停机，其实就是在停机之前，将已经分配的任务处理完毕，保证不会因为停机而造成任务的处理失败。例子中就是使用了一种最常用的优雅停机方案——延时。一般来说，优雅停机的实现方式是先将服务实例从负载均衡器中移除，等待一段时间（可配置）后，"杀死"被移除的服务实例。

在使用 Docker 实现应用的容器化封装后，我们需要了解以下两个命令。

（1）Docker Stop：当使用该命令停止容器时，容器内部运行的应用需要在 10 秒（默认时延）内停止，如果超过该时延，该命令会继续发送 SIGKILL 的系统信号强行 Kill 掉进程，这时，该容器中运行的程序将被强行停止。

（2）Docker Kill：该命令不会给容器中的应用程序任何时间去停止。它会直接发出 SIGKILL 的系统信号，强行终止容器中程序的运行。

在托管平台中，在进行缩容时，Kubernetes 会通知 Node 执行 Docker Stop 命令，Docker 会先向容器中 PID 为 1 的进程发送系统信号 SIGTERM，然后等待容器中的应用程序被终止执行，如果等待时间达到设定的超时时间，会继续发送 SIGKILL 的系统信号强行 Kill 掉进程。默认情况下，托管平台所有的删除操作的优雅退出时间都在 30 秒以内。

在具体的应用上，由运维人员通过托管平台停止的服务实例，以及缩容时"杀掉"的容器实例，都是通过优雅停机机制实现的。

5. 滚动升级

滚动升级指不停机升级，服务集群中的每个服务节点分批依次升级替换，在升级的过程中不影响业务的正常使用。对于应用来说，有大版本和小版本的更迭。对于小版本更迭，如果每次都需要停止服务，将对业务的体验造成很不好的影响。因此，针对小的版本，可以选择通过滚动升级的方式来实现版本更迭。

应用托管平台提供了应用的滚动升级，一个 Service 下的所有应用实例能够依次地逐渐替换为新版本，同样也能回滚至指定的老版本。

滚动升级的流程大体如下。我们在初始部署应用时，系统会自动创建 Deployment，并在 Deployment 下创建副本控制器 ReplicaSet（RS）。该副本控制器按照副本数目的要求，创建相应数目的 Pod，每个 Pod 用于运行相应的容器实例。当我们做滚动升级时，我们在管理台为原应用（图 10-13 为 App V1）创建新版本实例以逐渐取代老版本实例。此时，系统会在原 Deployment 下创建新的副本控制器（图 10-13 为 RS2），并创建相应的 Pod，拉取升级后的（V2）应用镜像运行。

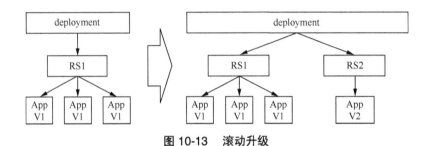

图 10-13   滚动升级

滚动升级中，RS2 会逐渐增加自己的副本数，同时，RS1 相应地减少自己的副本数，一直到 RS2 下拥有副本控制器配置出的副本数量，以及 RS1 下的副本数减少到 0，完成滚动升级。

滚动升级在电信业的使用也较为广泛，一些很小的新特性升级会通过滚动来进行，这样，就不会对运行的业务产生影响。针对托管平台上部署的应用，运维人员可以在应用的运维页面对服务进行滚动升级操作，如图 10-14 所示。

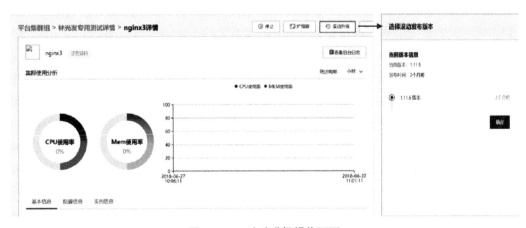

图 10-14   滚动升级操作页面

10.3.5 平台监控

平台监控是系统运维的重要手段，没有良好的监控，运维人员很难准确预防和定位系统问题。托管平台提供了对应用运行主机和容器的监控，包括应用部署情况、主机的资源使用情况、容器的运行状态、资源使用情况和服务负载情况等信息。

1. 监控方案

托管平台基于 cAdvisor 实现了托管平台的监控。cAdvisor 是谷歌开源的分析容器资源使用和性能的监控工具。目前，该工具已经被 Kubernetes 集成到 Kubelet 组件中，无须额外配置，在托管平台的工作节点集群，每个节点上都安装有 cAdvisor 服务，除了系统使用的 CPU、Memory、存储和网络之外，cAdvisor 还记录了每个容器使用上述资源的情况。cAdvisor 默认情况下采集的监控数据保存在内存中，但它提供有 Output 接口，用于配置输出管道，把信息持久化到数据库中。托管平台采用 MySQL 作为平台监控数据存储库，并根据运维需求从不同的维度输出相关的监控报表或分析报告。

通过托管平台的平台监控界面，用户可以在界面上选择相应的集群、服务、实例来查看其 CPU 使用率、内存使用率、网络吞吐量以及磁盘空间利用率等信息，如图 10-15 所示。

图 10-15　集群监控

2. 主机监控

主机监控指对容器的宿主机，即容器所运行的节点进行监控。主机监控主要监控底层容器宿主节点的资源使用情况以及健康度（如图 10-16 所示），这些数据都是由 cAdvisor 采集而来的，主要的监控指标有：

① 宿主机 CPU 配置以及使用情况；

② 宿主机内存配置以及使用情况；

③ 宿主机磁盘配置以及使用情况。

图 10-16　主机资源监控

主机监控主要提供容器资源池的资源信息以及节点健康状况信息。平台运行期间，对于宿主机上报的异常情况，需要进行处理，例如故障的宿主机，平台需要对其进行隔离，停止向其调度任务，并通过通知，提醒运维人员对其进行更换。

3. 容器监控

容器监控主要关注容器的两个层面：一是监控容器本身的运行状态，二是监控容器内服务的运行状态。容器内服务的监控主要是通过业务日志实现的，在此不做过多介绍。容器实例监控如图 10-17 所示。

在容器层面，主要的监控指标有以下几种，数据同样来源于 cAdvisor 采集。

① 容器的基本信息，包括容器绑定的 Service，容器 ID、名称、镜像信息、端口等；

② 容器的运行状态，如运行中、暂停、停止、异常退出等；

③ 容器分配的 CPU、内存的使用信息，块设备 I/O 信息，网络状况等。

在容器运行时，Pod 探针（包括 Liveness 探针和 Readiness 探针）会对容器进行监控。如果出现异常，系统会"杀掉"异常容器，并重新创建新的容器，保证服务能力不受影响。

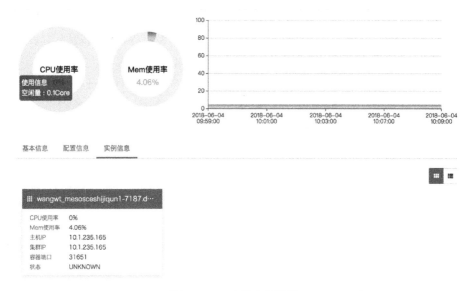

图 10-17　容器实例监控

Docker 为开发人员提供了标准化的 API。通过调用 API，开发人员能够灵活地定制自己的产品。另外，Docker 本身也提供了强大的命令行工具，感兴趣的读者可以查看 Docker 相关文档。

10.4　弹性任务调度平台

运营商的业务支撑体系中存在大规模的后台作业类任务，随着整体支撑技术向云计算、容器化的转变，再加上后台处理类需求与日俱增，不同类型的作业计算模型互相割裂，各自独立部署运行的模式已经不能适应应用场景需求。在这样的背景下，如何合理地利用资源，各类型任务如何统一协调稳定运行，成为任务类计算面临的核心挑战。

后台作业类任务共分为以下 3 类。

① 时间特征的任务：如定时类任务，任务执行具备指定时间点执行、指定时间间隔频次执行、指定周期执行等时间特征。这类任务多为本地单节点并发执行的任务，其调度能力大多通过将数据按照一定的规则进行分片，然后将分片任务调度到不同的计算资源节点上并发执行。

② 状态事件驱动的任务：如外部操作（导入数据等）触发批量任务，任务执行支持多步骤关联。这类任务需要支持依赖关系编排的能力，任务驱动通过任务运行的状态，调度需要支持编排的各个任务可以在不同的计算资源节点并发运行。

③ 异步实时处理任务：如数据同步、实时营销事件、异步消息处理类任务。这类任务同样需要支持任务编排能力，数据实时在任务之间流动计算处理。调度需要支持任

务在不同节点并发运行，同时支持动态扩缩容能力。

数据源根据任务处理又可分为有边界数据集处理和无边界数据集处理。

（1）有边界数据集处理

数据处理存在时间上的静态边界，例如运营商月末的出账计算任务、各类定时执行的任务，或者外部导入批量数据执行任务场景。这些场景中任务处理数据是有边界的集合，因此在计算模型上适合数据分片的本地批量处理模型。

（2）无边界数据集处理

数据处理是无固定时间边界的数据集，例如运营商各类异步和同步数据、异步业务服务数据场景。这些场景中任务处理数据是无边界的集合，因此在计算模型上适合流式的计算模型。

综合考虑上述存在的任务计算的需求，弹性任务调度平台重点在以下两个方面构筑核心能力。

（1）统一调度能力

在分布式云化的架构要求下，统一的调度能力包含两个重要核心。一个是通过任务调度支持时间、状态事件驱动、异步实时计算等不同类型任务的统一调度；另一个是通过与资源调度能力结合实现任务在分布式计算资源节点上的并发调度能力。

（2）统一计算模型

统一计算模型对外提供一套具备丰富计算模型的执行器编程 API。这套 API 支持本地并发计算模型、支持 MapReduce 分而治之的并发模型、支持 Stream 流计算模型来统一整合众多应用计算形态，实现分布式计算能力。

10.4.1 总体架构

作为企业级微服务架构的独立组件，任务调度平台在设计时需要考虑企业中存在和面临的各类环境。目前，运营商计算资源层面刚刚开始云化改造，存在两种环境：一种是通过 OpenStack、Mesos、Kubernates 等开源框架平台实现资源虚拟化的资源管理；另一种是原来的资源管理方式，直接提供 X86 裸机服务器资源。

任务调度平台面对不同的资源类型特点，具备在统一的调度体系下适配的能力。面对运营商的不同资源类型，任务调度平台实现了资源的弹性计算，因此，又称为弹性任务调度平台。架构图如图 10-18 所示。

弹性任务调度平台架构主要分为以下 6 部分。

（1）任务调度可视化控制台：可视化控制台主要为开发和运维人员提供可视化的运维管控，主要功能如下。

① 任务相关配置管理可视化，包括任务配置操作、流程任务编排、任务限流的操作管理。

② 任务监控可视化，包括任务运行的状态、任务异常、任务调度的日志等信息管理。

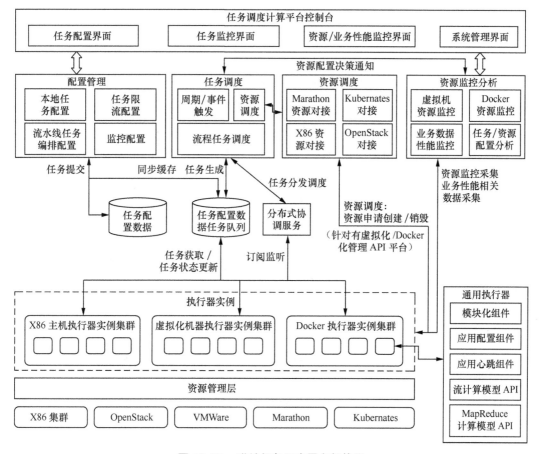

图 10-18 弹性任务调度平台架构图

③ 资源和任务性能监控可视化，包括资源运行监控、任务作业运行性能监控等管理。

④ 系统管理可视化，包括用户、角色、权限等管理。

（2）任务配置管理：任务配置管理主要提供与任务相关的信息配置和管理，主要功能如下。

① 基础任务配置，包括任务的基本信息、调度方式、任务的分片等配置管理。

② 流程任务配置，支持多个任务编排管理，包括依赖任务、流任务编排管理。

③ 规则配置，支持任务处理限流、任务限定的优先级等规则配置管理。

（3）任务调度：任务调度提供任务执行的调度管理，功能如下。

① 任务触发，支持时间周期、状态、事件类统一调度触发管理。

② 任务调度，支持进入准备状态的任务按照优先级、资源负载策略和应用运行节点的情况统一调度任务。

③ 任务调度支持任务前后状态依赖的流程调度，支持主、子任务调度能力。

④ 任务调度支持任务出现单点故障时任务自动化接管，确保故障任务被及时调度

处理，无须采用主机部署来解决故障互备的问题。

⑤ 任务调度支持按照任务占用的资源，在任务调度的计算资源中根据负载算法完成动态调度。

（4）资源调度：资源调度面向不同类型的资源类型提供资源的适配调度能力，功能如下。

① 支持 X86 裸机服务器资源对接调度，将任务调度至 X86 服务器上并发运行。

② 支持主流 Docker 容器化资源管理平台调度对接，如 Marathon、Kubernates 容器调度适配。

③ 支持主流虚拟化资源管理平台调度对接，如 OpenStack 提供的资源虚拟化调度能力的适配。

（5）资源监控分析：资源监控分析面向任务运行的资源环境，通过监控任务运行的资源占用和任务运行的性能等信息为任务调度器提供调度资源和任务运行负载策略的依据，功能如下。

① 资源使用变化占比监控。

② 任务运行性能监控。

（6）执行器框架：执行器框架是任务执行的最小单元，执行器采用模块化架构，支持应用动态配置加载、应用运行隔离等特性，功能如下。

① 为应用运行提供统一的进程级运行框架，该框架通过心跳组件和获取任务组件完成调度器之间的分布式任务的调度协调。

② 获取调度的任务执行信息、更新任务状态等能力。

③ 提供流任务、并发任务、MapReduce 模型任务编程 API 能力。

10.4.2 任务配置管理

尽管不同的计算资源形态可能涉及的任务调度方式存在差异，但是任务调度平台统一了任务模型。任务模型决定了任务调度的方式和可扩展性。

统一的任务模型采用基础任务信息和任务扩展信息的模式，支持在任务扩展信息上定义任务调度能力。

1. 统一任务模型

统一任务数据模型如图 10-19 所示。

在统一任务模型中，为了考虑上述任务调度特性的多样性，在任务基本信息定义模型基础上，采用了属性配置管理这种可扩展的设计方式来应对调度多样性要求。

新增属性分组、属性元数据、属性值定义配置模型，在属性分组中定义任务调度，如任务触发方式分组属性，包括任务触发的时间、状态事件等；任务调度运行分组属性，包括任务运行的优先级、任务执行的干预方式、任务重试次数、任务依赖条件等均支持可扩展配置方式。

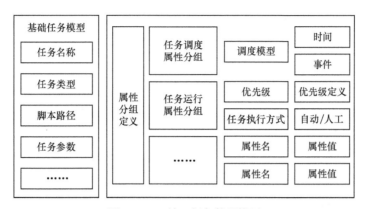

图 10-19　统一任务数据模型

2. 任务信息管理

任务信息主要包括三类数据：任务配置数据、任务实例数据和任务调度执行状态数据。这三类数据根据数据特性以及分布式调度系统设计原则分别提供不同的管理策略。任务调度逻辑图如图 10-20 所示。

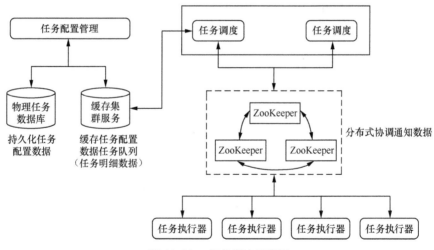

图 10-20　任务调度逻辑图

这三类数据在整个任务调度体系中，根据数据存储和功能使用要求分布在物理库、缓存、分布式 ZooKeeper 中。该类数据存储的基本策略如下。

（1）任务配置数据

任务配置数据是整个任务调度平台的基础数据，包括任务基本配置信息、任务调度属性信息等，该类数据既要保证数据持久化安全性，也要保证任务数据访问的性能。

因此，该类数据存储策略设计是物理库和缓存相结合，物理库负责持久化所有基础任务配置数据以及保证其数据安全性，缓存中同步任务基础数据，供任务调度高频次的访问。

同时提供工具，支持手动、自动触发基础任务数据的同步，确保任务数据在持久化库和缓存中的一致性。

（2）任务实例数据

任务实例数据是基础任务在某个点运行的批次数据，该类数据维持着任务在某次运行中的状态，同时这类明细运行批次数据需要具备优先级等调度特性。另外，该类数据访问频次属于中等。

因此，这类数据通过任务调度模块在缓存集群服务中生成，供调度、执行器访问使用。

（3）任务调度执行状态数据

在调度和执行器主一从架构中，无论是分布式节点的执行器，还是集中管控的调度器之间都需要互相实时获知任务的状态信息。

这类状态信息需要通过统一的第三方分布式协调服务来确保一致性的体验。这类数据本身体积小，交互频次中等，同时需要保持实时一致性的体验。

因此，这些调度中产生的中间状态数据被存放在分布式协调服务集群中，我们通常使用 ZooKeeper 集群作为协调服务器。

10.4.3 任务调度管理

任务调度主要针对时间特征的任务、状态事件驱动的任务、异步实时处理任务提供统一模块化的调度能力。任务调度管理逻辑如图 10-21 所示。

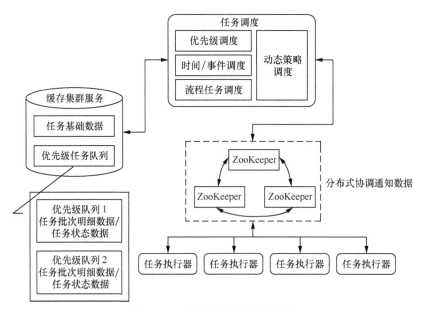

图 10-21   任务调度管理逻辑图

任务调度的核心主要包括任务调度、任务状态数据管理两个部分。任务调度核心功能主要包括在任务调度模块中提供时间、驱动事件、流程等调度的能力。任务状态数据主要通过缓存中封装任务队列的方式在任务调度和执行器之间进行交换。

1. 任务状态管理

任务调度平台采用队列来实现任务执行状态的管理，任务在不同阶段的状态和调度都基于不同的任务队列来实现。

任务队列可以采用的技术实现方式有很多，考虑和任务基础数据的集成，统一在 Redis 缓存中通过有序集合来定义相应的结构。

任务队列是任务调度过程状态数据的核心，在任务队列上包含了区分任务优先级的状态数据，同时任务队列中包括了每条执行任务的状态，后续任务状态维护都基于该队列进行记录维护。任务状态管理如图 10-22 所示。

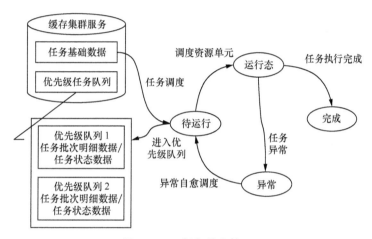

图 10-22　任务状态管理

状态数据在任务队列中统一保存，并且在不同的队列中拥有不同的优先级属性。任务进入实例调度运行阶段，任务队列中生成相应的任务实例数据以及状态数据。任务调度核心围绕任务队列中任务的 4 种状态进行任务调度的流转。

状态的管理中，整个任务运行实例存在 4 种状态。

（1）待运行状态

一个任务配置基础数据中只可能存在调度触发的时间或者状态信息，一开始任务状态为空。一旦通过任务调度器触发了该任务，调度器基于该任务会生成一个当前执行的状态记录，存放进入指定优先级的队列，同时状态为待运行。

（2）运行状态

调度器后续根据优先级调度规则，通过资源调度为待运行任务动态申请创建运行资源实例。该任务进入执行状态后，任务队列中维系该任务状态为运行中。

运行中的状态有两种结果：一种为成功执行完成，另一种为异常报错。

（3）异常状态

如果任务运行中出现业务处理异常、数据异常等，导致任务退出，该任务状态会记录为异常状态。

如果任务运行中出现任务僵死，调度器会根据心跳和判断僵死规则判定该任务为异常，设定为异常状态。等待后续任务调度器根据异常状态进行自愈恢复调度处理。

（4）完成状态

一个任务如果正常执行完成，该任务状态维护为完成，等待后续调度器根据该状态动态释放相应的资源。

2. 任务调度

正如分析的任务特点，不同类型的任务具有时间、状态事件等不同的驱动条件，因此一个任务调度器引擎需要同时具备不同条件下的任务调度能力。任务调度原理如图 10-23 所示。

整个任务调度的核心由定时任务调度器、事件驱动调度器以及流程调度器

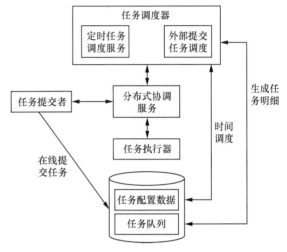

图 10-23   任务调度原理

等模块组成。任务调度器和任务执行器之间通过分布式协调服务以及任务队列来交换任务数据。

任务调度器支持三类核心调度能力，通过分布式协调服务，任务提交者、调度器、任务执行器相互协作，完成任务调度处理。

（1）时间类任务调度

时间类任务调度流程描述（如图 10-24 所示）。

① 任务调度器启动，向分布式协调服务（技术实现选择 ZooKeeper）注册自身信息。

② 任务提交者在线提交定时类任务配置。

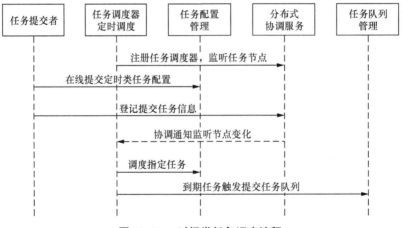

图 10-24   时间类任务调度流程

③ 任务提交者在分布式协调服务中登记提交的作业信息。

④ 任务调度器作为订阅者，会接收到任务提交者在分布式协调服务中登记的作业发布信息。

⑤ 任务调度器触发时间作业调度引擎（技术实现选择 Qurtz）将提交的任务配置信息纳入调度中。

⑥ 到达执行时间，任务调度器会将其执行的明细发布到任务队列中，接收执行器执行。

（2）工单类驱动任务调度

工单类任务调度流程描述（如图 10-25 所示）。

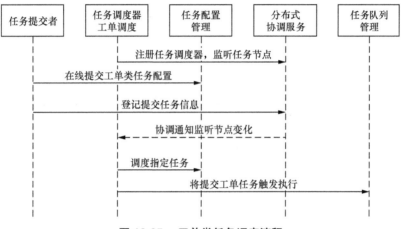

图 10-25 工单类任务调度流程

① 任务调度器启动，向分布式协调服务注册自身信息。

② 任务提交者在线提交工单类任务配置。

③ 任务提交者也在分布式协调服务中登记提交的作业信息。

④ 任务调度器作为订阅者，会接收到任务提交者在分布式协调服务中登记的作业发布信息。

⑤ 任务调度器触发工单调度引擎将提交的任务配置信息纳入调度中。

⑥ 收到工单信息，任务调度器会将其执行的明细发布到任务队列中，接收执行器执行。

（3）流程类任务调度

流程类任务调度流程描述（如图 10-26 所示）。

① 任务调度器启动，向分布式协调服务注册自身信息。

② 任务提交者在线提交流程类任务配置。

③ 任务提交者在分布式协调服务中登记提交的作业信息。

④ 任务调度器作为订阅者，接收到任务提交者在分布式协调服务中登记的作业发布信息。

⑤ 任务调度器触发流程类调度引擎将提交的任务配置信息纳入调度中。

⑥ 任务调度器流程调度引擎在任务配置中触发调度流程任务首节点。

⑦ 同时任务调度器会将流程任务起点信息发布至任务队列待执行器执行。

⑧ 后续任务调度器会根据流程任务的依赖状态，调度执行器执行任务队列中其他节点任务。

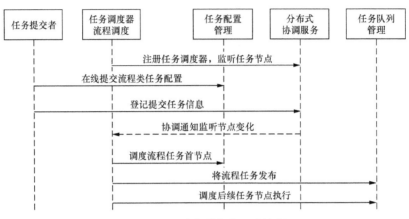

图 10-26　流程类任务调度流程

（4）异步实时类任务调度

异步实时流计算类任务调度流程描述（如图 10-27 所示）。

① 任务调度器—异步实时计算调度模块启动注册至分布式协调服务，并监听任务根目录节点。

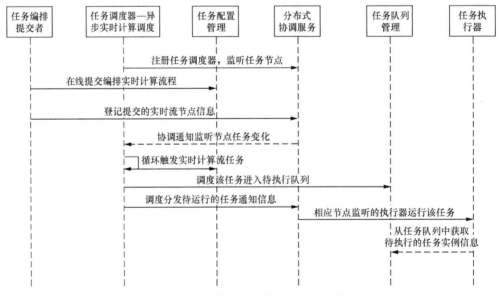

图 10-27　异步实时类任务调度流程

② 任务提交者需要先编排异步流计算任务节点，编排任务流需要对接消息中间件的使用。

③ 登记提交流实时计算中的各个任务节点，进入分布式协调服务节点中。

④ 任务调度器与分布式协调服务通过监听任务的根目录节点下的变化，来触发提交任务的调度，如时间类的起始任务，通过时间触发器来触发监听的任务。

⑤ 任务调度器循环的调度启动实时计算流中的每个节点任务，先将该实时流任务触发调度至待运行的任务队列。

⑥ 同时将需要执行的任务分发至分布式协调服务中的任务节点中。

⑦ 任务执行器启动后会注册到分布式协调服务中，接受调度的任务节点监听信息，一旦有任务提交到该节点，则该执行器去任务待执行队列获取任务实例数据并进行运行。

⑧ 异步实时流中的节点任务全部为常驻计算任务，因此调度启动后，除非故障切换或者扩容调度，否则运行计算期间无须任何对该任务的调度操作。

10.4.4　X86 裸机集群任务调度流程

如果任务调度平台面临的客户资源运行环境为 X86 裸机服务器集群，在这种资源环境下，任务调度平台需要在资源调度中提供 X86 主机资源的调度能力，结合 X86 主机资源管理功能，完成任务在 X86 主机资源中的发布、调度。X86 裸机任务资源调度架构如图 10-28 所示。

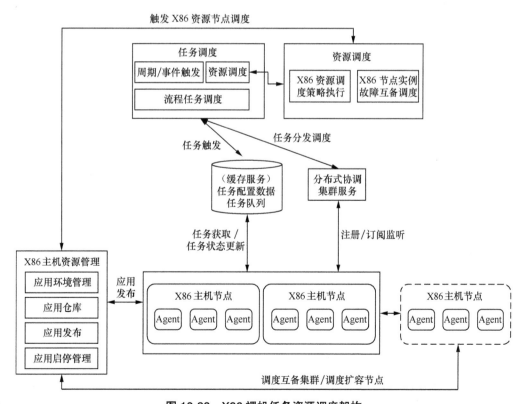

图 10-28　X86 裸机任务资源调度架构

在 X86 服务器资源情况下，任务调度平台通过新增 X86 主机资源管理和资源调度模块中的 X86 服务器资源调度功能，配合完成虚拟机级别的调度。

其中，X86 主机资源管理主要负责虚拟机资源集群管理、主机层面添加扩容等统一管理；资源调度中为适配 X86 主机资源模式，需要支持虚拟机层面的负载调度策略，如任务按照怎样的资源级别调度分发，以及 X86 虚拟机的故障切换策略等，完成虚拟机层面的故障自愈能力。

1. 任务资源调度流程

资源调度流程如图 10-29 所示。

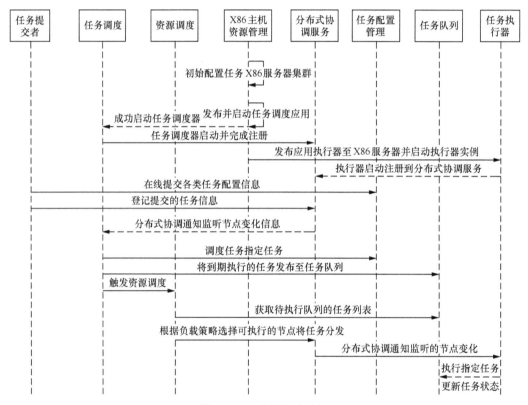

图 10-29　资源调度流程

① X86 主机资源管理模块中将初始化 X86 服务器集群的配置列表。

② X86 主机资源管理模块指定 X86 服务器发布并启动任务调度器应用，任务调度器支持高可用。

③ 任务调度器启动成功后，会向分布式协调服务注册调度节点。

④ X86 主机资源管理模块发布执行器应用至所有 X86 集群服务器，并启动执行器；

⑤ 执行器成功启动后，会向分布式协调服务注册自身的执行器节点。

⑥ 任务提交者在线提交配置的任务，如一个定时任务。

⑦ 任务提交者会在分布式协调服务中登记该任务信息。

⑧ 分布式协调服务根据节点监听协调通知的能力（ZooKeeper），实时通知任务调度器。

⑨ 任务调度访问任务配置管理服务，获取该任务信息纳入定时任务调度。

⑩ 任务调度将到期的任务根据规则发布到指定的任务队列中，进入待执行状态。

⑪ 任务调度随后触发资源调度。

⑫ 资源调度中会根据注册至分布式协调服务的执行器节点列表，同时结合 X86 服务器监控资源的负载信息，将需要执行任务写入分布式协调服务指定执行器节点中。

⑬ 分布式协调服务通知监听的执行器节点，执行器节点接受并运行该任务，完成任务的状态更新。

2. 计算资源在线扩缩容

在 X86 服务器资源模式下，扩容调度是考虑在既有常驻执行器资源的基础上新增 X86 服务器资源，使扩容进入任务调度执行的资源列表中去，实现任务调度吞吐量的增加。主机资源扩容如图 10-30 所示。

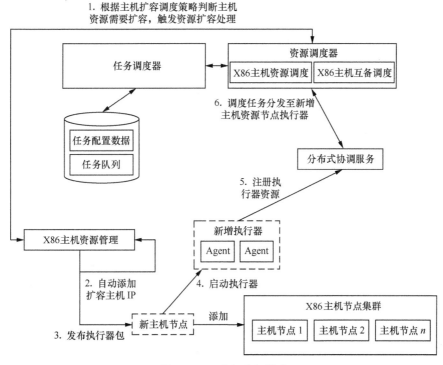

图 10-30　主机资源扩容

① 资源调度器中配置 X86 主机资源扩容阈值，通过加载因子结合资源监控的变化情况、资源占用时长来判断是否触发 X86 主机资源扩容。

② X86 主机资源管理模块将预备的扩容主机列表自动加入扩容资源序列。

③ 同时发布 Agent 执行器的包至这些新加入的主机列表中。

④ 在 X86 主机资源管理模块自动启动新增加的主机列表中的 Agent 执行器。

⑤ 这些新增 X86 主机资源中的执行器在启动之后，完成到分布式协调服务中的注册。

⑥ 任务调度中通过资源调度发现新增的计算 Agent 节点，后续任务即可根据负载规则分发至这些 Agent 执行器节点进行计算，完成整个计算资源的自动扩容操作。

3. 异常调度流程

任务异常通常有两种情况，一种为应用进程退出（程序异常或机器故障），另一种为应用僵死，无任何心跳信息（这类情况要注意网络短暂中断的假死）。针对第二种情况任务调度平台结合执行器心跳机制、心跳超时以及计算资源中运行实例的确认机制总结了一套检测状态不一致导致的任务运行异常，确保任务调度的准确性。异常调度流程如图 10-31 所示。

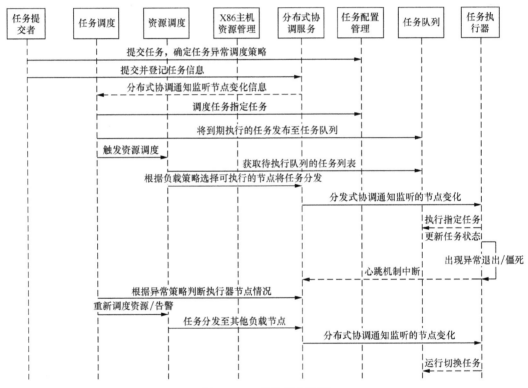

图 10-31　异常调度流程

① 任务提交者提交相应任务并在分布式协调服务登记。

② 按照正常流程调度任务至执行器运行。

③ 执行器出现异常情况，可能是僵死或者异常退出。

④ 执行器和分布式协调服务之间的心跳会出现中断。

⑤ 任务调度会根据分布式协调服务维持的执行器状态判断其心跳信息，如果只是

网络闪断引起的中断，则执行器会重新建立到分布式协调服务的连接并维持心跳，不会
被判定为故障节点。

⑥ 如果是出现故障或者僵死，任务调度服务会根据心跳，结合配置心跳停止周期、
频次来确定执行器是否出现故障。

⑦ 出现故障情况根据故障调度的策略分为两种，一种是该类任务出现故障就需要
人工介入，直接告警；另一种则需要自动调度故障任务，通过资源调度，将出现的故障
任务根据负载规则分发至其他的执行器执行。

10.4.5　容器化资源任务调度流程

容器化资源管理平台的出现一方面细粒度化管理了计算资源，另一方面接管了大部
分 X86 服务器的资源管理、发布和调度的功能。

结合不同的容器资源管理平台，任务调度平台的资源调度模块适配开放的容器调度
服务，实现时间、状态类任务动态调度能力（包括资源动态释放能力）。

1. 任务资源调度流程

任务资源调度流程如图 10-32 所示。

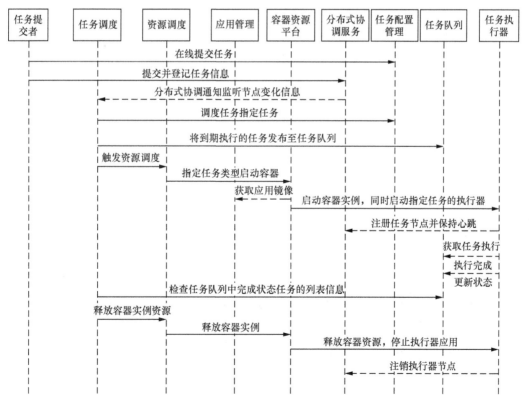

图 10-32　任务资源调度流程

① 任务提交者在线提交任务配置信息。

② 任务提交者同时在分布式协调服务中登记任务节点信息。

③ 分布式协调服务通知任务调度监听的任务节点出现变化的信息。

④ 任务调度从任务配置管理中获取任务配置信息，纳入调度中。

⑤ 任务调度将到期运行的任务发布至不同类型的任务队列。

⑥ 任务调度触发资源调度服务。

⑦ 资源调度服务适配对应的容器平台开放的容器调度服务，启动指定任务类型的应用容器实例。

⑧ 容器平台从应用管理中获取指定应用标识的镜像，启动相应类型的容器实例，同时启动容器实例中的执行器应用。

⑨ 执行器应用启动后，完成分布式协调服务的执行节点注册并维持心跳。

⑩ 启动的容器实例中执行器从任务队列中获取指定类型任务记录并执行该任务指定的业务类。

⑪ 执行器运行完成任务之后，更新任务队列中任务记录的状态信息为完成。

⑫ 任务调度定期检查任务队列中完成状态的任务记录。

⑬ 通过资源调度适配的容器资源释放接口，释放相应的容器实例和执行器，执行器在分布式协调服务中注销执行节点，动态释放任务运行完毕的资源。

2. 计算资源在线扩缩容

对于容器状态下的扩容能力，由于容器模式下实现了任务运行资源的动态释放，因此扩容表现为并发调度任务执行的吞吐量的增加，即同一时间并发运行的任务实例吞吐量的提升。

容器资源管理平台实现了容器实例在物理主机的动态调度能力，相关计算资源的扩容也通过容器资源管理平台来实现资源的扩容，面向任务调度屏蔽具体资源调度细节。容器资源扩缩容如图 10-33 所示。

① 任务一旦进入触发调度执行阶段，通过和资源调度模块对接，触发相应任务匹配的容器实例申请。

② 容器调度负责根据请求的容器相关信息、应用相关信息，计算现有资源池是否满足启动该容器实例的要求。如果不满足，则根据扩容的策略判定，新增物理资源，触发主机节点加入物理资源池。

③ 在物理资源池新增主机节点之后，通过容器调度算法，调度新启动的容器实例在具体物理主机上运行。

④ 容器实例启动时，拉取指定应用信息的镜像包，确保启动容器实例成功后，相应的执行器也被自动启动运行。

⑤ 启动的容器实例会自动注册至任务队列，获取相应的任务队列中待处理的任务，开始执行。

⑥ 如果任务调度检测待处理的任务状态为处理完成，那么会触发资源调度，通过容器调度接口释放容器实例资源。

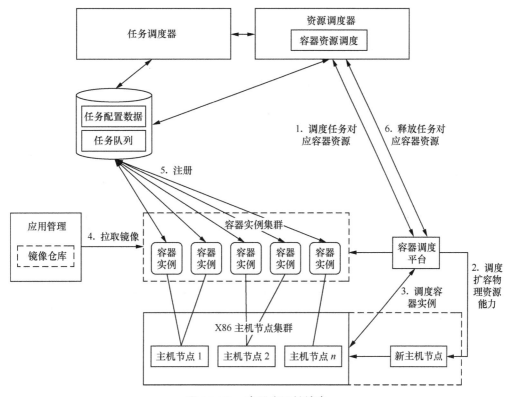

图 10-33　容器资源扩缩容

3. 异常调度流程

异常调度流程如图 10-34 所示。

① 当容器实例执行器获取任务列表信息执行时，执行器出现异常情况，可能是僵死或者异常退出。

② 执行器和分布式协调服务之间的心跳会出现中断。

③ 任务调度会根据分布式协调服务维持的执行器状态判断其心跳信息，如果只是网络闪断引起的中断，则执行器会重新建立到分布式协调服务的连接并维持心跳，不会被判定为故障节点。

④ 如果是出现故障或者僵死，任务调度服务会根据心跳，结合配置心跳停止周期、频次来确定执行器是否出现故障。

⑤ 出现故障情况根据故障调度的策略分为两种，一种是该类任务出现故障就需要人工介入的，直接告警；另一种则需要自动调度故障任务。

⑥ 通过资源调度，与容器资源管理平台提供的关闭容器实例服务，先确认关闭当前异常任务的容器实例。

⑦ 资源调度重新调度新的容器实例并自动运行当前故障任务，完成故障任务自动接续处理。

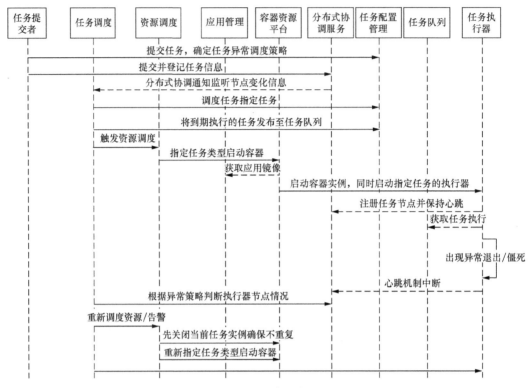

图 10-34 异常调度流程

第 11 章
深化的服务治理体系

服务治理是伴随着 SOA 而出现的一种架构管理理念，近些年随着分布式、微服务架构的兴起，服务治理又有了新的发展和实践。

说到服务治理，这里要澄清两个概念，"管理"和"治理"，这也是一直困扰大家的一个问题。"管理"是用来解决"乱"的问题，而"治理"是解决怎么管理的问题。简单地说，"治理"重在建立决策，"管理"重在决策执行。

11.1 服务治理演进历史

11.1.1 SOA 服务治理

SOA 服务治理是以 IBM 为首的 SOA 解决方案提供商推出的针对企业 IT 系统的服务治理理念，治理的服务通常是 SOA 服务（接口）。它主要聚焦的是 SOA 服务开发的生命周期（包括服务建模、服务组装、服务部署和服务管理），IBM 将这一生命周期称为 SOA 生命周期。SOA 治理同样有 SOA 治理生命周期（包括计划、定义、启用、度量）。这两个生命周期相互配合、共同作用，一起被使用来产生 SOA 组合应用程序及其服务。

SOA 治理生命周期定义了一个治理模型来管理 SOA 生命周期。SOA 治理生命周期如图 11-1 所示。

SOA 治理用于指导可重用资产的开发，确立如何设计和开发服务，以及这些服务的更新计划等。SOA 治理涉及很多方面，其中主要包括以下内容：

① 服务定义（服务的范围、接口和边界）；

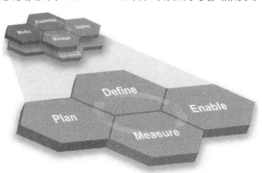

图 11-1　SOA 治理生命周期

② 服务部署生命周期（各个生命周期阶段）；

③ 服务版本治理（包括兼容性）；

④ 服务迁移（启用和退役）；

⑤ 服务注册中心（依赖关系）；

⑥ 服务消息模型（规范数据模型）；

⑦ 服务监视（进行问题确定）；

⑧ 服务所有权（企业组织）；

⑨ 服务测试（重复测试）；

⑩ 服务安全（包括可接受的保护范围）。

SOA 治理如同 SOA 一样，是一种体系、一种思想，它的落地实践要靠产品或解决方案来支撑。然而，在实践中，不论是 IBM 的 WESB 和 WMB 产品，还是 Oarcle 的 OSB 和 ESB 产品，以及其他厂家的 SOA 产品，SOA 治理理念并没有得到全面的体现，甚至没有发挥出 SOA 理念最核心的价值（松耦合的服务带来业务重用，服务编排助力业务快速响应）。它们所体现的仅是一种企业内部进行异构系统整合的架构平台，而服务治理仅限于接口层的服务管控，并没有提供更多的服务运行时的动态管控能力。

11.1.2　分布式服务治理

随着服务治理理念的深入以及分布式系统的出现，服务治理也有了进一步的发展。服务治理不再局限于接口层面，而开始关注服务内部调用关系，以及更多的在线服务管控能力。图 11-2 所示为分布式调用框架 Dubbo 的服务治理架构图。

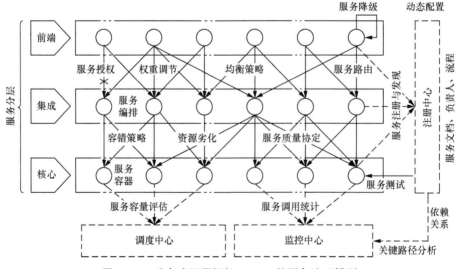

图 11-2　分布式调用框架 Dubbo 的服务治理模型

分布式服务治理细化了服务的管理，实现了服务的分层、分类。该服务治理除了关注服务本身，还实现了对服务调用链的跟踪分析，同时提升了服务的线上管控能力和服务调用的安全管控措施。分布式服务治理主要特点体现在以下 3 个方面。

① 服务的分层、分类。分布式服务治理细化了服务管理，对接口服务进行了分层、分类管理。

② 调用关系管理。分布式服务治理通过服务调用链跟踪、分析，实现了服务间调用关系透明化，以及系统运维的智能化。

③ 在线服务安全管控。分布式服务治理提供了相对丰富的在线服务管控能力和服务调用安全措施，如在线流程调节、服务路由、服务升降级、容灾、容错等。

11.1.3 深化的服务治理

随着微服务、大数据、云计算的不断发展和实践，以及运维人员对自动化运维、智能运维的高度认可，服务治理不论在广度或深度上都有了更高的要求。

广度是指沿服务的生命周期方向扩展，即服务需求、服务开发、服务上线、服务运维。服务治理的广度要求正在从服务的运维向服务部署、开发和需求阶段扩展。这也是 DevOps 的核心诉求。

深度是针对服务本身更细的管理，如接口服务、组件服务、原子服务、服务调用关系等。服务治理深度要求正在从接口服务的服务分层、分类向全量服务、服务关系等方面纵深发展。

图 11-3 为深化的服务治理能力模型。

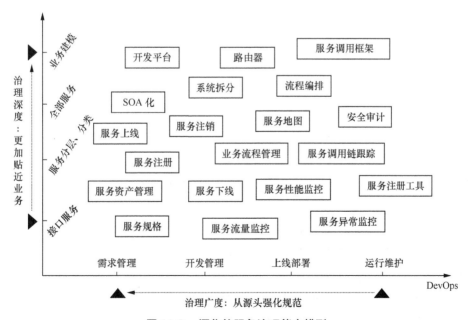

图 11-3 深化的服务治理能力模型

11.2　构建"管、诊、治"服务治理体系

基于多年电信行业系统建设和运维经验，结合电信行业业务特点，我们提出了"管、诊、治"的服务治理理念。它是一套综合的服务治理体系，由多个能力中心或微服务构成的整个应用系统；不仅是一个平台，还涉及整个应用系统的构建和运维；不仅包括服务的静态管理，还包括服务的动态调用；不仅包括线上诊治手段，还包括线下治理行动。

11.3　"管、诊、治"总体思路

"管、诊、治"是由服务管理、系统诊断和服务治理构成的闭环治理流程，贯穿服务的整个生命周期（如图11-4所示），其目的是实现对应用系统的"可见、可管、可控"。可见指实现服务及服务关系可视化，使应用系统对运维人员透明；可管指实现对服务资产的管理，包括服务、服务关系、规则属性等；可控指实现服务的运行期控制，如在线流量控制，服务上、下线等。

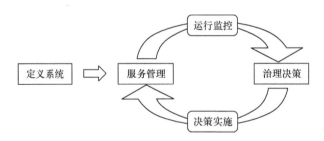

图 11-4　服务治理总体思路

服务管理是整个服务治理体系的基础，它通过建立服务资产库，形成服务资源清单，确定管理对象。服务管理不但管理单个的服务，还管理服务关系；不但管理服务的静态信息，还管理服务的运态控制。系统诊断是服务治理的依据，它通过监控应用系统运行状况，及时发现系统问题，为服务治理决策提供帮助。系统诊断有多种方式，分为线上和线下，应用监控只是线上的一种诊断手段。服务治理是建立决策的过程，即面对问题，如何去解决，而决策执行需要依靠服务管理去实施。

服务治理实施流程包括如下内容。

① 定义系统。主要是确定管理对象和制订管理规范，如什么系统，有多少个业务中心，多少个服务，服务的标准、管理规范等。服务治理平台提供了服务规格作为服务

的管理标准，用于服务的梳理和注册，主要工作体现在服务梳理和对服务进行标准化改造。

② 服务管理。它的主要目的是实现对系统的"可见、可管、可控"。服务管理包括服务基本信息管理、服务关系管理和服务生命周期管理。服务基本信息管理指根据服务规格在服务资产库中对服务静态信息的维护，如服务注册、服务信息修改、服务注销等。服务关系管理指对服务之间调用关系和调用限制的管理，包括服务编排、服务关系采集，服务地图展示、服务调用限制、黑白名单等。服务生命周期管理指对包含需求、开发和运维 3 个阶段的有针对性的管理，以满足服务治理的需求。实施服务的全生命周期管理是一个循序渐进的过程，一开始不可能全覆盖，也不可能面面俱到。可以从运维阶段开始，提供包括服务升降级、服务路由控制、流量调节等功能，这些都是服务治理的重要手段。

③ 运行监控。运行监控主要指通过监控应用系统的运行状况，及时发出预警和告警。通过分析系统的运行日志，输出系统运营分析报告，以帮助运维人员及时了解系统的现状，为治理决策提供依据和参考。

④ 治理决策。当发现应用出现健康状况，则可能就需要治理，开药方的过程就是治理决策的过程。开药方就要对症下药，有的病可能通过线上操作即可解决，有的则可能需要线下配合。如当遇到某个服务或业务中心流量负载过重，影响到系统的性能时，我们可以通过在线调节路由策略进行分流来解决；当遇到系统中存在大量的重复或相似的服务的问题时，就不是把其他服务都注销掉，只保留一个服务那么简单了。这需要线上、线下综合考虑，线下可能要进行服务梳理、合并、页面重构、测试等工作，等测试成功后才能注销废弃的服务。

⑤ 决策实施。决策实施就是"依方治病"，根据治理决策，完成相关操作。如线上流量控制、路由调整，线下代码重构、质理管控等，这属于服务管理的范畴。

上面介绍了系统实施服务治理的过程，实施了服务治理后，整个的服务调用将发生什么变化呢？

图 11-5 所示服务调用时序图来做进一步的说明。

客户端向服务治理平台提供的服务监听器发起服务调用请求。服务治理平台接到服务请求后，根据服务代码查找服务资产库，如果该服务状态正常，则等其他管理规则校验通过后（如流量阈值校验、黑白名单调用限制校验等），向路由器发起路由请求，否则中断请求返回客户端。路由器接到服务的路由请求后，通过负载算法返回一个可用的业务中心服务或微服务地址。服务治理平台收到路由地址后向业务中心发起服务调用。业务中心接到服务调用请求后，开始执行相关的业务操作并返回执行结果。至此，整个服务调用过程结束。

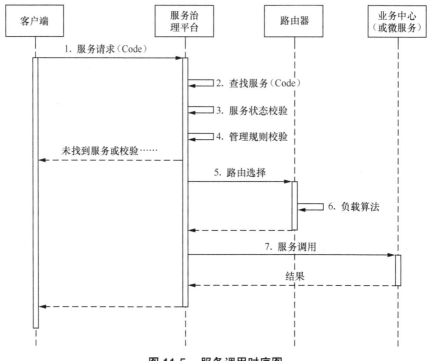

图 11-5　服务调用时序图

11.3.1　服务治理总体架构

如图 11-6 所示，服务治理总体架构分为三部分：服务管理、分布式服务调用框架和辅助工具。

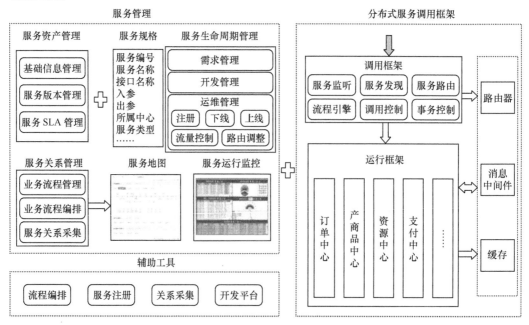

图 11-6　服务治理总体架构

服务管理主要包括服务资产管理、服务关系管理、服务运行监控和服务生命周期管理。服务资产管理把系统变得透明，服务资产清单使得开发和运维人员变得信心十足。服务关系管理让系统更加透明，通过服务地图把服务关系展示给大家，这对开发和运维来说都是一个里程碑。服务运行监控是一种在线诊断手段，提供服务运行状态监控，及时发现服务存在的问题。服务生命周期管理包括对需求阶段、开发阶段和运维阶段的管理，每个阶段都有管理目标。需求管理解决服务来源问题，开发管理解决服务质量问题，运维管理则实现对服务运行态的控制。

分布式服务调用框架为服务治理提供基础能力保障，负责治理决策的落实，确保治理决策与决策执行的一致性。服务调用框架通过路由器实现了服务调用过程的解耦，即采用了服务的注册与发现机制，极大地提升运维人员对系统运行态的控制能力。读到这里，大家不难看出，分布式服务调用框架不但是微服务架构的核心，也是服务治理的核心。想要了解分布式服务调用框架更多详细信息，请参看第 6 章内容。

11.3.2　服务资产管理

服务资产管理是服务治理的基础，它通过服务资产库实现了统一的服务资源管理。这对于一个大型应用系统，特别是微服务化后应用系统是非常必要的。

在介绍服务资产管理以前，我们先要澄清一个概念，即什么是服务？

在以前，这可能不好界定，现在已不是问题。对服务治理平台来说，它更加关注的是你注册的对象是否满足注册的标准（服务规格），只要符合标准都可以被注册，这些被注册的对象可称为服务，被服务治理平台统一管控。注册对象完全由管理目标确定，但是，对于向外提供的接口服务必须要在治理平台中注册，因为只有在服务治理平台中的服务才可以被外部发现和调用。

服务治理平台泛化了服务的概念，它把系统中的所有类方法都看成"服务"，面对数据庞大的服务（类方法），服务治理平台要求应用系统实现对服务的分层、分类管理。服务分层按服务提供能力的层级由外向内，分为接口服务、组件服务和原子服务。其中接口服务又称中心服务，是业务中心或微服务向外提供的能力，供外部应用调用；组件服务是应用中心或微服务单元内部对原子服务进行的二次业务封装，供接口服务封装调用；原子服务各个业务中心或微服务单元内部具有最基础的原始功能，供组件服务和接口服务封装调用。服务分层有分层调用规则，即上层服务可以调用下层服务，下层服务不允许调用上层服务，同层之间除了接口服务外，可以相互调用。服务分类是根据服务管理需求对服务进行的多维度划分，如根据操作类型分为查询类服务、校验类服务、操作类服务；根据实现方式分为单体服务和组合服务；根据实现归属又可分为本地服务和构件服务等。服务的分层分类属于服务的管理属性，可根据管理需求进行设置。对服务的管理都体现在服务规格之中，服务注册时会对服务规格进行校验。

服务规格定义了服务标准，是服务治理平台与服务提供者之间的纽带。服务规格分为服务签名、服务实现和服务属性。服务签名和服务实现是服务的物理特性，而服务属性是服务的管理特性，服务属性的设计是管理目标的体现。表 11-1 是服务规格参考模型。

表 11-1　服务规格参考模型

规格类型	规格名称	规格说明	示例
服务签名	方法名	具体的服务方法	xxx.xxx.xxx.IUserSV.checkUser
	功能描述	功能描述	校验号码是否为 13 位并且是否为手机号码
	入参类型	方法的入参类型	java.lang.String
	入参说明	该参数的意义	号码
	入参默认值	方法的入参默认值	null
	出参类型	方法返回类型	boolean
	出参描述	说明返回的意义	返回是否校验成功
服务实现	服务接口	服务在哪个代码接口中被声明	xxx.xxx.xxx.IUserSV
	服务实现类	服务具体在哪个代码实现类中实现	xxx.xxx.xxx.UserSVImpl
	实现类型	实现方式	流程、简单集成（直接服务调用）、复杂集成（流程＋服务调用）
服务属性	服务编码	服务的编码	CENUSR007821
	服务名称	服务的中文名称	号码合法性校验
	服务版本	服务部署版本	V1.2
	服务状态	服务当前状态	待审批、待启用、启用、停用、退役
	所属中心	该服务所属中心	产品中心、销售中心、订单中心……
	服务层级	服务所属层级	中心服务、组件服务、原子服务
	实现方式	编码方式	单体服务、组合服务
	操作类型	属什么业务类型	如查询类、校验类、操作类
	黑白名单校验	是否进行黑白名单校验	是 / 否
	开发者	该服务由谁开发	创建者

服务治理平台提供可视化的服务资产管理页面，提供包括注册、编辑、服务上下线、注销、可用性测试等功能，如图 11-7 所示。在服务注册时，服务治理平台提供了服务规格校验，对于不满足服务规格要求的服务拒绝注册。

服务资产管理主要实现了以下功能。

① 服务资源池化：通过资产库汇聚服务资源，实现统一管理。

② 服务资产可视化：通过可视化的方式实现了服务的注册、查找和服务信息展示。

③ 优化服务使用：通过对服务属性的管理，如服务分类、版本、依赖、状态等，增强服务控制能力。

④ 支撑服务治理：服务资产是服务治理的基础，根据服务治理目标，通过服务资产库与需求分析、服务开发、系统运维各阶段相结合，可以实现服务的全生命周期管理。

图 11-7　服务资产管理

11.3.3　服务关系管理

服务关系管理指服务间的调用关系，从技术实现上分为硬编码和软编码。硬编码指通过底层框架或直接进行服务引用的一种紧耦合代码编程方式，以前绝大部分的业务实现都是这种强关联关系。软编码是通过流程编排工具根据服务用顺序和依赖关系把服务链接起来，这种服务间调用关系是一种松耦合的关系，也是 SOA 和某运营商第三代技术规范提倡的一种编程方式。

服务关系管理主要包括服务流程编排、服务关系采集、服务关系展示和管理规则配置。

1. 服务流程编排

服务流程编排是服务治理平台解决跨中心服务调用和进行二次业务封装的重要手段。它通过流程编排辅助工具，把相关服务按照依赖关系编排成一个调用流程，最后再封装成一个新的服务，供外部或内部调用。

服务治理平台提供服务流程管理功能，用于实现业务的跨中心调用和二次业务封装。这里引申说明一下，在运营商新一代的技术规范中，为了规范微服务化后各个业务中心之间的调用关系，要求中心间不能直接进行服务调用，跨中心的业务实现必须在服务编排层实现，而服务流程管理承载了服务编排层的核心功能，起到了连接各中心和能力封装的作用。服务流程管理界面如图11-8所示。

图11-8　服务流程管理界面

服务流程管理实现了对业务流程的统一编排、统一管理和统一调度，主要功能特征如下。

① 统一编排为业务流程编排提供统一的入口。由于流程编排工具实现了与服务资产库的集成，所以在进行服务编排时可以直接拖拽服务资产库中的服务。由于注册后的服务是与业务中心解耦的，所以流程本身就具备跨中心性。

② 统一管理指对编排好的业务流程进行统一管理，为流程调度提供唯一的数据来源。流程类服务的关系解析可通过解析服务编排文件，采集服务调用关系入库，为服务地图的展现和服务故障传导分析提供支撑。

③ 统一调度为服务治理平台提供统一的流程调度引擎，负责流程服务的调度执行。

2. 服务关系采集

服务关系采集主要是为了服务关系可视化和有助于系统的故障分析。服务关系可视化通过服务地图和服务调用链把应用系统由黑盒变成白盒，同时，有了服务关系还可以进行故障传导分析和风险评估，这对提升系统运维能力是很有帮助的。也可以说，服务关系采集直接影响系统的运维能力。服务关系采集通常有三种方式。

第一种是通过代码扫描，采集服务间的调用关系，但实践证明这种方式不可取。由于受限于设计模式和开发模式的多样性，这种关系很难准确采集，同时代码也经常变动，而要保证服务关系准确性，也需要不断地更新采集。

第二种是通过解析流程编排文件，采集服务间的调用关系，这种方式的缺点是只能采集流程节点服务间的调用关系，而节点服务内部的调用关系无法获取，服务关系的展示也不彻底。

第三种采集方式是通过日志埋点获取服务间的调用关系。这种方式是比较常用的服务关系采集方案，这就是本书第 9 章介绍的服务调用链跟踪分析。但它也有缺点，由于这种方式是通过分析调用日志获取的，因此，采集到的调用关系只能是已经发生的，对于某些很少执行的分支逻辑则短时间内可能采集不到，但经过足够长的时间，最终还是能够采集完整的。

服务治理平台目前提供了后两种的服务关系采集功能，在实际的项目实践中，可以根据运维的需要对服务关系进行整合，以满足运维管理的需要。

3. 服务关系展示

服务关系展示有多种方式，如本书第 9 章介绍的服务调用链跟踪，这里重点介绍另一种服务关系展示方式：服务地图（如图 11-9 所示）。

图 11-9　服务地图

服务地图的设计思路借鉴于地图导航软件，通过可视化的方式展示服务之间的关系，同时集成一些与服务相关的操作，如上线、下线、查看详情、查看子流程、查看黑白名单等，实现更直观的运维操作。

服务地图展示通常有两种方式：一种是顺序展示方式，如选择某个接口服务，在查看其服务地图时，调用关系会分层展示，如图 11-9 所示；另一种是星形展示方式，如选择某个服务，则展示所有调用该服务的业务流程，这种方式可用于分析评估服务的影响力。

目前，该方案还在完善过程中，需要借助于完善的服务关系采集。虽然进行全量的服务关系采集还存在困难，但这无疑代表着未来的一种可视化的运维模式，值得期待。

4. 管理规则配置

管理规则配置包括黑白名单和服务升降级规则配置。黑白名单是用来限制服务调用的一种控制手段，可以通过为敏感服务设置黑白名单来实现。如一个敏感服务只允许小部分服务调用的，则可以为该服务设置白名单，只有白名单中的服务才可能调用该服务；如果只有小部分服务不能调用，则可以为该服务设置黑名单，黑名单中的服务不允许调用该服务。黑白名单设置不仅仅限于服务，还包括客户端 IP、操作员、渠道等。

服务升降级配置是服务在运行中自我保护的一种方式，它通过系统对服务流量和容量的监控，设置常规的告警阈值，如图 11-10 所示，当运行期调用次数达到告警阈值时，进行调用控制，降低系统压力、防止恶意调用。当然，也可以通过服务治理平台强制干预某些服务的调用，如强制停止某服务的调用、强制进行路切换等。高峰期过后，系统取消对服务的调用限制。

图 11-10　服务升降级规则配置

11.3.4　服务生命周期管理

服务生命周期管理指从业务需求管理到服务退役的整个过程，中间涉及需求分析、服务开发、上线运行、下线退役等多个过程和状态变换。服务生命周期管理对每个阶段都有管理目标。需求阶段的主要目标是解决服务的来源问题，服务治理平台打通了与需求管理系统的接口，实现了服务的溯源。开发阶段的主要目标是保障服务的质量，即保证服务的规范性和可靠性。服务的规范性和可靠性保障离不开开发平台的支撑，服务治理平台为 Eclipse 开发平台提供开发规范和注册插件，可以与开发平台集成，用于规范开发和简化注册，提升开发质量和注册效率。开发规范主要用于帮助开发人员通过代码注释（@Annotation）的方式配置服务属性，如果服务开发完成且注释信息完整，开发人员可以一键实现服务注册。服务运行阶段的主要目标是实现对服务运行态的控制，如服务上、下线，升降级控制等。

服务生命周期管理可以有效管控需求、把控开发质量、提升运维能力，使系统沿着良性的、可持续的方向发展。由于需求管理和开发管理涉及与第三方系统的集成，所以这并不是一蹴而就的事情，建议还是从运维阶段做起。

目前运维阶段实现的功能特征包括如下内容。

① 可视化配置管理：实现运维管理的可视化，如服务发布可视化、集群切换可视化、缓存操作可视化、流程编排可视化、扩缩容管理可视化等。

② 服务状态在线控制：实现服务在线状态控制，状态变化可立即生效，如服务上线、下线、注销、升降级等。

③ 服务路由在线调配：维护人员可根据业务需要和流量压力手动或自动配置主机资源，且立即生效。

11.3.5　服务监控

服务监控承载了"管、诊、治"服务治理体系中"诊"功能，是服务治理过程中非常重要的一环。调用链日志分析系统承载了服务监控的功能要求，实现的主要功能包括如下内容。

① 服务总体监控，用于监控系统服务的总体情况，从宏观上了解系统运行状况。为了帮助运维人员更加精确掌握系统现状，服务总体监控还提供了 TOP10 功能模块，分别对访问次数、响应时长、出错次数，调用失败率排名前 10 的服务进行集中展示。TOP10 既简单明了，又起到了很好的预警作用。

② 业务中心监控，用于监控每个中心的服务运行情况，包括业务中心总体监控和服务详细监控。中心总体监控包括服务数量、访问量、平常响应时长、成功率等。服务详细监控分为两级，一级记录每个服务的访问量、平常响应时长、成功率；二级是服务调用流水，可以对指标项进行排序。监控报表可以通过连接层层深入，也可以通过菜单导航。

③ 服务异常监控，用于监控服务的调用过程中的异常信息。异常监控提供明细信息和 TOP10 信息。

④ 服务流量监控，用于对服务调频次数据监控，流量数据来源于对服务调用流水的统计分析，提供明细信息和 TOP10 信息。

⑤ 服务响应时长监控，用于对服务响应时长监控，提供明细信息和 TOP10 信息。服务响应时长指服务执行时长，从服务请求开始到服务执行结束。

⑥ 服务故障传导分析，是根据服务间的调用关系，用来分析一个服务出现故障可

以影响的业务范围。

⑦ 服务预警管理，预警管理的对象主要是一些关键服务，对全量服务实现预警不现实也没有必要。服务预警分为流量预警、响应时长预警和异常预警，实现方式可通过对目标服务设定预警阈值和预警处理策略。如针对流量预警，当服务流量达到或超出预定阈值时，发出预警，同时根据处理策略执行相应的操作。预警处理策略有站内消息通知、限流、熔断等。

⑧ 服务安全审计，通过对系统运行日志进行分析运算，把违反服务调用关系限制和系统约束的非法调用行为分析统计出来，供运维人员诊断系统中的漏洞和风险。

以上是服务治理的功能要求，想要了解功能实现方面的细节，读者可查看第9章调用链日志分析系统中的相关介绍。

11.3.6　分布式服务调用框架

分布式服务调用框架是整个微服务架构的核心，负责服务运行态的调用和控制，服务治理的决策执行需要分布式服务调用框架来保障。关于分布式服务调用框架的具体实现可参考本书第6章。

11.3.7　辅助工具

辅助工具是服务治理的一种辅助手段，通过辅助工具可以简化工作，便于知识传导、提升工作效率、降低开发和维护成本。目前服务治理平台的重要组成部分包括流程编排工具、服务注册工具、服务关系采集和开发平台。

1. 流程编排工具

流程编排工具通过可视化操作页面拖拽方式进行编排。编排工具直接与服务资产库打通，拖拽的对象是来自资产库的服务对象，如图11-11所示。

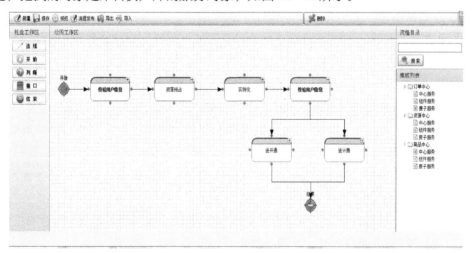

图 11-11　流程编排页面

2. 服务注册工具

服务注册工具提供服务批量注册和单个注册，注册过程对服务规范进行校验，对于不符合规范要求的服务提醒注册失败和给出失败原因。服务注册工具是通过导入 XML 文件进行的，XML 文件是由开发人员通过嵌入到开发工具中的一个插件生成的。服务注册工具如图 11-12 所示。

图 11-12 服务注册工具

3. 服务关系采集

服务关系采集根据不同的服务采用了不同的采集方式。通过流程编排的服务，实现了自动关系采集，即在流程编排完成后，进行服务发布时把服务关系也采集入库。对于硬编排实现的服务关系，则需要靠埋点进行日志输出，日志埋点会记录服务层级、运行状态、运行时长、调用关系等信息。这部分功能由调用链日志分析系统实现。

4. 开发平台

严格来讲，开发平台也是服务治理体系的重要组成部分，而且是非常重要的部分，它是保障服务开发质量的重要手段，是服务治理的源头。然而，由于运营商的系统多、合作伙伴也多，所以开发平台很难统一。就目前运营商的现状而言，想要实现开发阶段质量的统一，管控条件还不成熟，除非运营商采购统一的开发平台，强制使用。

第 12 章
DevOps 打造软件生产流水线

12.1　认识 DevOps

微服务的实践越来越离不开 DevOps 的支撑，DevOps 俨然已成为微服务架构的一部分，正是由于 DevOps 才使得微服务有了实施大规模工程化的基础，下面就让我们来认识一下 DevOps 吧。

12.1.1　什么是 DevOps

DevOps 是 Development 和 Operations 组合的缩写，是一种融合了一系列软件开发、部署的基本原则和实践的方法论，强调开发人员和运维人员之间的沟通合作，通过自动化流程，使得软件构建、测试、发布更加快捷、可靠。其实，这个词忽略了 QA，QA 作为开发与运维的桥梁也是 DevOps 的重要组成部分。

DevOps 究竟是什么呢？

1. DevOps 是一种文化

在传统 IT 企业中，开发和运维通常隶属于不同部门，有着截然不同的组织分工和关键绩效指标（KPI），这也使得它们之间形成了一道无法逾越的墙（如图 12-1 所示），而 DevOps 就是想打破这个墙，把开发和运维拉到同一个平面上，建立共同的价值体系。

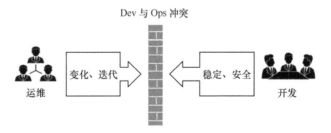

图 12-1　DevOps 隔阂之墙

DevOps 是一种文化上的变迁，强调开发、运维、测试等环节之间的沟通合作，意在帮助它们朝着一个共同目标努力"尽可能向自己的客户或用户交付最大化价值"。为了达到这个目标，DevOps 需要在企业的组织文化和团队内部分工协作等方面进行变革和调整。

2. DevOps 是一种实践

DevOps 是一种实践，它将软件开发过程中的敏捷方法延伸到产品发布，进一步完善了软件构建、测试、部署、交付等流程，使得跨职能团队能够完成从设计到生产等各个环节的工作。

3. DevOps 是一个工具集

DevOps 是一个工具集，它通过工具链打通需求、开发、测试、部署等生产环节，实现软件端到端的自动化交付。这些工具涉及软件开发的全生命周期管理，工具链的长短取决于对软件生命周期管理的需求。

4. DevOps 是一个能力环

DevOps 在开发和运维之间增加了一个反馈环，通过监控和快速反馈加速交付流程、提升软件质量。监控和快速反馈是 DevOps 非常重要的部分。在通过工具链加速软件生产过程中，对流水线的监控是非常有必要的，这样在任何环节出现问题，都可以快速反馈到相关责任部门，责任部门才可以快速解决问题。图 12-2 展示了 DevOps 能力环。

图 12-2　DevOps 能力环

12.1.2　DevOps 与敏捷

相对于瀑布开发模式，敏捷开发过程的一个基本原则就是以更快的频率交付最小化可用的软件，即所谓的 MVP 原则。在敏捷的目标中，最明显的变化是在每个 Sprint 的迭代周期结束时，都会输出可以运行的功能，也就是精益生产所说的价值。

软件开发生命周期的发展过程中，遇到过两次发展瓶颈。第一次是在需求阶段和开发阶段之间，针对不断变化的需求，软件开发者无所适从，项目成本和风险很难管控。于是，就出现了敏捷方法论，它强调适应需求、快速迭代、持续交付。第二次是在开发阶段和构建部署阶段之间，敏捷的、频繁的交付给运维带来了很大压力，大量完成的开发任务可能阻塞部署阶段，影响交付。于是，就有了 DevOps，它是敏捷方法论向运维侧的延伸，如图 12-3 所示。

关于 DevOps 与敏捷的关系以及 DevOps 对软件生产的意义，StreamStep 公司的创始人——Clyde Logue 总结过一句话："敏捷对于开发重新获得商业的信任是大有益处的，但是它无意于将 IT 运维拒之门外，DevOps 使得 IT 组织作为一个整体重新获得商业的信任。"

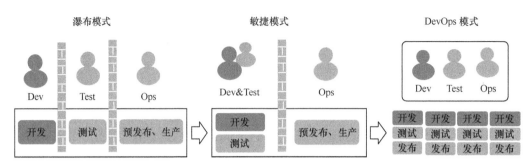

图 12-3 DevOps 与敏捷的关系

信息时代最突出的特点就是"快"，业务变化快、知识更新快、信息传播快。而这一切都对基础 IT 信息支撑提出了更高的要求。面对变幻莫测的市场需求，迅速捕获商机，敏捷响应，已成为互联网模式下企业的生存之道。时间就是生命，DevOps 为敏捷而生，它通过横向打破部门墙，纵向打通工具链，通过自动化工具，实现部门间高效协同和软件的快速发布。

12.1.3　DevOps 的兴起

DevOps 概念早先升温于 2009 年的欧洲，然而，由于没有相关的技术支持，只是出现在一些教科书和论文中。近年来 DevOps 又开始热起来，所谓 DevOps 的最佳实践越来越多，主要原因包括如下内容。

① 云服务的普遍使用，使得各种云服务成为 IT 基础设施中不可分割的一部分，为应用的部署提供了可编程能力。运维的一个很重要的概念就是基础架构即代码。

② 容器技术开始成熟，特别是 Docker 技术的大行其道加速了 DevOps 的应用实践。

③ 微服务架构的广泛使用对 DevOps 产生了强烈需求。

④ 敏捷开发流程的深入人心，特别是 CI 和 CD 的实施加速了 DevOps 的快速发展。

12.2　DevOps 核心原则

前面讲到 DevOps 是一种融合了一系列基本原则和实践的方法论，说明 DevOps 是经过实践检验的，而一些原则是前人的经验积累，也是实施 DevOps 成功的基础。基础架构即代码、持续交付、协同工作是 DevOps 的核心和精髓。

12.2.1　基础架构即代码

基础架构即代码（IaC，Infrastructure as Code）是企业级 DevOps 实践（所谓企业级指真正投入生产的大模规应用，不是一些小团队通过集成一些开源工具的简单试用）

的前提条件。这一概念涉及计算基础架构（如容器、虚拟机、物理机、代码管理、软件安装等）的管理和供应，以及通过机器可处理的定义文件或脚本进行的配置，交互式配置工具和手工命令的使用已经不合时宜了。如果做不到对基础架构的编程，那 DevOps 所追求的自动化交付将大打折扣。

人总会犯错，也不擅长处理一些复杂且重复性的工作，相比 Shell 脚本，人类的速度实在是太慢了。因此，我们有必要像处理代码那样来考虑和处理有关基础架构的概念。云计算使得复杂的 IT 部署可以继续效仿传统物理拓扑，我们可以借助云计算相对轻松地对复杂虚拟网络、存储和服务器的构建实现自动化。针对应用基础环境的方方面面，上至基础架构下至操作系统设置，均可编码并存储至版本控制仓库。

这一原则对 DevOps 的重要性怎么强调都不为过，它可以真正将软件交付过程变得自主可控。

12.2.2　持续交付

持续交付是一种可以帮助团队以更短的周期交付软件的方法，该方法确保了团队可以在任何时间发布可靠的软件，并以更快速度、更高频率进行软件的构建、测试和发布。

通过对生产环境中的应用程序进行更高频次的增量更新，有助于降低交付变更过程中涉及的成本、时间和风险。足够简单直接并且可重复的部署流程对持续交付至关重要。

持续交付并不仅仅是尽可能频繁地构建可发布的软件产品那么简单。持续交付包含 3 个关键实践。

1. 度量一切，持续改进

持续交付的关键在于要能从实践中不断学习，持续改进交付流程，而度量是流程改进的重要依据。度量是精益管理的一个重要概念，这一概念对 DevOps 同样重要，确定恰当的度量指标可以让团队清楚地了解交付过程中存在的瓶颈和风险。为了帮助团队做出更明智的决策，在确定要衡量的指标时，我们一定要抱着"宁多勿少"的原则，找出所有能让你更进一步了解交付过程中影响效率和质量的度量指标，从而度量一切。

2. 实现自动化

持续交付意味着更频繁的部署，如果无法实现自动化，根本无法想象一天能够多次部署同一个软件，而实现持续交付自动化的前提是，将与基础架构有关的所有设施自动化。

3. 频繁部署

DevOps 的信条是："越是困难的事，越要更频繁地进行"。

那么这就产生了一个问题：使用 DevOps 方法时，该选择怎样的交付频率？这个问题没有标准答案，取决于产品、团队、市场、运维需求等各种因素。笔者认为：如果不能实现每两周至少一次交付，那么连敏捷都谈不上，又何谈 DevOps 呢？

DevOps 鼓励尽可能频繁地交付，这也是团队意识上的转变，需要对团队进行培训，让他们能够认识到频繁交付的意义和好处。笔者带过的项目一般都会要求程序员每天可提交两次代码，程序发布两次，中午和晚上各一次。

12.2.3 协同工作

敏捷软件开发解除了需求与开发之间的一些矛盾，而 DevOps 意在解除开发与运维人员之间的隔阂，鼓励开发和运维人员之间的协作。如果没有培养出正确的文化，就算有最棒的工具，DevOps 对你而言也不过是另一个热门词汇罢了。

DevOps 希望打造全栈团队，强调"谁开发，谁维护"，目的是打破部门利益，把大家拉到同一个平面上，通过共同的业务目标让开发和运维与流程保持一致，让开发和运维明白自己是交付流程的一部分。这是一种在企业内部和组织层面上很重要的文化变迁，通过这样的变迁才能促进更好的协作。

团队合作对 DevOps 是如此的重要，总体来说可以通过两个 C 来实现：协作（Collaboration）和沟通（Communication）。虽然单纯做到这些距离真正的 DevOps 工作环境还有很大的差距，但任何公司只要能坚持这两个 C，就等于迈出了最正确的第一步。

这里提几条协作的建议：
① 自动化流程，减少不必要的沟通；
② 小范围的迭代，减少发布的风险；
③ 统一信息管理，让双方能够共享信息；
④ 采用标准化协作工具，让协作更高效。

12.3 DevOps 的技术栈和工具链

公司组织是否利于协作是实施 DevOps 成功与否的关键，因此，DevOps 首要解决的就是整个交付团队的协作问题，而解决协作问题最有效的方法是要靠平台和流程。DevOps 希望打造全栈团队，让开发、运维、运营都参与软件交付的过程中，通过平台和流程完成持续集成、持续部署、用户反馈和持续优化，实现跨团队的无缝协作。

DevOps 的技术栈和工具链，并不是一个常量，它的长短取决于在实施 DevOps 过程中，DevOps 所覆盖的软件生命周期的范围。有的 DevOps 可能覆盖从需求开发到产品上线整个软件生命周期；有的 DevOps 可能覆盖从代码提交到交付上线这一阶段，这需要根据企业的实际需求和技术储备来考量。

DevOps 方法论讲了很多，不论是文化变革，还是自动化协同，但最终落地还要靠平台和流程。平台就是舞台，大家办公、交互的场地，流程则把大家的工作有机地连起来，在平台上流转。

　　所谓 DevOps 技术栈是为实现软件生产过程中自动化交付所需要的基础能力。
DevOps 不是单独的存在，它是整个软件生态环境的一部分（如图 12-4 所示），支撑着
整个应用的生命周期。

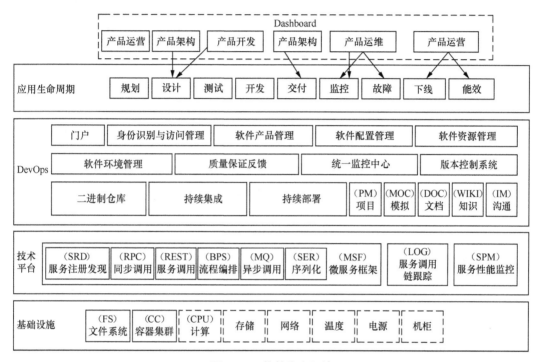

图 12-4　软件生态环境

　　工具链是 DevOps 实现软件自动化交付的基础，正如前面所讲，工具链不是一个常
量，它的长短取决于 DevOps 所要覆盖的软件生命周期。下面从软件交付的角度列出了
软件在交付过程中涉及的领域以及可选的部分工具，如图 12-5 所示。

　　DevOps 交付过程涉及很多领域，每个领域又涉及很多环节，每个环节又有很多工
具支持。合理地运用工具确实能够提升工作效率，但是，这些工具并不都是必须的。我
们在打造 DevOps 工具链时要根据自己的实际需求，不要面面俱到，我们的目的是高效、
高质量完成应用持续交付。

　　面对如此多的选择，确实很痛苦。根据我们的经验，协作管理部分的项目管理建议
选用 JIRA，虽然它是一个收费产品，但确实方便好用。在软件构建部分，由于 DevOps
在进行软件构建时会嵌入自动化测试和代码质量检验，因此，Jenkins+Mave+Git+Junit+
SonarQube 已成为软件构建时的常规组合模式。在验收测试部分，TestNG 测试框架是
个不错的选择。在应用部署和运行环境方面，Kubernetes+Docker 成为常规组合，同

时 Harbor 负责镜像文件的管理。对于构建运行监控方面，ELK 是个不错的选择。

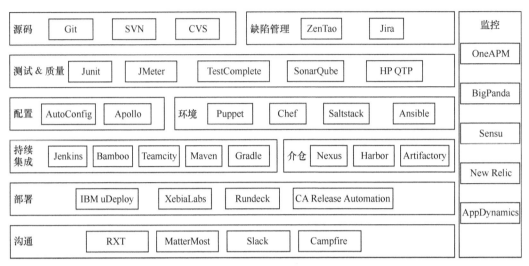

图 12-5　DevOps 工具链

12.4　DevOps 平台解决方案

DevOps 是一套实现敏捷软件交付的方法论，然而，要想让方法论在软件实践中发挥更好的作用，离不开平台的支撑。DevOps 平台就承载了让 DevOps 方法论落地的最佳实践。它围绕着打造一条安全、可控、自动化、可重复的软件生产流水线，把与软件交付相关的知识都集成在一个平台上，最终支撑起企业的 IT 精益运营。

12.4.1　软件生产流水线

软件生产流水线，指从软件开发到上线部署的生产过程，其目的是能够更快速、更可靠地发布质量更好的应用。软件的每次变更都会经历一个复杂流程，这一流程包括软件构建，以及后续一系列不同阶段的测试与部署，而这些活动通常都需要多人或者多个团队协作完成。生产流水线就是对这一过程建模，以实现可持续、自动化的软件生产交付。

构建一条完整的生产流水线，并不是把工具集成起来实现自动化那么简单，它涉及代码托管、持续集成与部署、测试管理、运维监控和项目管理等不同的知识领域，如图 12-6 所示。

图 12-6 展示了软件生产流水线从开发人员向代码仓库提交代码开始，从而触发自动构建流程，由持续集成系统自动完成代码获取、编译、打包、测试和部署等工作，最终根据测试和监控反馈开启软件的迭代周期。

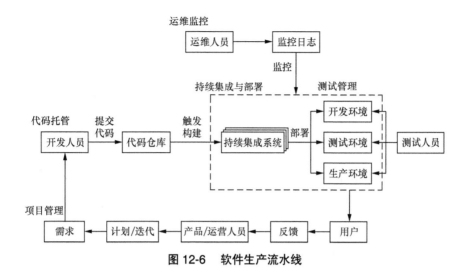

图 12-6　软件生产流水线

12.4.2　DevOps 平台架构

我们认为 DevOps 的文化和理念，最终落地还是需要靠平台来保障的。通过 DevOps 平台把软件交付过程中的各个环节都集成起来；通过一些自动化的手段不断提升软件交付的效率；通过不断精益度量对流水线的持续改进，以实现企业的 IT 精益运营。DevOps 平台架构如图 12-7 所示。

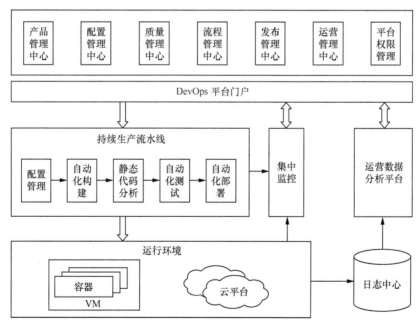

图 12-7　DevOps 平台架构

DevOps 平台的核心是软件生产流水线，所有的功能都是围绕生产流水线来设计的。

为了能够保持平台的持续运营和演进，该平台方案试图打造一个持续改进的生态闭环。首先，平台通过配置管理实现了对基础架构编程控制；其次，通过构建持续生产流水线把各个工作节点连接进来，实现自动化软件交付；最后，整个软件的生产过程和运行状态都会通过被集中监控和日志记录，通过运营分析，找出问题或不足，对生产流程和管理节点进行持续改进。

平台从逻辑上共分为 4 部分：DevOps 平台门户、持续生产流水线、环境管理和运营分析。

1. DevOps 平台门户

DevOps 平台门户集成了平台所有管理功能，为用户提供人机交互页面，主要功能包括产品管理、配置管理、质量管理、流程管理、发布管理、运营管理等。

① 产品管理负责产品的需求、定义、依赖、推广等产品线的全面管理，承担项目敏捷管理功能。

② 配置管理是 DevOps 的基础，除了包含代码的版本控制外，还管理与运行环境、自动化工具相关的配置信息和二进制镜像文件。由于容器技术的出现，环境管理变得比较轻松。如果应用采用的是 Kubernetes+Docker 资源模式，环境管理就基本上变成了对镜像的管理。

③ 质量管理提供对流水线生产过程的质量保障，包括测试用例的管理，缺陷跟踪、自动化测试和质量监控等功能。

④ 流程管理负责流程的编排和管理，如开发流程、测试流程、交付流程等。

⑤ 发布管理提供持续集成、持续部署和一键发布功能，为生产流水线提供人工触点。

⑥ 运营管理提供对平台的运行监控和指标数据分析，为平台的持续演进发展提供助力。

2. 持续生产流水线

持续生产流水线是平台的核心，平台的所有功能都是围绕这一核心。持续生产流水线一般从代码提交到版本库开始触发，一路经过编译、单元测试、代码分析、打包、部署、验收测试等环节，最终确认无误后正式发布到生产环境。关于持续生产流水线的功能实现下面会详细介绍。

3. 环境管理

环境管理提供了对不同生产环境和测试环境的适配管理能力。对于 DevOps 来说，要了解不同的虚拟化技术以及各种云所提供的 API，因为无论是自动化流水线还是软件配置变更最终都需要调用这些 API 来完成最终的应用部署。

4. 运营分析

这里的运营是广义的运营，不但提供平台的运营指标分析，还提供平台和运行环境的集中监控和数据分析。集中监控主要涉及交付过程监控、运行环境监控、应用性能监控等。对于交付过程，可通过流程看板了解交付流程中各个环节的当前状态，以及每个节点的执行情况。运行环境和应用性能监控信息可通过监控大屏向外展示，以便各相关干系人能够及时了解生产环境的应用程序状态。运营中心根据监控数据和日志信息对企业关注的运营指标进行大数据分析，为促进企业精益运营和流程改善提供数据支撑。

12.4.3　配置管理

说到配置管理大家应该都很熟悉，不同的应用场景大家可能都有不同的理解，有的人可能认为配置管理就是代码版本控制；有的人可能认为是软件运行环境管理等。在持续交付领域，配置管理强调的是全面配置管理，也就是对产品所有的相关产物及其依赖都要进行有效管理。通过这种方式管理项目中的一切变化，实现项目中不同角色成员的高效协作，能够在任何时刻、使用标准化的方法，完整而可靠地构建出可正常运行的系统，并且整个交付过程的所有信息能够相互关联、可审计、可追踪。

为了做到全面配置管理，并为持续交付后续实践奠定良好的基础，一般来讲，配置管理至少要包含以下内容。

① 代码和构建产物的配置管理：包括制订有效的分支管理策略，使用高效的版本控制系统，并对构建产物及其依赖进行管理。

② 应用的配置管理：对应用的配置信息进行管理，包括如何存取配置、如何针对不同环境差异提升配置的灵活性。

③ 环境的配置管理：对应用所依赖的硬件、软件、基础设施和外部系统进行管理，确保每次交付的不仅仅是一个可工作的组件，还是整个应用系统的可靠、稳定运行。

1. 代码和构建产物的配置管理

持续交付强调要对所有内容进行版本控制，除了对源代码、测试代码等，还有一点非常重要，就是对构建产物进行有效管理。构建产物一般指在编译或打包阶段，生成的可用于部署的二进制包。一般情况下，我们不推荐将构建产物存放在版本控制库中，因为这样做效率较低也确实没有必要。通常我们使用的开源制品库包括 Harbor 或 Nexus，及自己开发的制品库。

对代码的版本控制不仅是源代码，还有测试代码、数据库脚本、构建和部署脚本、依赖的库文件等。只有将所有内容都纳入版本管理了，才能够确保所有的开发、测试、运维活动正常开展，系统被完整地搭建。

如何才能做好代码配置管理呢?

制定有效的分支管理策略，这对达成持续交付的目标非常重要。持续交付建议是频繁地提交代码，并且最好工作在主干上，这样一来，代码修改对所有项目成员都快速可见，然后通过持续集成的机制，触发快速地自动化验证和反馈，再往后如果能通过各种维度的验证测试，最终将成为潜在可发布和部署到生产环境中的版本。

在实际的开发过程中，普遍采用的分支管理策略有两种：分支开发模式和主干开发模式。

分支开发模式就是在版本控制系统中为新功能建立单独的分支，到了某个时间点后，如果开发完成且质量令人满意，就将其合并到主干，这类似于分布式事务的"两阶段提交"。分支开发有利于多个功能完全并行开发，责任明确，版本控制记录也比较清晰，但其缺点也比较明显。首先，如果分支过多，会给代码合并带来很大困难。其次，每个分支开发周期较长，不利于持续集成。

主干开发模式是所有项目成员把代码提交到主干上，使用增量方式开发新功能，并频繁且有规律地向版本控制系统提交代码。DevOps 更倾向于这种模式，这会让软件一直保持在集成以后的可工作状态。因为每次提交代码后会自动触发持续集成进行验证和快速反馈，通过频繁地集成和验证，在保证质量的同时提升效率。

2. 应用的配置管理

配置信息与产品代码及其数据共同组成了应用程序。软件在构建、部署和运行时，我们可以通过配置信息来改变它的行为。交付团队需要认真考虑设置哪些配置项，以及在应用的整个生命周期中如何管理它们。为了能够交付可正常运行的系统，我们需要把一切应用程序需要的内容进行标准化，并且注入部署包中。

图 12-8 展示了一种部署包的结构。如果产品线需要部署的服务器规模比较大，我们就需要通过标准化部署包的封装，以实现部署过程的全自动化。例如大家熟悉的 Docker，它为什么能够做到 Build Once，Run Anywhere？本质上就是做了封装，把应用程序和相关依赖打包在一起，生成一个镜像去部署。我们可以参考这种方式，把部署包设计为一个全量包，它不仅包含二进制的可执行程序文件，还包含应用的配置、模块数据，同时也包含运行时依赖。只有把它们打包在一起，才能做到在任何一个标准化的环境中，能够快速地将应用部署起来。

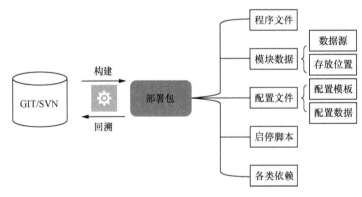

图 12-8　部署包结构

我们经常遇到的问题是，应用配置在不同环境中是不同的，例如数据库的 IP 地址和端口、是否打开 Cache、加密所用的密钥等，这些参数与应用程序逻辑无关，而只与环境相关。那么同一个部署包如何适配不同环境所需的应用配置呢？为了解答这个问题，我们先来看一下应用配置信息的几种注入方式。

如图 12-9 所示，配置信息的注入方式一般有 3 种。

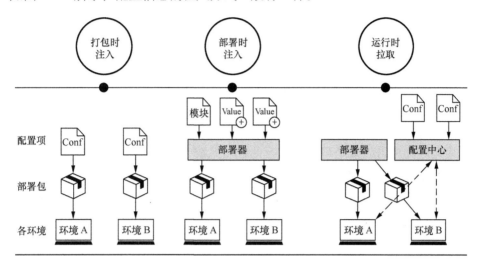

图 12-9　配置信息的注入方式

（1）打包时注入

在打包时，构建脚本可以将配置信息与二进制文件一起注入到部署包中。例如 J2EE 规范中就要求配置信息与应用程序要一起打包到 WAR 或 EAR 包中。该方式适合少量静态配置文件，或配置每次随二进制程序变更的应用。

（2）部署时注入

在进行部署时，部署脚本获取基础配置以及不同环境特定的配置项，动态生成每个环境所需的配置信息。相当于基于配置模板文件，在部署时实例化为将要部署应用的具体环境的配置。该方式适合有大量配置项，一些配置项在不同的环境中应用存在差异。

（3）运行时拉取

在应用启动或运行时，通过外部的配置服务拉取应用配置（如通过 REST 接口）。在微服务架构中，配置中心提供配置服务已是基本的能力要求。该方式适合频繁变更配置项，或需要动态加载应用配置的应用。

从持续交付的理念来看，不推荐在打包时注入配置的方式，而是希望在不同的环境中使用相同的部署包，以确保发布的软件就是那个被充分测试过的软件。一些团队曾经发现，为了适配测试环境，测试人员使用源代码进行编译和打包，结果是即使这个版本测试通过了，也无法确保生产环境部署的应用版本是没有问题的。所以我们更倾向于对应用配置单独进行版本控制，并独立于部署包之外进行管理。

部署时注入配置的技术，从实现原理上就是把通用的配置信息作为默认配置项，然后定义一系列占位符，用于替代那些特定环境有差异的配置项。然后在部署时，通过适当的方法用实际的配置项覆盖掉这些占位符。但需要注意的是，要尽量减少差异化的配置项，只保留与应用系统运行环境紧密相关的配置项。并且，最好能对配置项的覆盖过程进行校验，防止因配置失误导致整个部署失败。

这里推荐一个开源工具 AutoConfig，类似于 Maven Filtering 的工作方式，该工具与应用所采用的技术、框架完全无关，对应用完全透明，具有良好的通用性。值得一提的是，这个工具成功解决了 Maven Filtering 在替换配置时需要重新建立的问题，即不需要重新获取源码并建立，就可改变目标文件中所有配置占位符的值，达到部署时动态修改配置的目的。

3. 环境的配置管理

持续交付的产出应该是可正常运行的应用系统，而不是可工作的软件，系统运行起来除了依赖应用程序本身，还依赖于硬件、操作系统、中间件，以及各种库文件等，这些都称为运行环境。在环境配置管理领域，随着管理服务器的规模不断增长以及业界新技术和新工具的应用出现，其发展过程经历了以下 3 种模式，如图 12-10 所示。

图 12-10　环境发展历程

（1）单服务器环境管理

单服务器环境管理可能是很多公司都经历过的，比较原始的服务器管理模式。任何一台主机看起来都差不多，但实际上细节可能是不一样的。对于服务器的管理也是这样，我们的服务器经过长年累月的运行，各种操作系统和软件的升级、更新，以及手工执行的各种补丁，都会造成服务器间有细微的差别。如果某一天一台服务器宕机了，其实很难再构建一台一模一样的，因为配置过程已经无从追溯了。所以这种模式的主要问题是：反复修改带来不确定性和风险，环境的重建困难。

（2）自动化、配置化的环境管理

图 12-10 在这个模式下列举了很多环境配置管理工具，如 Puppet、Chef、Ansible、SaltStack 等，它们能够以自动化的方式管理操作系统及其之上的整个运行环境。通过这些工具，可以用易于理解、声明式的方式定义环境中需要安装什么软件、启动什么服务、修改什么配置等，这些声明具备幂等性的特点，反复运行是安全的。并且，我们可以将这些声明式的定义保存在版本控制库中，这样就记录了每次变更的完整过程，相当于对环境的所有修改具备了完整可追溯的能力。表 12-1 对这几款常见的环境配置管理工具进行了简单对比。

表 12-1　几款常见的环境配置管理工具对比

工具名	Puppet	Chef	Ansible	SaltSatck
是否代理	需要	需要	不需要	两种模式都有
客户端依赖	Ruby	Ruby、SSH、Bash	Python、SSH、Bash	Python
运行模式	Agent 在服务端注册并定期检查配置更新	Agent 在服务端注册并定期检查配置更新	推模式，SSH 推送变更	推模式，使用 ZeroMQ 消息服务器，速度更快
是否扩展	使用模块	使用模块	使用模块	使用模块

（3）容器时代

随着容器技术的广泛应用，容器时代大大降低了应用对环境的依赖。目前，比较流行的是 Kubernetes + Docker 集群管理模式，使得环境配置管理相当轻松。因为运行环境已经被打包到了镜像文件中，所以不用过多考虑。而镜像文件的部署以及容器间的调用关系编排则完全交给了 Kubernetes。

12.4.4　质量保障

软件生产流水线强调的不仅仅是高效，更重要的是交付高质量产品。生产流水线既是生产自动化的过程，也是质量保障的过程。流水线是由一个个生产环节构成的，每完成一个步骤，就离终点更近一步。软件生产流水线能够可视化每次软件构建的过程，构建物会在整个构建的第一个环节生成，然后会被用在整个流水线中。随着流水线经过不同阶段，我们越来越能确定该软件是否能够在生产环境中正常工作。

关于如何保障产品质量，戴明管理十四条原则中就有"停止依靠大规模检查去获得质量，应该改进过程，从源头就将质量内嵌于产品之中"。质量内嵌指从多个层次上进行自动化测试，并将其作为部署流水线的一部分来执行。每次应用程序代码、配置以及环境或运行依赖发生变化时，都要执行一次。手工测试也是质量内嵌的重要组成部分。

另外，频繁地提交代码到主干对保障质量也很重要。因为每次提交代码，持续集成服务器就会从代码主干上运行自动化测试，这会减小因重构引起的大规模合并导致冲突的可能性。为了确保提交代码不破坏已有的应用程序，有两个实践很有效。一是在提交代码前运行测试套件，这个测试套件是一个快速运转且比较全面的测试集合，以验证你没有引入明显的回归缺陷。二是增量式引入变化，我们建议每完成一个小功能或一次重构之后就提交代码。

1. 测试策略

测试策略的设计主要是识别评估项目风险的优先级，以及决定采用哪些行动来缓解风险的一个过程。好的测试策略会带来很多积极的作用。测试会增强我们的信心，使我们相信软件可按预期正常运行。测试还为开发流程提供了一种约束机制，鼓励团队采用一些好的开发实践。

我们主张建立分级测试体系，多层次、多角度地实现质量防护，嵌入到流水线中，不同的阶段执行不同的测试。幸运的是，Brian Marick 提出了一个非常棒的测试象限（如图 12-11 所示），它被广泛地应用于确保交付高质量产品而做的各种类型的测试建模。

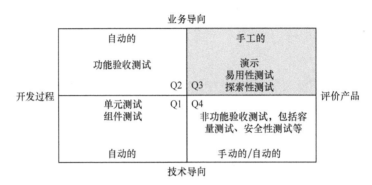

图 12-11　Brian Marick 测试象限

图 12-11 从两个维度对测试进行了分类，一个维度是业务导向还是技术导向；另一个维度是为了支撑开发过程，还是为了评价产品。

处于象限底部的是面向技术导向，首先能够帮助开发人员构建系统的测试，这个象限的测试大都是自动化的。相对而言，处于象限顶部的测试是面向业务的，包含首先保障开发的产品是否达到的业务需求的测试。这个象限的测试在实现软件生产流水线的实践过程中建议也要尽量做到自动化，实在不能自动化的，则移到右半部分，如交付演示、易用性测试、探索性测试等。

（1）第一象限（Q1）测试

Q1 测试为技术导向支撑开发过程的测试，这些自动测试单独由开发人员创建维护。Q1 测试包含两种测试：单元测试和组件测试。单元测试用于单独测试一个特定代码段。因此，单元测试一般不访问文件系统和数据库，常常用测试替身模拟系统其他部分。这会让单元测试运行非常快，以便得到更早的反馈。单元测试应该覆盖系统中每个代码的分支路径（至少达到 80%）。关于单元测试的覆盖率也有争议，笔者当时的项目要求 100% 全覆盖，因为，作为回归测试套件主要组成部分，全覆盖对上层功能验收测试起到很好的底层 Bug 屏蔽作用，也使开发和测试人员更有信心。

然而，为了获得速度，也会有一些代价，如可能会错过应用系统不同部分之间交互产生的一些缺陷。组件测试可能会捕获这类问题，因为组件测试用于测试更大的功能集合，这也是组件测试存在的合理性，但这不是必须的。如果组件测试影响到流水线在第一阶段的效率，就可以不要组件测试，因为流水线第一阶段的测试效率是第一位的，且有 Q2 的验收测试把关，不会对产品质量有太大影响。

（2）第二象限（Q2）测试

Q2 测试为业务导向支撑开发过程的测试，通常称为功能测试或验收测试。验收测试测试每个故事的细节，确保用户故事的验收条件得到满足。在开发一个用户故事之前，就应该写好验收测试，采取自动化形式运行于业务逻辑层。关注于功能正确性的验收测试称为功能验收测试，而非功能验收测试归于第四象限。

在敏捷过程中，我们建议验收测试要有客户或用户参与进来，因为他们可以确定每个需求的满足条件。如果测试验收条件确认没有问题，当验收测试通过后，就可以认为它所覆盖的需求和用户故事完成了，流程可以进入下一个阶段。

功能验收测试应该运行在准生产环境中，对于外部服务来说，我们可以使用一些模拟技术（Mock）。维护自动验收测试成本可能会很高。如果写得不好，它会使交付团队付出极大的维护成本。由于这个原因，有些人不建议创建大而复杂的自动测试集合。然而，实践告诉我们，通过使用正确的工具，并遵循好的实践原则，完全可以大大降低维护成本，从而令收益大于付出。

验收测试的自动化，并不需要所有东西都要自动化。要分析测试的内容，对于易用性测试、探索性测试以及与页面相关的测试用手工测试会更好。但自动化验收测试要保证覆盖到每个需求或用户故事执行的基本实现，这些测试应该被每位开发人员做冒烟测试来使用，从而能够为"是否破坏了已有的功能"提供快速反馈。

（3）第三象限（Q3）测试

Q3 测试为业务导向面向产品评价的测试。这类手工测试可能验证我们实际交付给用户的应用软件是否符合他们的期望。这并不只是验证应用是否满足需求规格说明书，还验证需求规格说明书的正确性，因为没有哪个项目的需求规格说明书在开发前就写得很完美。

系统演示是一种非常重要的业务导向且面向产品评价的测试方法。在开发过程中，我们建议应该频繁地向客户演示功能，以确保尽早发现对需求规范的错误理解或有问题的需求规范。成功的演示既有好处，也有难处，因为用户喜欢尝试新东西，他们会提供很多改进建议。此时，项目团队不得不决定他们想在多大程度上对项目计划进行修改，以便响应这些建议。无论怎样，更早的反馈总是比晚的反馈要好，演示就是一个很好的方式，因为只有此时你才能知道自己的工作是否让客户满意。

探索性测试是一个创造性的学习过程，它并不只是发现缺陷，还会导致创建新的自动化测试集合，并可以用于覆盖那些新的需求。

易用性测试是为了验证用户是否能很容易地使用该应用软件完成工作，它是把软件产品交付给客户前的最终测试。有几种不同的方法可用来易用性测试，如情景调查，让用户使用软件，并边观察用户使用软件的情况；易用测试人员收集一些度量数据，记录用户完成任务的时间，有多少按键，按了多少次鼠标，按错了多少次等信息，最后让他们打分。

（4）第四象限（Q4）测试

Q4测试为技术导向面向产品评价的测试。验收测试分两种：功能测试和非功能测试。非功能测试指除功能测试外的其他方面的质量测试，如容量、可用性、安全性等测试。非功能测试往往被项目组轻视，并没有把它放在与功能测试同等的位置。然而，实践证明，非功能测试与功能测试同等重要，应该和功能测试验收条件一样被指定为应用程序需求。软件安全性的重要性就不用多说了，它是互联网应用的"命门"，是首先要保障的。还有容量问题，如果不做容量评估和压力测试，电商平台的促销是很难成功的。大家可能对2012年某网上订票系统反复瘫痪事件有印象，这就是忽视非功能性测试的后果。

非功能测试与特定的功能验收有很大不同，这类测试常常需要很多资源，也比较耗时。因此，这类测试一般都比较靠后。不过，在此我们还是建议在项目开始时至少要建立一些基本的非功能测试，无论测试多么简单。对于复杂和关键的项目，开发人员应该在项目一开始就考虑分配一些时间去研究并实现非功能测试。

现实中可能会遇到不同的项目情况，我们该如何应对呢？

（1）新项目

新项目实现自动化测试成本比较低，通过建立一些相对简单的基本规则，并创建一些相对简单的测试基础设施，就可以很顺利地开始持续集成之旅。在这种情况下，最重要的是一开始就要写自动化验收测试。相对于项目开发迭代后再写验收测试来说，在项目开始就采用这样的流程是比较容易的。开始一段时间以后再考虑这一问题，你的代码框架很可能并不支持这种验收测试的书写，所以你不仅要寻找一些方法实现这些测试，还要说服那些持怀疑态度的开发人员，让他们遵守这个流程。

确保验收测试能够正确反映用户故事的业务价值非常重要，对于每个验收条件，都应该能写出一个自动化验收测试来证明项目交付用户所需的价值。这也意味着，从一开始，测试人员就应该参与需求写作的过程，并确保在整个过程，他们都能为自动化验收测试套件提供支持。

（2）进行中的项目

进行中的项目引入自动化测试最好的方式是选择应用程序中那些最常见、最重要且高价值的用例为起点。这需要与客户沟通，以便清楚地识别真正的业务价值，然后使用测试来做回归，以防止功能被破坏。

如果发现对同一个功能重复进行多次的手工测试，就要判断这个功能是否还会修改，如果不会，就可以考虑将这个测试自动化。相反，如果你发现花费了很多时间去修复某个测试，这说明这个测试所覆盖的功能一直在变化，这时就可能考虑把这个测试从自动化测试套件中屏蔽，等稳定后再打开。

（3）老系统

对于没有自动化构建流程的老系统，首要任务就是创建一个流程，然后再创建更多的自动化功能测试来丰富它。同进行中的项目一样，老系统的自动化测试目的也是做回归，对于老系统，创建回归测试的价值在于保护系统当前的功能。

对于创建一套广泛的自动化测试来覆盖高价值的核心功能，我们也不该花太多时间，因为这只是在保护已有功能。有了测试套件后，就要逐渐为新增功能添加相应的测试。对于老系统，这些覆盖核心功能的测试就是非常重要的冒烟测试。一旦有了这些冒烟测试，测试人员就可能开发新的用户需求或故事了。这时把自动化测试分成不同的层级很有用。第一级应该是那些非常简单且运行较快的测试，而且这些测试要能够验证你开发的功能。第二级是测试某个具体用户故事的关键功能。对于每个新功能，都应该创建有验收条件的用户故事，并将自动化测试作为这些用户故事的完成标志之一。

老系统的特点通常结构比较差、代码耦合度高，所以修改系统某部分代码就可能会影响另一部分代码。此时，比较有效的策略是在测试结束后仔细验证系统状态，还可以写更多的测试来检查一些异常条件。切记，只写那些有价值的自动化测试。基本上，我们可以将应用程序分成两部分，一部分是实现功能的代码，另一部分是为实现系统功能提供支撑的框架代码。绝大多数回归缺陷都是因为修改这些框架代码。因此，如果只是增加新功能，而不需要修改这个提供支撑的框架代码时，为这部分代码写全面的测试是没有价值的。

2. 自动化测试

笔者在工作中开发了不同的模型。刚开始工作时，采用的几乎是瀑布式开发模式。记得有一个项目，在整个项目生命周期中，前半部分是设计和编码，后半部分用来测试。然而，工作了一年多，也没有人看到一个完整的产品，直到项目快到期了，才匆匆地提供了一个演示版本。在开发过程中，从未形成一个完整的版本，因此无法验证它所带来的价值，也没有任何机会得到用户反馈。

后来，参与项目开始采用敏捷的开发模式，全栈团队，开发测试并行，每 2 ~ 3 周就交付一个版本。虽然比瀑布开发风险降低了不少，但 2 ~ 3 周的交付周期还是无法及时得到用户反馈。

现在，我们开始尝试 DevOps 的实践、开发和运维协同工作。每个迭代完成，或者每修复一个线上缺陷就立即部署验证。这样，我们就能够迅速获得反馈并且快速做出响应。

通过参与传统、敏捷和 DevOps 的项目，我深深地感受到流程的改进对团队以及项目的产出和质量所带来的改变。

那么，实施 DevOps 对测试提出了哪些挑战呢？

（1）测试速度

采用 DevOps 之后，根据项目情况一般都会每天部署一次，有的甚至一天部署多次。

频繁地部署软件，最大的挑战就是测试。以前，测试基本上都在开发阶段之后和产品上线之前完成。但现在，不再有充足的时间留给 QA 团队去发现问题再抛给开发团队来修复。那么，速度成了测试面临的一大挑战。

（2）质量保障

采用 DevOps 之后，部署变得频繁，测试的时间也非常有限，但还要保证产品的质量，这个矛盾怎么解决呢？其实，如果大家没有实践过，这里往往会想得比较复杂。事情都有两面性，频繁地提交代码，每次修改的内容也会比较少，影响的范围也会小，构建也不容易失败，当出现问题，也容易回滚。同时，频繁地提交代码使软件构建更有规则，可以保证预期的行为。这个时候的质量保障其实就是保证新功能和已有功能不被破坏，也就是回归测试的问题。

面对挑战，我们又是如何做测试呢？

我们一直主张建立分级测试体系，多层次、多角度地实现质量防护，嵌入流水线中，不同的阶段执行不同的测试。DevOps 强调将流程自动化，测试作为其中的一个重要环节，势必要大规模实现自动化。通过自动化测试解决了频繁部署所带来的挑战，同时保证产品的整体功能持续得到回归和验证。

图 12-12 是一个基本的软件发布流水线，分为 3 个阶段。根据我们的测试策略，把测试根据流水线的不同阶段进行了分级，并嵌入流水线中，最大化地实现自动化。

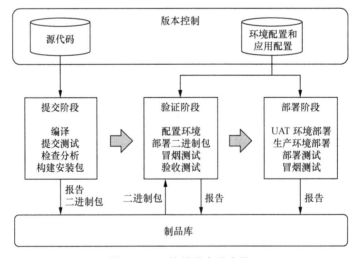

图 12-12　软件发布流水线

首先，对测试分级分层。我们根据流水线的不同阶段把测试分为提交测试、验收测试和部署阶段。提交阶段是从技术角度断言整个系统是可以工作的，因此该阶段测试的主要特点是全面、快速，有问题及时反馈给开发人员。测试阶段对应到测试象限图 Q1，主要做单元测试和组件测试。验证阶段是从功能和非功能的角度断言整个系统是可以工作的，因此该阶段测试主要验证应用程序是否交付了用户期的业务价值，包括应用程序提供的功能，以及其他特点的需求，如容量、安全性等。该阶段测试对应到测试象限图 Q2、Q3、Q4，如功能性测试、非功能性测试和页面相关的测试等。然而，为了应对 DevOps 对测试的挑战，基于流水线性能和自动化的考虑，又从不同的维度把验收测试分为功能性验收测试和非功能性验收测试、自动测试和手工测试。部署阶段的测试比较简单。到了部署阶段说明产品已经通过了层层考验，证明是没有问题的，所以这个阶段的测试只需要进行与网络、环境相关的冒烟测试即可。

其次，实现测试自动化。如果没有一系列全面的自动化测试，持续集成就是一句空话，因此实施 DevOps 关键就是最大程度地自动化。这时就需要对测试进行甄别，哪些适合进行自动化，哪些不适合。实践证明提交阶段的测试和基于 API 的功能性验收测试（Q2 象限），以及部分非功能性测试（如容量测试）是完全可以实现自动化的，而对于演示、易用性、探索性测试还是手工测试比较方便。

① 提交测试的自动化

提交测试主要是单元测试套件，但同时能够包含一小部分其他类型的测试也是非常有价值的。这样，我们也会对我们的产品更有信心。提交测试不易占用太长时间，最好在 5 分钟内完成。如果时间太长，大家在提交代码之前就不愿意在本地环境运行测试，提交也不频繁，因为每进行一次构建，都要等上一段时间。

项目开始的时候，我们只要把单元测试放在提交测试集中就可以了。但是，随着项目的进行，你就会掌握在验收测试和后续其他阶段中，哪些类型的失败是比较常见的，然后就可以把一些特定测试加入到提交测试集中，试着尽早发现问题，这也是一个不断优化流程的过程。

② 验收测试的自动化

验收测试种类很多，但我们要尝试把基于 GUI 的测试转化到对 API 的测试上，把功能验收条件验证对应到 API 上。这相对来说是一个小小的挑战，但如果开发人员、测试人员和客户一起工作，这完全不是问题。整个团队都应是验收测试的所有者，如果验收测试失败，整个团队都要停下来，马上修复它。

尽管验收测试非常有价值，但它们的创建和维护成本也非常高。所以要牢记，自动化验收测试也是回归测试，不要幼稚地对照着验收测试条件，盲目地把所有东西都自动化。对于一些复杂、效率低下的自动化测试，我们可以把它从自动化验收测试套件中删除，改为人工测试。

长期维护验收测试，需要有很强的原则性，必须保持测试实现的高效性和结构的良好性，特别是对状态管理，超时处理及测试替身。当新增验收条件时，要对验收测试套件进行重构，确保它们的相关性。

③ 容量测试自动化

每个系统都有非功能要求，但对于某些系统，并不需要连续不断地做非功能需求测试。根据我们的经验，如需要的话，完全可以在发布流水线中创建一个完全独立的阶段，用于自动化非功能测试。

对于任何系统，系统性能受限的地方就是瓶颈所在。容量测试阶段的关键在于，它告诉我们是否存在问题，以便可以修复它。过早的考虑性能问题往往会导致过分设计和不恰当的优化。

项目不同，对待容量测试阶段的方式也不同。有的项目像对待验收测试那样，把容量测试作为自动发布流水线上的一个关卡。然而，对于很多应用程序，判定是否可接受更具主观性，通常根据实际容量测试阶段的结果，由人来判定该版本是否作为候选版本来部署。

最后，度量测试结果。反馈是所有交付流程的核心，度量是所有改进的基础。DevOps 讲究的是效率和质量，因此度量不但要关注测试的结果，还要关注测试的效率；不但要关注测试的代码覆盖率，还要关注测试的代码重复率；不但要关注具体的测试用例，还要关注相关负责人。只有做到全面的监控和度量，才能进行针对性的流程优化。根据精益思想，流程优化不但要考虑局部优化，更要考虑整体优化。

12.4.5　实现软件生产流水线

在 DevOps 平台，我们实现软件生产流水线的总体思路是在流程管理中进行设计，然后通过 Jenkins 进行调度执行。流程管理负责进行流程定义和部署架构的设计，生成 Jenkins 的 Pipeline Job 的配置文件；然后 Jenkins 根据这个配置文件创建并执行 Pipeline Job；流程管理再通过 Jenkins 的 Rest API 跟踪执行进度并得到结果。

无论是从零创建新项目，还是想为已有的系统创建一个自动化的流水线，通常都应该使用增量方法来实现。接下来，我们将描述如何建立一个完整的流水线。一般来说，建立流水线需要如下步骤：

① 对生产流程建模，并创建一个可工作的简单框架；
② 将构建和部署流程自动化；
③ 将单元测试和代码分析自动化；
④ 将验收测试自动化。

1. 持续发布流水线

图 12-13 是一个持续发布流程图，示例中将流水线分为 3 个阶段：提交阶段、验证阶段、部署阶段。提交阶段主要完成程序的构建，包括代码加载、编译、单元测试的验证、代码分析、打包等，以尽快给出构建结果反馈。验证阶段基于主线集成和多环境的自动化测试验证，分支输出可部署的镜像。部署阶段基于已发布的镜像，提供人工节点完成一键部署。

软件持续发布流水线说明如下：
① 用户向 Git 提交代码，代码中必须包含 Dockerfile；
② 代码提交后触发 Jenkins 自动化构建；

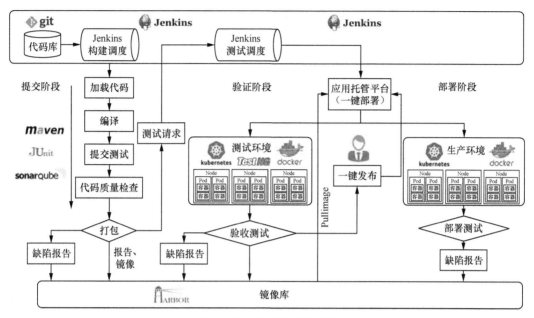

图 12-13 软件发布流水线

③ Jenkins 通过集成 Maven、Junit、SonarQube 等工具自动完成代码获取、编译、单元测试、代码质量检查等工作，最后打包生成 Docker 镜像推送到 Harbor 镜像仓库；

④ 镜像生成后，Jenkins 调用应用托管平台提供的 API，部署镜像到 Kubernetes 集群中，进行验证测试；

⑤ Jenkins 调用 TestNG 接口完成自动化测试和其他相关验收测试；

⑥ 验证通过，是可以直接触发生产环境发布流程，然而我们不建议这么做，因为向生产环境部署还是要谨慎的；这里加入了一个人工节点，希望让测试人员或运维人员手工选择需要的版本，实现一键发布；

⑦ 生产环境部署与测试环境部署采用的是相同流程，只不过测试环境部署是通过 Jenkins 调用应用托管平台的 API，而生产环境部署是由运维人员直接通过托管平台提供的一键部署功能将应用部署到 Kubernetes 集群中；

⑧ 生产环境部署完成，Jenkins 会启动自动化部署测试，用于验证服务器的状态、网络等设备是否正确。

2. 对生产流程建模

生产流程是企业进行软件生产的工作流程。生产流程建模前我们必须要对原来的流程进行统一的规划和量化，主要包括如下信息：生产流程分几个阶段，每个阶段有多少个步骤，每个步骤主要的工作，以及完成工作可接受时间等。如本节中的发布流水线，第一阶段是提交阶段，用来构建应用程并运行基本单元测试和代码审查；第二阶段用来运行验收测试；第三阶段用来向生产环部署应用。

一旦有了生产流程图，我们就可以用持续集成和发布管理工具对流程进行建模了。

如果所用工具不支持直接对流程建模，我们可以使用组件间依赖来模拟它。第一阶段，这些组件应该什么也不做，只是作为被依次触发的占位符，当有人提交代码到版本控制系统时，就应该触发提交阶段流程。当提交阶段通过以后，第二阶段验收流程应该被自动触发，并使用第一阶段刚刚创建的镜像文件。第三阶段要求具有单击按钮来选择待发布版本的能力。

建模完成，接下来，就让这些占位符真正做些事情。假如项目已经全面展开，那么把已有的构建、测试和部署脚本放进去就可以了。如果还没有的话，可以先创建一个从头到尾的轮廓，即用最少的工作量先将所有的关键元素准备就绪。首先是提交阶段，如果还没有写代码和单元测试，就可以先写一个最简单的"Hello Word"，再写单元测试，而这个测试只是"assert"（true），其次完成部署，最后进行验收测试。

对于一个新项目，上述内容都应在开发工作正式开始之前完成。如果是迭代开发，这是第一个迭代周期内的主要工作。另外，QA 和运维人员也应该参与到流程建模的过程中来。

3. 构建和部署过程自动化

实现软件生产流水线的第一步是将构建和部署流程自动化。构建过程输入是源代码，输出是镜像文件。每当有人提交代码后，持续集成服务器 Jenkins 应捕获到变更，签出或更新源代码，启动自动化构建流程，并将生成的镜像文件放到 Harbor 镜像仓库，同时整个团队都能够通过 Jenkins 服务器用户界面获取镜像。

构建流程完成后，就该做自动化部署了。实现自动化部署的关键是对主机的资源管理。对主机资源管理常用的方案有 Mesos + Marathon 和 Kubernetes，不同资源管理的方案对自动化部署的影响还是比较大的。我们采用的是直接通过 Jenkins 把构建流程与应用托管平台打通，实现自动化部署。

部署实现自动化后，并不意味着就一定要实现整个生产流程的自动化，我们建议在进行生产部署时还要保留一键发布的能力，即增加人工节点，可以自由选择候选版本进行发布。这是因为很多情况下我们的验收测试可能并不让人放心，需要辅助其他的测试手段，如果贸然地实现整个生产流程的自动化，风险太高。当然，对功能相对单一的应用或微服务实现整个生产流程全自动化也是没有问题的。

4. 自动化单元测试和代码分析

提交阶段的重要工作就是运行单元测试，进行代码分析。运行单元测试不需要太复杂的步骤，因为根据单元测试的定义，它并不需要运行整个应用程序，只需要一个 JUnit 风格的单元测试框架，把单元测试套件配置到 Jenkins 调度流程中即可。

因为单元测试并不需要访问文件或数据库，所以运行速度会很快，这也是构建应用程序之前先运行单元测试的原因。与此同时，还可以运行一些静态的代码分析工具（SonarQube），得到一些有用的分析数据，如代码风格、代码覆盖率、耦合度等。

随着应用软件不断变得复杂，就需要写更多的单元测试或组件测试。这些测试应该在提交阶段完成，一旦提交阶段运行时间过长（超过 5 分钟），就要考虑优化方案，如分组并行执行，因为提交阶段的执行效率是整个生产线能否成功推进的关键。

5. 自动化验收测试

验收测试分功能测试和非功能测试，刚开始时，我们完全可以把验收测试和性能测试放在同一个阶段里运行。之后，为了更容易知道哪类测试失败了，可以再将它们分开。一套好的自动化验收测试会帮助你追查随机问题和难以重现的问题，如竞争条件，死锁，以及资源争夺，这些问题在应用发布之后，就很难再被发现。

当然，在生产流水线中，提交阶段和验证阶段需要运行哪些测试取决于测试策略。在项目初期，每种测试至少一到两个用例，并把它们放在生产流水线中，这样，初步框架建好了，以后随着项目的进展，流水线就比较容易维护了。

业界也有比较成熟的验收测试方案。基于 API 的验收测试工具有：TestNg、Robot；压力测试有 JMeter；前端测试工具有 Selenium。这些工具都可以很好地与 Jenkins 结合。

6. 流水线的改进

尽管每个项目流水线的实现技术或细节都会有很大不同，但对于大多数项目来说，每个阶段的目标都是一样的。流水线最终是为了对软件构建、测试、部署和发布流进行建模，并确保每次修改都能以一种尽可能自动化的方式走完整个流程。

实现软件生产流水线，不仅仅是流程自动化，效率提升，也是对整个组织工作方式的重构。组织会对流程有影响，而流程也应该反映组织的需求。

首先，实现流水线，并不需要一次性完整实现，而应该增量完善。如果流水线有手工操作部分，就在流水线中为它创建一个占位符。当开始和结束手工任务时，我们应确保流水线中记录下这两个时间点，这样就可以看到每个手工过程消耗的时间，并估计这一活动对流程的影响，考虑是否进行自动化改造。

其次，发布流水线是构建、测试、部署整个应用过程中最有效也是最重要的统计数据来源。流水线应该记录每次活动的开始和结束时间，以及流程的每个阶段中修改的内容，根据这些数据分析整个流程的效率和问题，并根据优先级来解决它们。

最后，生产流水线是一个有生命的系统。随着交付流程不断地改进，生产流水线也应该不断变化，加以改善和重构。

12.4.6　数据度量

正如前面所讲，DevOps 是一个能力环，我们需要做的是持续地对我们的软件交付过程进行优化，发现软件交付过程各个环节中存在的瓶颈并进行改进。而数据度量就是帮助企业去发现持续发布流水线中的瓶颈和不足并做出改进的基础。

然而，度量什么，选择什么样的度量项对团队行为有很大影响。根据精益思想，对于流水线的改进应该考虑整体优化，而不是局部优化。如果你花很多时间去解决某个瓶颈，而这个瓶颈在整个交付流程中并不是一个真正的约束的话，整个交付流程并不会有根本性的变化。因此，我们应该对整个流程进行度量，从而判定发布流程作为一个整体是否存在问题。

对于软件发布过程来说，最重要的全局度量指标就是周期时间。它指的是从决定开发或修改某个功能开始，直到把这个功能交付给用户的这段时间。一旦知道了应用程序的周期时长，我们就能找到最佳办法来缩短它，可以按照下面的步骤来做优化。

① 识别系统中的约束，也就是识别构建、测试、部署和发布这个过程中的瓶颈，如手工测试部分。

② 确保供应，即确保最大限度地提高流程中这部分的产出。我们的经验就是保证手工测试所需的资源不会被其他工作占用。

③ 根据这一约束调整其他环节的产出。例如，开发人员在全力开发功能时，可能会造成手工测试积压，这时可以调整开发人员的工作，让他在保证测试供应的同时，多写一些自动测试来捕获缺陷，这样就可以提升测试人员手工测试的效率。

④ 为约束环节扩容，如果周期时间还是太长，就要向该瓶颈环节增加资源了，例如增加更多测试人员，或者在自动化测试方面投入更多精力。

⑤ 理顺约束环节并重复上述步骤，即在系统中找到下一个约束，并重复第①步。

尽管周期时间是软件发布中最重要的度量项，但还有一些度量项可能对问题起到警报作用。这些度量项如下：

① 自动测试覆盖率；

② 缺陷数量；

③ 每天提交到版本控制库的次数；

④ 每天构建次数；

⑤ 每天构建失败次数；

⑥ 每次构建所花时间，包括自动化测试时间；

⑦ 发布成功率。

有了度量数据，如何展现这些数据也值得斟酌。例如项目经理可能想在一个页面中非常直观地看到聚合的分析汇总数据，而程序员可能会希望看到详细数据。好在，现在数据展示方式已非常丰富，如监控仪表盘、进度条、表格、图表等。不论是哪种方式，这里要强调的是，一定要创建一个聚合所有信息，并且人们可以非常直观地识别流程中的关键问题，支持回归查看。因此，这就要求数据显示必须可视化，并将数据保存，以便今后能够对每个团队进行追踪分析。

第四部分
打造下一代基础架构平台

第 13 章
多租户架构

随着云计算的兴起，分布式计算、网络存储、虚拟化、容器化等技术得到了深远的发展。多租户技术是云计算的重要部分，通过多租户技术可向用户提供计算、存储以及应用等多种服务。

多租户是实现云计算商业模式的核心技术，能够为众多用户提供共享的软件、硬件、网络资源，每个用户以租户的方式按需申请和使用资源。多租户架构通过降低分摊在每个租户上的成本，实现规模经济，能够降低服务交付、运维的成本，使企业利益最大化。

在多租户模式中，多个租户共享应用实例，需要考虑如何隔离，既要保障数据之间的隔离与共享，还要保障不同租户数据的安全性。

在多租户应用正常运行阶段，租户负载随着业务量的变化会发生周期性或突发性的调整，为保障租户的服务质量以及最大化提高资源利用率，需要对租户资源进行动态调整及负载路由，因此，多租户系统需要能够进行资源的动态、自动化调整。

13.1　多租户的模型及体系结构

当前多租户技术还没有一致定义，但具备统一配置、可扩展、可按需自动调整资源已成为多租户实现的基本能力。微软工程师根据多租户应用部署的不同方式提出的多租户应用的四级成熟度模型被业界广泛接受和使用。多租户应用的四级成熟度模型如图 13-1 所示。

第一级成熟度模型为每个软件服务提供商分配一个独立的数据库实例和应用服务器实例，数据库中的数据结构和代码可根据客户需求定制化修改，每个客户有独立的代码。但是不同客户软件之间可以重用和共享少量可公用的组件、资源库等。这种模型相对于传统软件，在架构上没有差别。在这种模式下，我们需要为每个客户定制开发、单独部署等，很难达到规模效应。

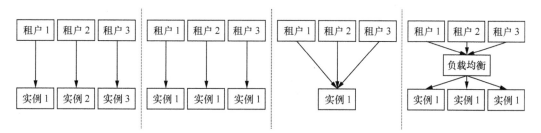

图 13-1　多租户应用的四级成熟度模型

第二级成熟度模型下每个租户也是单独部署一个应用实例，但所有租户共享一套代码，租户通过应用提供的配置选项进行个性化设置。第二级模型是第一级的改进，也是针对每个客户的定制化可以通过配置方式实现，而不需要维护不同版本的代码以及不同数据库。这种模式需要供应商提供足够的资源，同时运行多个应用实例，对服务器资源占用较多。

第三级成熟度模型下所有租户共享一个应用实例，租户通过元数据进行个性化配置，通过访问控制策略进行租户之间的数据隔离。由于多个租户共享一个应用实例，第三级成熟度模型减少了部署多个应用实例的资源开销，相比第一级、第二级模型提高了资源利用率。

第四级成熟度模型提供了更好的系统扩展性，通过在租户和应用实例之间增加负载均衡层，系统可以方便地通过增加或减少应用实例来满足租户数量以及租户业务量的变化，满足系统的可扩展性。

对于多租户共享应用，多租户应用的数据库设计方式和传统应用数据库设计方式也有所不同。多租户数据库模式有以下 3 种（如图 13-2 所示）。

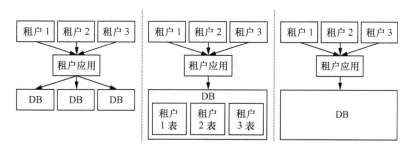

图 13-2　多租户数据库模式

租户独享数据库方式，每个租户使用单独的一个数据库，租户数据通过数据库进行隔离，安全性较好。通过元数据对租户数据库进行管理，租户可以方便地进行个性化的配置。但是，由于数据库会占用较多的服务器资源，当租户数量较大时，会占用大量的服务器资源，因此，独享数据库方式资源共享度较低。

　　租户共享数据库独立模式，所有租户共享一个数据库实例，每个租户拥有一套自己的数据表。在这种模式下，当有新租户加入时，只需要在共享数据库中为该租户创建一套数据表。租户数据之间通过数据表进行隔离。在资源相同的情况下，较前一种方法支持的租户数量增加很多。但是，由于每个租户都拥有一套数据表，当租户数量较大时，数据库中的数据表数量会大量增加，并且每个数据库支持的数据表数量有限，因此，当数据库表数量达到一定程度时，会导致服务器性能急剧下降。

　　租户数据库共享模式，所有租户数据存储在同一个数据库中，同一张表中存放不同租户的数据，当租户访问数据时，需要通过租户编号来提取所属租户的数据。由于第三种方式中各租户共享数据库资源，无须额外的数据库实例和架构，资源利用率与前两种方式相比是最高的，但是这种模式数据隔离性较低。

　　Koziolek H 采用 Web 系统分层设计的思想，从表现层、应用层、数据库层方面考虑，提出一种具有定制化、可扩展、资源共享的多租户框架，多租户架构模型如图 13-3 所示。

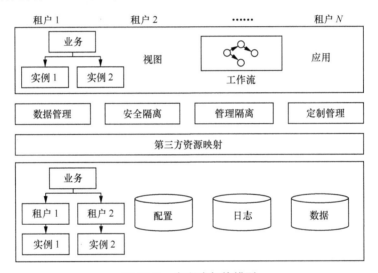

图 13-3　多租户架构模型

　　该模型定义了框架的组件、连接器、数据元素等组成部分以及各部分之间的约束条件，通过在每层加入负载均衡器可以实现对 Web 服务节点、应用服务节点以及数据库服务节点资源的弹性管理。

13.2　租户隔离

　　在多租户架构下，由于多个租户共享软硬件资源，因此，如何在租户之间进行隔离以保证租户数据的安全是一个关键问题。当前有以下几种租户隔离方式：物理隔离、虚拟隔离、中间件隔离、共享中间件隔离，如图 13-4 所示。

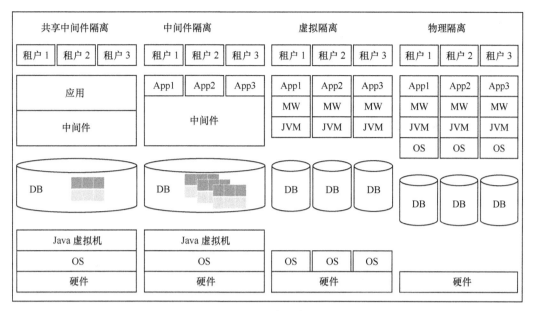

图 13-4　租户隔离方式

在物理隔离方式下，每个租户占用一台服务器，隔离性最强。随着租户数量的变化，我们只需要增加或减少服务器的数量就可以方便地进行系统扩展。如果租户量大，就会造成服务器资源利用率低。

使用虚拟化技术进行租户隔离，每个租户部署于一个单独的虚拟机中，既保证了租户之间的逻辑隔离，多个租户又可共享物理服务器资源，提高服务器利用率。当租户数量发生变化时，只需要增加或减少虚拟机数量，当虚拟机数量不足时，相应地增加虚拟机数量就可以达到扩展需求。由于虚拟机的独立性，因此易于复制和移动，虚拟机能真正同时运行多个操作系统，每个操作系统都是独立互补的，可以进行虚拟分区、配置，提高硬件资源利用率。

与共享中间件方法相比，服务器虚拟化不需要为启用多租户进行大量代码开发。在物理服务器上进行服务器虚拟化之后，对于每个租户，服务提供商实例化一个虚拟服务器，它包含与这个租户相关的软件、中间件和应用。

基于中间件的隔离，通过为不同租户使用不同的中间件实例进行租户之间的隔离。租户使用应用程序不同的实例，这些实例部署在中间件的不同实例中。租户共享操作系统和服务器。因为中间件实例是不同的，所以每个租户有自己的操作系统进程。因此，这个模型要求在操作系统层保持租户隔离。这种方法在相同的物理服务器上支持的租户数量较少但提供较强的租户隔离。但在操作系统和服务器层仍然有隔离的问题，如一个租户的用户可能占用物理服务器中较多的 CPU 和内存，不能保证租户的服务质量。

基于应用的隔离需要应用开发商在应用中解决租户隔离问题。在应用层实现多租户的支持，是指在同一款软件资源基础之上，通过应用组件或服务在租户间的充分共享，实现对大规模多租户的支持。同时,租户间的数据是隔离的,并能对应用进行个性化定制。

租户隔离的方法不同,但隔离问题的本质基本相同,就是在租户之间进行数据以及应用性能的隔离。

13.3 多租户管理平台

运营商新一代业务系统建设,以互联网架构为参考目标,提出了"厚 PaaS、薄应用"的系统建设原则,目前正逐步实现系统拆分和中心化建设。随着中心化建设的落地,运营商新的目标是打造承载技术服务和业务服务的平台,实现资源与应用的联动,实现业务能力的共享和复用,加强 IT 的统一运营管控能力,助力全网 IT 的协同化、一致化、集中化,促进企业内部系统的架构标准化和资源共享。届时,各省公司将以租户的方式接入集团统一平台,共享集团业务,多租户已成为电信行业规范中的重点要求。

13.3.1 管理平台架构

基于容器化技术的多租户应用管理平台的目标是能够支持多租户应用的部署和管理,体系结构分为 3 层,包括应用管理层、资源管理层和基础设施层,如图 13-5 所示。

图 13-5 多租户管理平台架构

应用管理层。应用管理层在云计算基础设施上为用户提供应用软件部署和运行环境的服务,能够为应用程序的执行弹性地提供所需的资源并根据用户程序对应实际资源的使用收取费用。这一层主要负责应用管理、SLA 管理、计费管理、运营分析等。软件开发商完成应用的开发后，需要将应用注册到多租户平台，完成注册后，租户才可以通过应用注册中心查找需要的应用。租户可根据自己的业务需要，对应用进行性能定制，应用管理层能通过资源管理为租户分配资源。应用管理员可以查询租户的访问记录，进行流量分析以及计费管理等。

资源管理层。资源管理层是多租户应用平台的关键部分，包括租户资源计算、分配、监控等。资源管理层通过租户对服务质量的要求为用户计算并分配所需资源。通过监控各租户的运行状态，以及负责的周期性变化，包括用户并发访问量等，预测租户在不同时间所需的资源数量，自动进行资源动态配置，保障多租户应用的可伸缩性和高可用性。

基础设施层。基础设施层使经过虚拟化后的计算资源、存储资源和网络资源能够以服务的方式被资源管理层使用。基础设施层采用服务器虚拟化技术在一台物理服务器上运行多个虚拟机，不同虚拟机之间相互隔离，可以运行不同操作系统，使得硬件资源的复用性成为可能。

13.3.2 多租户管理平台的实现原理

基于容器化的多租户架构运用容器化技术实现了租户之间的隔离和 QoS 管理，首先利用容器化技术为每个租户建立一个资源池，该资源池规定了租户的逻辑资源边界。初始化虚拟资源池，采用基于租户 SLA 的虚拟资源分配算法初始化资源池的虚拟资源。然后通过租户安置算法对租户进行安置，使租户与实际物理资源相关联。再通过对逻辑隔离状态下的各租户的服务性能进行监控和管理，这里主要是应用准入控制算法控制租户的响应时间。最后对租户的服务情况进行监控，通过虚拟资源的动态分配算法实现租户虚拟资源的动态调整以及总体资源利用率的最大化。多租户管理平台的工作原理如图 13-6 所示。

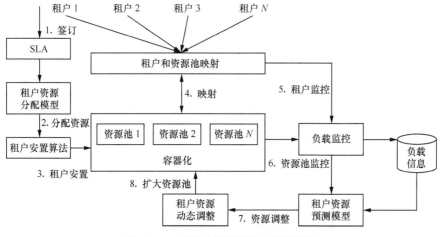

图 13-6　多租户管理平台的工作原理

多租户框架运行分为租户安置和租户使用两个阶段。租户安置阶段，平台主要负责租户的资源分配以及租户的安置工作，通过对租户分配资源，将租户与资源池映射起来。在租户安置阶段，框架需要完成如下工作：

① 租户与服务提供商签订服务质量合同；

② 根据服务质量合同对租户进行资源分配；

③ 租户安置；

④ 租户与资源池映射；

⑤ 用户访问。

租户使用阶段，平台负责监控租户、容器资源以及物理服务器的负载情况，根据资源使用情况进行负载均衡，保证租户的服务质量。在服务器负载过高时，通过调整逻辑资源池大小的方法保证服务质量。在租户使用阶段，框架主要完成如下任务：

① 资源监控，监控租户的虚拟机、物理机的资源使用情况并汇总；

② 租户负载预测模型根据租户历史负载信息对租户负载情况进行预测，提前预估租户负载的变化情况；

③ 根据负载情况，随时向容器资源调度平台申请资源并部署应用，达到负载均衡的目的。

13.3.3　多租户的访问控制

基于角色的访问控制是一种非常通用的技术，基本思路是：分配给每一个用户合适的角色，每个角色都具有对应的权限，角色是安全控制策略的核心。平台基于角色的访问控制授权模型如图 13-7 所示。

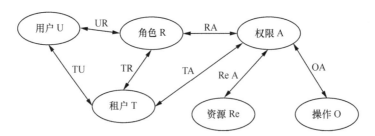

图 13-7　平台基于角色的访问控制授权模型

在模型中，用户 U 和角色 R、角色 R 和权限 A、资源和操作之间都是多对多的关系。同一用户可以有多种角色，同一角色可以被赋予多个用户，同一角色可对多个资源有访问权限，同一资源可赋权给多个角色。角色是系统根据管理中相对稳定的职权和责任来划分的，每种角色可以完成一定的职能。用户通过扮演不同的角色获得角色的所有权限。通过将权限分配给角色而不是用户这一操作，在权限管理上提供了极大的灵活性。

模型的关系：

① 租户和权限之间的多对多的关系，租户可根据自己的业务需要选择权限；

② 租户和用户之间是一对多的关系，一个租户可以有多个用户，但一个用户仅隶属于一个租户，用户只能访问所属租户下的权限；

③ 租户和角色是一对多的关系，即一个租户可以设置多个角色；

④ 角色和权限之间是多对多的关系。

13.3.4　多租户的安全访问

在当前云计算资源共享的情况下，对于多租户应用，不仅要解决应用内的安全访问控制，还要解决跨域的安全访问问题。如图 13-8 所示是一个两层安全访问控制架构。

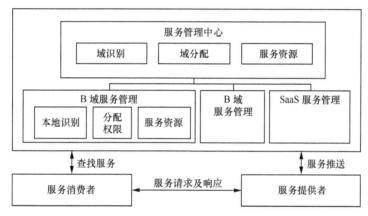

图 13-8　两层安全访问控制架构

在两层架构中，服务管理中心负责总体安全访问控制，而本地服务管理部分负责每个安全域内部的安全访问控制。每个应用也都有自己的安全访问控制模块，或采用不同的安全控制方法，如基于角色的访问控制、强制访问控制等。这些应用的访问控制各自独立运行，给应用的互访安全带来一定的问题。

服务管理中心由 3 个部分组成：一是域标识管理功能，负责管理不同安全域的身份表示；二是域权限管理功能，负责管理虚拟用户以及虚拟用户的权限；三是服务资源管理功能，负责管理所有服务资源信息。虚拟用户是一种抽象用户，可以进行域内或域外的安全访问。当一个服务在本地服务管理内注册时，一份拷贝的服务信息就会立刻送到服务中心，每个本地服务管理模块和上层模式一样，只不过它们管理本域内的用户身份信息和服务信息。多租户服务管理和其他服务管理不同，因为在多租户架构中，用户只能访问所属租户的数据和操作。当其他应用需要访问多租户应用时，除了正常的访问控制信息外，还必须由租户 ID 用以区分租户。

在跨安全域环境下，如果没有访问权限，不同安全域的服务不能直接相互访问。一个域中的应用调用另一个域中的应用流程如图 13-9 所示。

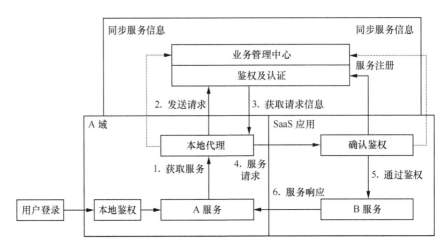

图 13-9　一个域中的应用调用另一个域中的应用流程

用户 A 登录安全域 A，如果登录成功，服务 A 尝试调用服务 B。首先在安全域 A 查找服务 B，如果找到服务 B 的信息，则说明服务 A 和服务 B 在同一安全域中，服务 A 可以根据安全域 A 中的权限要求直接访问服务 B。如果没有在安全域 A 中找到服务 B 的信息，则属于跨域访问，服务 A 生成身份代理并将服务请求提交给上级服务管理中心。

服务管理中心首先查找无服务 B 的信息，如果找到，则通过域权限管理检测是否对服务 B 有访问权限，如果有访问权限，服务管理中心返回服务 B 的状态调用参数要求以及绑定信息。

对于访问多租户应用，服务请求不仅需要具有访问权限，还需要表明访问哪个租户的数据，这需要将租户 ID 也作为参数发送给服务 B。如果通过多租户访问控制要求，则服务 A 调用服务 B。根据租户 ID，服务 B 返回响应信息。

第 14 章
能力开放平台

互联网的发展让世界连接得更加紧密。连接是互联网的核心能力，通过连接形成生态圈，通过连接打通产业链。2015 年国家提出的"互联网＋"也是利用互联网的连接能力，打通上下游，提升生产协作效率。连接一切，一切互联已是大势所趋。运营商作为信息社会的一个节点，是开放还是封闭无须争辩。能力开放平台就是运营商打造的与外界连接的桥梁。

本章将讲述运营商能力开放平台的设计与实现。

14.1 总体设计

能力开放平台的建设试图打造一个一站式对外能力开放的服务平台。开发者通过平台可以查看和申请服务；运营者可以把服务提供者提供的服务注册到平台，并发布成能力供开发者使用，同时运营者作为管理者提供对开发者的接入管理。能力开放平台（如图 14-1 所示）从运营者的能力准备到开发者的能力申请和能力使用整个过程全部在线上完成。

能力开放平台的功能架构共有 3 层。第一层是平台的门户层，对外提供开发者视图，是提供给第三方用户的工作台，用作第三方用户的接入管理，如用户注册、应用注册、能力查询、统计分析等功能；对内提供运营者视图，是提供给平台运营者的工作台，用作平台的日常运营管理，如开发者管理、应用管理、能力管理、待办审批管理等；后台门户是为平台运维人员提供的操作页面。第二层是接入管理层，主要负责能力的接入控制和接入安全管理。第三层是服务管控层，主要负责原子服务的接入管理和运行管控，提供服务注册、服务编排、服务上下线、服务接入适配、服务路由等功能。

下面介绍能力开放平台中涉及的几个重要的概念。

① 原子服务。该服务指服务提供者（业务中心或其他服务系统）向能力开放平台提供的服务，由于该服务并不能被外部应用直接调用，因此称为原子服务。

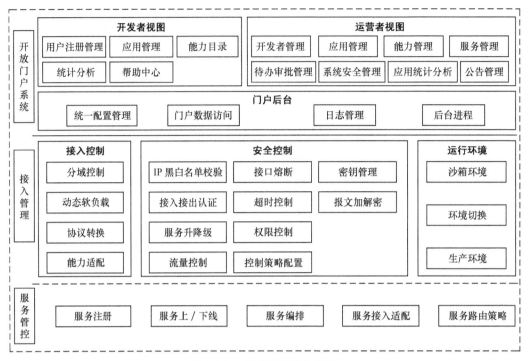

图 14-1 能力开放平台架构

② 能力。该能力是能力开放平台向外提供的服务。能力更多体现的是一种综合素质，但其表现形式还是服务，因此，这里的能力又称能力服务或服务，它由能力开放平台根据原子服务创建而成。能力创建相当于对原子服务进行了二次封装，以适应外部不同应用环境。一个能力服务往往会封装一个或多个原子服务（多个原子服务需要经过服务流程编排）。

③ 开发者。开发者指应用能力的机构或个人，通常指运营商的合作伙伴、互联网、电商等第三方平台，也可能是运营商内部使用该平台进行应用开发的渠道和部门。

④ 应用。该应用是开发者的应用集成平台，是开发者和能力开放平台间的纽带。开发者通过应用完成对能力的集成和调用，如手机 App、电商平台等。

能力开放平台的整个能力开放过程包括 3 个步骤：能力准备、能力接入、能力使用，如图 14-2 所示。

能力准备是能力生成的过程，包括服务注册、服务编排和能力创建 3 个步骤。服务注册是向能力开放平台注册服务提供者提供服务接口信息；服务编排是通过流程编排工具把几个服务连接起来，聚合成一个服务执行流程；能力创建是对原子服务或服务流程进行二次封装（重命名、参数映射等），形成新的服务（又称能力），目的是适应外部不同的应用环境。

能力接入是能力申请使用的过程，包含开发者注册、应用注册、能力申请、沙箱测试和应用发布。开发者注册是对第三方使用能力者进行用户信息登记，经运营者审批通过后才能成为有效用户；应用注册是开发者注册的自己的应用平台信息；能力申请是开发者向运营者提交使用的能力，审批通过后才可以连接生产环境；沙箱测试是平台提供给开发者的一种测试环境，开发者在进行应用集成开发时，只能通过沙箱来进行功能验证。沙箱测试不保证数据的有效性，但可以确保所调用服务的可用性（如网络连通性、协议转换、参数转换等）；沙箱测试完成后，开发者就可以进行正式的应用发布，应用发布成功后，能力开放平台将放通申请的能力访问生产环境。

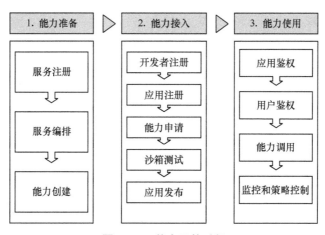

图 14-2　能力开放过程

能力使用是对接入进来的应用和能力进行安全管控，包含应用鉴权、用户鉴权、能力调用、监控和策略控制。应用鉴权是对接入的应用进行权限验证，以防止非法的应用接入；用户鉴权是对访问用户进行身份验证，以防止非法用户接入；能力调用是一个任务转换的过程，会根据能力的类型把任务转接给所封装原子服务或服务流程，最终到达各个业务中心或业务系统来实现业务办理；监控和策略控制是对调用过程的一种管理手段，策略控制可以是安全策略，也可以是路由策略。

14.2　能力开放门户

能力开放门户是一个单独的 Web 工程，通过不同的视图向不同的用户提供可视化的业务操作能力。

14.2.1　开发者视图

开发者视图是能力开放平台提供给开发者的操作控制台，提供了用户信息注册管理、应用管理、能力目录、能力申请、统计分析等功能。通过一站式流程化的方式完成自助应用的接入。开发者门户首页如图 14-3 所示。

图 14-3　开发者门户首页

　　用户注册管理是开发者向能力开放平台登记自己的信息。需要引用能力开放平台提供的能力，首先需要注册为开发者。开发者分个人开发者和企业开发者，用户注册时选择用户类型。如果是个人开发者，需要输出用户名、身份证号、联系方式等信息。如果是企业开发者，则需要输入企业名称、法人姓名、营业执照等信息。注册信息完成后提交审批，平台运营人员审批通过后，该用户就成为平台的合法开发者。

　　应用管理是开发者向能力开放平台登记的应用平台信息，内容包括应用平台名称、应用分类、应用简介等应用基本信息，以及加密类型、加密算法、调用返回 URL、授权回调地址、签名算法、绑定域名、应用 IP 等安全管控信息。应用平台是开发者开发的业务系统，是能力调用的入口，开发者只有注册了应用才可以申请能力。

　　能力申请是一个能力授权过程，与应用管理绑定在一起，这是因为没有脱离应用的能力使用。开发者如果要在应用中引入某些能力，需要进行能力申请，审批通过后才可以使用，否则只能做一些沙箱测试。

能力目录是能力开放平台向外提供的能力展示形式。平台通过能力目录向外展示平台提供的所有能力，开发者可以通过目录去查看平台的能力列表，也可以通过查询条件去检索。

统计分析主要提供一些应用的能力使用情况，如流量信息、异常信息等。

下面我们通过操作页面来介绍第三方应用接入能力的过程，如图 14-4 所示。

图 14-4 应用能力接入过程

从应用创建页面流中可以看出应用要接入能力开放平台中的能力需要 5 个步骤：① 注册应用信息；② 选择该应用要用到的能力；③ 对选择的能力进行沙箱测试以保证服务的可用性；④ 测试通过后提交申请；⑤ 等待运营者的审核结果。审核通过，意味着对该开发者注册的应用申请的能力授权成功。但是到了这一步，应用还不能真正调用能力服务，还需要进行应用发布，应用发布完成后平台才会放通应用对生产环境的访问。

14.2.2 运营者视图

运营者视图是能力开放平台提供给平台运营者的管理控制台，主要功能包括开发者管理、应用管理、能力管理、服务管理、运营统计分析、系统安全管理、待办审核管理、公告管理等。运营者门户首页如图 14-5 所示。

图 14-5　运营者门户首页

开发者管理主要包括合约管理、签约关系管理、发票管理、套餐管理等。通过开发者管理，运营人员明确了与开发者责权关系，还可以为开发者定制套餐优惠政策。

应用管理主要是对开发者注册的应用及其申请的能力进行管理，包括应用查询、应用暂停、应用恢复、应用下线、应用流量配额分配、应用与能力间绑定关系管理等功能。

能力管理提供了对能力的生命周期管理，包括能力查询、能力创建、能力暂停、能力下线等功能。

服务管理提供对原子服务的服务注册管理、服务编排、服务上线、服务下线、服务注销等服务生命周期管理。

运营统计分析提供对能力开放平台相关运营指标的数据分析。运营统计分析从能力、应用、开发者 3 个维度和不同的时间段提供对能力的调用次数、调用成功率的数据分析，如能力调用量统计分析、应用的流量分析、开发者的流量分析、能力的流量分布、能力调用异常统计等。

系统安全管理提供黑白名单管理和用户授权、鉴权管理。

待办审核管理用于运营者受理开发者提交的各种申请审批，如开发者应用申请、能力申请、流量配额申请等。

公告管理是对平台内的公告进行管理。发布公告需要经过审批，审批通过后，开发者视图首页才可以显示平台发布的公告通知信息。

下面我们通过能力创建操作页面来介绍运营者能力的创建过程,如图 14-6 所示。

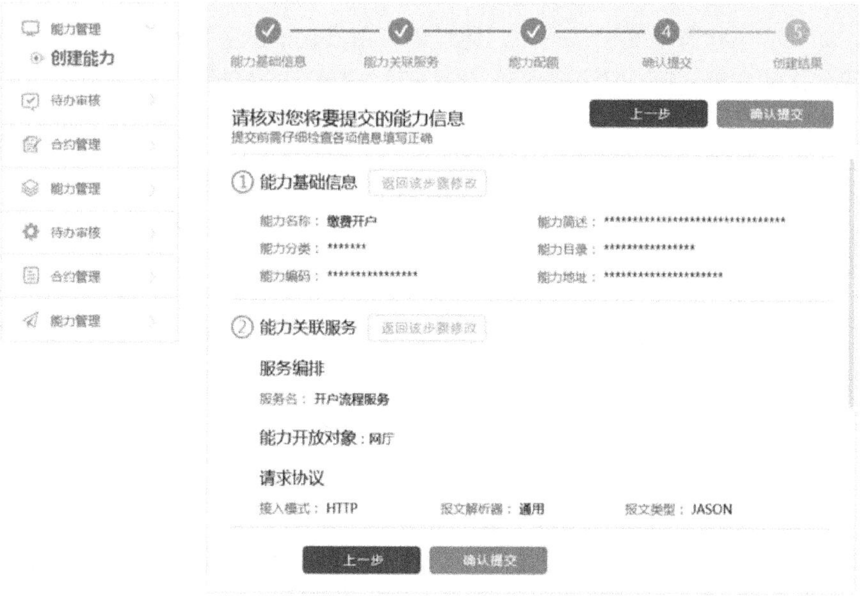

图 14-6　能力创建页面

从能力创建页面中可以看出能力创建的过程分为 5 个步骤:① 能力基础信息的录入;② 选择能力要关联的服务(包括原子服务和服务流程);③ 对能力进行流量配额设置;④ 信息确认并提交申请;⑤ 等待运营者的审核结果,审核通过后该能力状态为上线状态,才可以被外部调用。

能力创建的前提是要有准备好的原子服务或服务流程,否则需要先注册原子服务或者编排服务流程。一个完整的能力准备过程包括注册服务、编排服务(如果有必要)、能力创建 3 个过程。

14.3　沙箱环境

沙箱环境是能力开放平台为开发者提供测试环境,它与生产环境完全隔离,通过不同域名进行区分,具有与生产环境几乎完全相同的功能。沙箱环境没有数据库,它通过配置虚拟数据模板产生模拟数据。

能力开放平台在沙箱环境中建立服务与应答返回码的对应关系,并配置与应答返回码相对应的应答消息模板。开发者在沙箱环境测试时需在应用调用请求中标注需沙箱环境返回的应答返回码信息,沙箱环境根据应用调用请求中的应答返回码信息返回与该应答返回码相对应的应答消息内容。如果应用调用请求中未标注需返回的应答返回码,沙箱环境默认以应答返回码为成功的应答消息内容返回。

针对应用服务调用请求，能力开放平台按照应用状态，自动将请求路由到不同的运行环境。如果应用状态是测试状态，则通过该应用发起的服务调用路由至沙箱环境；如果是上线状态的应用，则按照协议类型，路由至指定的生产环境地址，发起能力调用（如图 14-7 所示）。

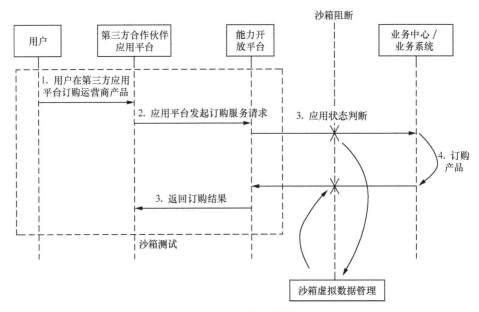

图 14-7　沙箱环境原理

沙箱环境是能力开放平台提供给开发者开发与调试的线上运行测试环境，它与正式环境互相隔离，但具有与正式环境几乎完全相同的功能。沙箱与正式环境所使用的域名不同。开发者在沙箱环境进行充分的测试后，可正式进行应用发布，应用发布后自动转接到生产环境。

14.4　安全管控

在能力开放平台系统中，能力接入管理作为整个平台连接内外的关口，主要负责服务安全管控，如接入请求的黑白名单校验、服务降级控制、熔断控制、流量控制、分域控制以及动态软负载等，以确保请求安全有序接入和调用。

14.4.1　IP 黑白名单校验

IP 黑白名单校验是能力开放平台对接入应用的一种安全管控手段。如可通过黑白名单校验自动过滤存在恶意攻击入侵记录的非法服务器 IP 地址、应用和用户的接入请求，还可以对 VIP 用户接入请求实施优先放通等。

IP 黑白名单校验的操作流程如图 14-8 所示。

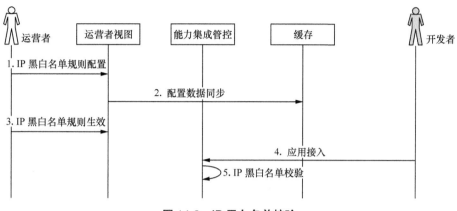

图 14-8 IP 黑白名单校验

IP 黑白名单校验操作流程如下：

① 运营人员通过运营者视图配置应用的 IP 黑白名单，配置完成时单击"生效"，将信息同步到缓存中；

② 当应用请求接入能力开放平台时，能力开放平台根据应用的黑白名单校验请求 IP 是否被允许，以决定是通过请求还是驳回请求。

平台使用应用 ID+ 接入 IP 多维度进行黑白名单匹配校验。校验规则如下：

① 如果应用为黑名单应用，且请求的接入 IP 在该应用黑名单 IP 范围内，能力开放平台拒绝该访问请求；

② 如果应用为黑名单应用，但请求的接入 IP 不在该应用的黑名单 IP 范围内，能力开放平台允许接入，记录能力调用请求；

③ 如果应用为白名单应用，但请求的接入 IP 不在该应用白名单 IP 范围内，拒绝继续访问能力开放平台；

④ 如果应用为白名单应用，且请求接入的 IP 在该应用白名单 IP 范围内，能力开放平台允许接入，记录能力调用请求。

14.4.2　流量配额控制

为了保证平台的稳定性，能力开放平台为第三方应用提供了流量配额管理，分为周期性配额和一次性配额两种方式。周期性配额是每个时间周期（默认为月）应用内享有的配额，周期内的配额在周期结束后即清空，不累计到下个周期。一次性配额是周期性配额的一种补充，即当周期性配额不够用时，用户可以再申请一次性配额（有点类似于流量加油包），一次配额有时效限制，过了时效就失效，如图 14-9 所示。

图 14-9 一次性配额申请

为了提高响应效率，能力开放平台在缓存中设置配额计数器，通过缓存交互实现能力资源配额的管控。

配额控制的处理流程如下。

① 第三方应用发起能力调用请求后，能力开放平台获取该应用关联的循环性和一次性配额规则，依次放入缓存中。

② 每条配额规则均设有计数器，循环性配额的计数器 KEY 值格式为：COUNTER（当前计数值）^QUOTA（总配额数）^配额规则 ID^循环周期，举例如下：12^35^101000002697^201805（2018 年 5 月的周期内，ID 为 101000002697 的循环性配额的总配额数为 35，当前已使用 12）。一次性配额的计数器 KEY 值格式为：COUNTER（当前计数值）^QUOTA（总配额数）^配额规则 ID，举例如下：126^450^101000002677（ID 为 101000002677 的一次性配额的总配额数为 450，当前已使用 126）。

③ 优先使用循环性配额，循环性配额消费完成后使用一次性配额。使用顺序逻辑如下。

a. 首先在数组中获取循环性配额规则，判断当前时间是否在缓存计数器中的循环周期内。

- 若不在已有计数器的循环周期内，即当前时间的周期尚未初始化，能力开放平台获取当前时间最近的周期计数器的结束时间，初始化新的周期计数器，并将计数器计数加 1。计数器的结束时间为上个周期计数器的结束时间加上配额控制的周期间隔。

- 如果当前时间在已有周期内，能力开放平台将此周期的计数器计数加 1，然后将计数器计数与预置的循环性配额指标进行比较。如果当前周期的循环性配额计数器的计数小于或等于配额指标，表示当前周期内循环性配额仍有余额，可以正常发起能力调用请求；如果当前循环性配额计数器的计数大于配额指标，能力开放平台使用一次性配额规则，依次进行使用。

b. 如果应用有多条有效的一次性配额，能力开放平台按失效时间（EXPIRE_DATE）从小到大循环判断每一条一次性配额规则。

c. 能力开放平台将最早失效的一次性配额计数器的计数加 1，然后比较一次性配额计数器计数和 QUOTA_NUMS（配额数），如果计数器计数小于或等于 QUOTA_NUMS（配额数），表示本条一次性配额仍有额度，可以正常发起能力调用请求；如果计数器计数大于 QUOTA_NUMS（配额数），表示本条一次性配额已使用完，匹配并使用下一条一次性配额规则。

d. 每条配额规则的配额数剩余百分比达到配额不足提醒阈值时，能力开放平台下发邮件或短信提醒。

e. 如果所有一次性配额规则加 1 后的一次性配额计数器的计数都大于配额指标，则拒绝调用申请。

14.4.3　服务升降级控制

服务升降级主要用来防止一些服务在请求量积压或瞬间激增的情况下造成能力分发线程被堵满。服务升降级通常应用于以下两种服务：临时活动服务（如抢红包）和延时高的非核心服务（如查历史详单）。服务升降级的策略一般有熔断和流控两种。

对服务升降级的控制通常是根据服务的调用流量分布特点，为其设置升降级策略。如对于临时活动服务，根据其活动时间对其进行升降级控制，在活动期间若窗口时间内服务调用流量高于阈值，则对其进行限流控制；对于延时高的非核心服务，在某个特定时间段，为防止其并发量陡增，影响核心业务，可以为该类服务设置升降级策略，在某个时间段内当窗口时间内服务调用流量高于阈值时，则对其进行熔断处理。

服务降级实现流程如图 14-10所示。

首先，能力开放平台运营人员通过运营者视图为目标服务设置升降级策略，包括阈值设置、升降级方式、尝试恢复时间等。

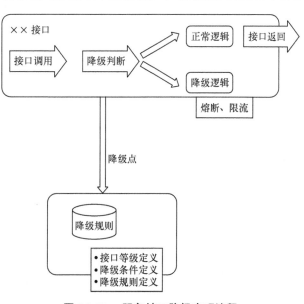

图 14-10　服务接口降级实现流程

其次，平台在服务接入调时对于其进行升降级规则判断，对符合条件者按照降级规则执行升降级策略，进行限流或者熔断。

14.4.4　熔断控制

熔断控制是服务降级的一种实现方式，也是对系统进行过载保护的一种措施。当在一定时间段内某些服务的调用失败次数达到设置的阈值，就可以对该类服务进行熔断降级处理，以防止系统产生雪崩效应。

关于熔断处理业界有一个成熟自动化切换的模型，如图 14-11 所示。

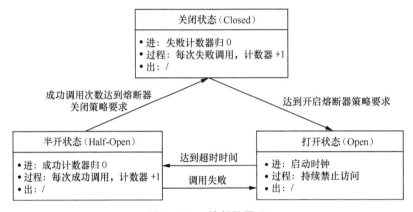

图 14-11　熔断器原理

图 14-11 所示是熔断器的原理图，共有 3 个状态，分别是关闭状态（Closed）、半开状态（Half-Open）和打开状态（Open）。当服务调用达到熔断条件时，平台会打开熔断器开关，此时请求被拒绝。等到熔断器过了保护时间，这时熔断器会进入半开状态，此时，允许请求尝试访问，如果请求继续失败，熔断器则重新进入打开状态，需要等待下一个超时周期才能进入半开状态。若尝试请求受理成功，熔断器置于关闭状态，一切恢复正常。

14.4.5　流量控制

流量控制也是服务升级的一种实现方式，是对系统过载保护的一种措施。实施流量控制需要针对不同的应用或服务设置流控阈值和流控策略。流量控制有两种限流方式，用于不同的场景，一种是漏桶算法限流，另一种是令牌桶算法限流。漏桶算法强制性限制单位时间内流量，不允许突发；令牌桶允许突发流量，取决于桶内令牌是否耗尽，桶越大，允许突发程度越高。

① 漏桶算法限流（固定阈值，不允许突发流量）。入桶时各请求之间间隔时间不一致，执行漏桶算法后，请求依次按照固定的频率出桶，直至所有请求出桶，当请求流量突然激增，漏桶迅速被填满时，后续请求溢出桶外，则该条请求被拒绝接入。如

图 14-12 所示。

② 令牌桶算法限流（平均阈值，允许低流量后的突发流量）。请求从令牌桶中成功获取令牌后即可接入，当令牌桶中存在多个令牌时，允许低于令牌桶内令牌数量的突发请求数量接入，当桶内令牌耗尽，不允许请求接入。如图 14-13 所示。

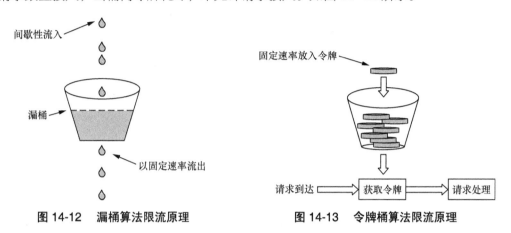

图 14-12　漏桶算法限流原理　　　　**图 14-13　令牌桶算法限流原理**

14.4.6　传输安全控制

传输安全管控包括数据传输机密性保护和数据传输完整性保护。

① 数据传输机密性保护是对关键的数据（如支付数据、订购数据、用户名和密码等）进行加密处理，保证数据的机密性，防止数据被窃取。

② 数据传输完整性保护是采用数字签名技术，对网络中传输的数据进行安全处理，保证传输数据的完整性，防止数据被篡改。

1. 数字签名

数字签名是对第三方应用平台和能力开放平台之间的数据传输进行数字签名处理。能力开放平台收到调用请求后对第三方应用平台的数字签名进行验证，防止业务数据被篡改和抗抵赖，保证业务数据操作的真实性，对交易过程进行安全保护。

第三方应用平台生成系统参数和业务参数，并按照约定的接口规范生成"待签名字符串"。

RSA 算法。按照参数名称首字母对系统参数和业务参数进行排序，然后将参数名称与对应的参数值按照该顺序排列（key1value1key2value2……），最后将 Appkey 的参数值加在上一步生成的字符串的首尾，生成"待签名字符串"。

SHA 算法。按照参数名称首字母对系统参数和业务参数进行排序，然后将对应的参数值按照该顺序排列（value1value2……），生成"待签名字符串"。

常用的两种数字签名算法包括 RSA 和 SHA 两种。

* RSA 签名算法

第三方应用平台使用 MD5 算法加密待签名字符串，再用 RSA 算法的公钥加密 MD5 串生成数字签名，如图 14-14 所示。

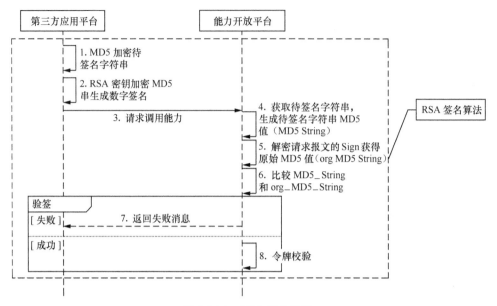

图 14-14　RSA 签名算法

　　能力开放平台使用解密后的第三方应用请求数据中的系统参数和业务参数，按照约定的接口规范生成"待签名字符串"，并将"待签名字符串"使用 MD5 加密方式进行加密，得到 MD5 加密字符串。然后将第三方应用请求中的系统参数数字签名（Sign）使用私钥（RSA_PRIVATE）解密。对比 Sign 参数解密后的字符串与 MD5 加密字符串，进行数字签名的验证。

　　● SHA 签名算法

　　第三方应用平台使用 SHA 算法加密"待签名字符串"。SHA 签名算法如图 14-15 所示。

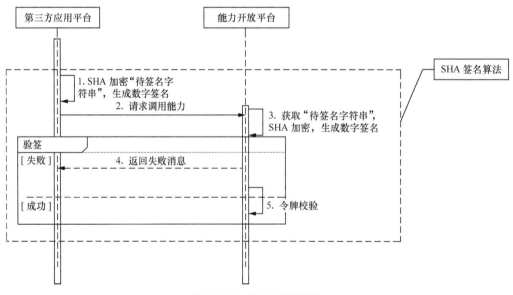

图 14-15　SHA 签名算法

能力开放平台直接对待签名字符串使用 SHA 加密算法进行加密得到数字签名，并与系统参数中数字签名（Sign）进行对比，验证数字签名。

2. 请求业务参数加解密

为了保证报文在传输过程中的机密性，能力开放平台要求应用在调用能力时对业务参数进行加密，能力开放平台对响应结果进行加密后返回。应用按照实际需求选择对业务参数整体加密、对指定的业务参数加密或不加密。

常用的加密算法有对称加密（AES）和非对称加密（RSA）两种。

① AES 采用相同的密钥进行加密和解密，AES 密钥可通过能力开放平台自动生成或开发者注册应用时自定义密钥两种方式获取。采用 AES 算法加密的应用在调用能力时，使用 AES 密钥对业务参数进行加密，能力开放平台收到请求报文后，使用相同的密钥和解密算法进行解密。

② RSA 提供一对公私钥对进行加解密。若开发者自定义公钥，则开发者通过工具自行生成公私钥对，并将公钥上传到能力开放平台；若开发者不自定义公钥，则能力开放平台自动生成公私钥对。采用 RSA 算法加密的应用在调用能力时，若开发者使用应用公钥对业务参数进行加密，能力开放平台使用应用私钥对收到的报文进行解密。若使用应用私钥对业务参数进行加密，能力开放平台使用应用公钥对收到的报文进行解密。

能力开放平台获取第三方应用发起的请求，对报文中的业务参数进行解密，由于能力最终映射的是由原子服务编排而成的流程模板，即确认能力所对应的流程参数是否需要解密。对于简单参数，即参数类型为 number 或 string 或 date，循环判断各个能力参数是否需要解密。对于复杂参数，能力开放平台查询出该复杂参数的元素和层级，并循环判断复杂参数中的各元素是否需要解密。

14.4.7 用户授权

用户登录第三方应用平台办理电信业务时，第三方应用发起调用能力开放平台的能力申请。涉及访问用户隐私数据资源时，为确保数据安全，需要对用户进行身份认证，确保用户隐私信息的安全。

1. 风险等级身份认证

能力开放平台对原子服务进行了风险等级管理，风验等级从 R0 ~ R3 逐步提高。不同的风险等级对应着不同的身份认证方式，如 R0 级无须认证；R1 级采用服务密码认证；R2 级采用短信认证；R3 级采用服务密码加短信双重认证。用户通过第三方应用平台发起的能力服务调用中包含多个原子服务时，每个原子都需要身份认证。用户身份认证流程如图 14-16 所示。

① 客户登录第三方应用平台办理电信业务。

② 第三方应用平台向能力开放平台发起能力调用申请，请求业务处理。

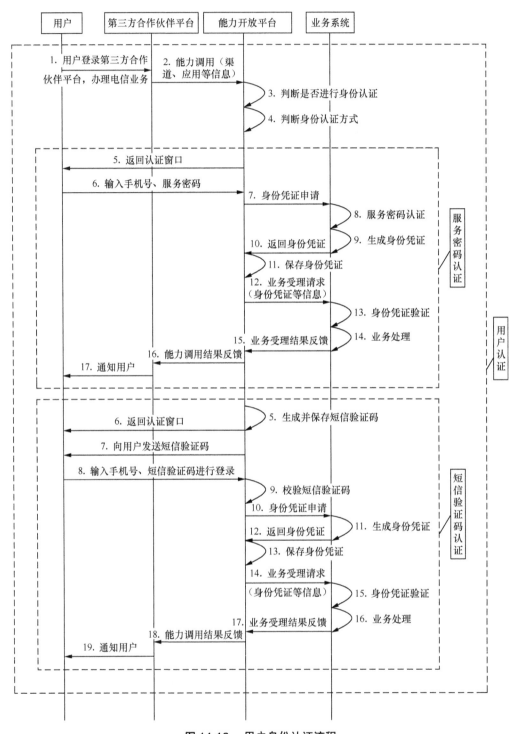

图 14-16　用户身份认证流程

③ 能力开放平台收到第三方应用的能力调用请求后，判断能力关联的服务是否需

要进行身份凭证认证。如果不需要身份验证，则请求业务系统处理；如果需要进行身份认证，能力开放平台根据能力关联的所有中心服务对应的风险等级，确认需要认证的方式是短信验证码、服务密码或是两者皆要认证。

④ 能力开放平台返回给第三方应用，提示需要进行身份认证。第三方应用调用能力开放平台提供的认证 URL，返回认证窗口给用户（多种认证方式取并集）。

- 服务密码认证方式，客户输入手机号和服务密码并提交校验，能力开放平台调用业务系统接口，将用户验证信息发送到业务系统，请求业务系统进行身份凭证申请。业务系统服务密码校验通过后，生成身份凭证并返回给能力开放平台。

- 短信验证码认证方式，用户在认证窗口单击获取验证码时，业务系统下发短信验证码到用户手机上，同时能力开放平台调用业务系统短信接口获取短信验证码信息。用户输入手机号和短信验证码进行验证时，能力开放平台将用户短信验证码与缓存中的验证码进行匹配，匹配成功后向业务系统发起身份凭证申请，业务系统生成身份凭证并返回给能力开放平台。

⑤ 能力开放平台接受并保存身份凭证，并将身份凭证加入到能力调用请求 URL 中，请求业务系统处理。

⑥ 业务系统校验身份凭证通过后进行业务处理，并返回处理结果给能力开放平台。

⑦ 能力开放平台接受处理结果，并返回给第三方平台。

2. OAuth 认证授权

OAuth2.0 是国际通用的标准认证协议，主要用于用户身份验证以及获取用户授权。用户通过第三方应用向能力开放平台发起能力调用请求时，能力开放平台为第三方应用提供授权凭证接口和令牌接口，允许用户决定是否授权第三方应用访问他们存储在能力开放平台的服务提供者上的信息。

能力开放平台支持 3 种授权方式：Client Credential（CC）、Authorization Code（AC）、Implicit Grant（IG）。其中，AC 模式主要用于 Web 应用场景下；IG 模式用于手机客户端应用场景；CC 通常用于访问 Web 和客户端应用中的公共资源场景。

AC 模式需要使用授权凭证接口和令牌接口。IG 模式需要使用授权凭证接口，而 CC 模式不需要用户授权，即仅需要使用访问令牌接口。

对于 CC 和 AC 模式，能力开放平台提供令牌刷新功能。应用是否可以刷新令牌，在应用审批时由运营者决定。如果应用不能使用刷新令牌接口刷新令牌，则应用在令牌失效后只能重新获取令牌。

1. 授权凭证接口

应用分为 Web 应用与客户端应用两种类型，其所对应的授权方式有所不同。

能力开放平台授权接口通过参数（response_type）来区分其具体被应用于何种授权场合。

① 当 response_type 取值为 "code" 时，其表示当前的调用场合为 AC 授权模式，

能力开放平台授权接口将返回 AC 授权码。

请求范例：

https://IP:port/aopoauth/oauth/authorize?

app_id= 501088&

redirect_uri=http://www.example.com&

response_type=code

成功应答范例：

能力开放平台将用户浏览器重定向至回调地址，返回用户 ID 及 AC 授权码。

http://www.example.com?

code=W1mZmV&

open_id=69a765ea-0ffb-46eb-83ec-0fd27e9f06ce

② 当 response_type 取值为"token"时，其表示当前的调用场合为 IG 授权模式，能力开放平台授权接口将直接返回 AT 访问令牌。

请求范例：

https://IP:port/aopoauth/oauth/authorize?

app_id= 501088&

app_key=2499e535e586cfcdd55d8b2bec7cfdac&

redirect_uri=http://www.example.com&

response_type=token

成功应答范例：

能力开放平台将用户浏览器重定向至回调地址，并返回用户 ID 及访问令牌。

http://www.example.com?

access_token=51dc88d2-f76b-4f96-a71d-2f3f12f4164f&

expires_in=599&

open_id=69a765ea-0ffb-46eb-83ec-0fd27e9f06ce&

2. 访问令牌接口

能力开放平台访问令牌接口用于获取最终的访问令牌。该接口可用于 CC、AC 两种模式以及这两种模式下的令牌刷新。

① 当参数（grant_type）取值为"authorization_code"时，其表示当前的调用场合为 AC 授权模式，能力开放平台令牌接口将返回普通访问令牌。

请求范例（使用 GET 方法传参）：

https://IP:port/aopoauth/oauth/token?

grant_type=authorization_code&

code=W1mZmV&

app_id=501088&

app_key=2499e535e586cfcdd55d8b2bec7cfdac&

redirect_uri=http://www.example.com

成功应答范例：

{

"access_token":"81064bf5-988b-4d64-81da-694ce4b3d19e",

"expires_in":599,

"refresh_token":"0302e466-81b9-405e-b689-5976910dc602"

}

② 当 grant_type 取值为 "client_credentials" 时，其表示当前的调用场合为 CC 授权模式，能力开放平台令牌接口将返回 UIAT 令牌。

请求范例（使用 GET 方法传参）：

https://IP:port/aopoauth/oauth/token?

grant_type=client_credentials&

app_id=501088&

app_key=2499e535e586cfcdd55d8b2bec7cfdac&

redirect_uri=http://www.example.com

成功应答范例（能力开放平台返回 UIAT 访问令牌）：

{

"access_token":"b27ad9f9-270a-4fed-9aaa-2ca6568fdc6c",

"expires_in":599,

"refresh_token":"0302e466-81b9-405e-b689-5976910dc602"

}

③ 当 grant_type 取值为 "refresh_token" 时，其表示当前的调用场合为刷新 AC 模式的令牌，能力开放平台令牌接口将返回令牌与刷新令牌。

请求范例（使用 GET 方法传参）：

https://IP:port/aopoauth/oauth/token?

grant_type=refresh_token&

app_id=501088&

app_key=2499e535e586cfcdd55d8b2bec7cfdac&

redirect_uri=http://www.example.com&

refresh_token=269967ab-cc69-4437-9c61-8e253b7530b6

成功应答范例（能力开放平台返回刷新令牌）：

{

"access_token":"b27ad9f9-270a-4fed-9aaa-2ca6568fdc6c",

"expires_in":599,

```
"refresh_token":"0302e466-81b9-405e-b689-5976910dc602"
}
```

3. AC 模式令牌

Web 应用中的授权流程为 OAuth 2.0 协议中的标准 AC 模式，用户登录第三方应用进行业务办理时，应用通过调用开放平台授权接口，返回授权页面引导用户完成用户授权，在获得用户授权的前提下，能力开放平台确认授权模式并发送授权码给第三方应用，应用的服务器端得到开放平台授权码，再凭借所获取的 AC 授权码，调用能力开放平台访问令牌接口，获取到最终的访问令牌，如图 14-17 所示。

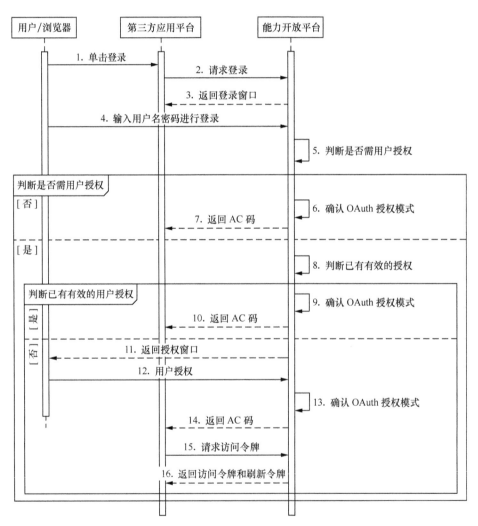

图 14-17　AC 模式令牌获取流程

4. IG 模式令牌

在不具有服务器端场合（如手机／桌面客户端程序）下，能力开放平台授权流程为

OAuth 2.0 协议中的标准 IG 模式，由于不具备服务端支持，平台提供默认授权页面，因此，在用户通过用户账号的登录认证，并且获得了用户显式授权的前提下，应用可通过调用开放平台访问令牌接口，一步获得最终的访问令牌，如图 14-18 所示。

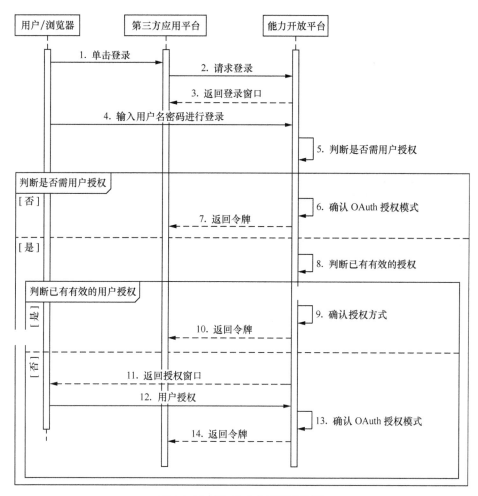

图 14-18　IG 模式令牌获取流程

5. CC 模式令牌

如果应用调用能力访问一些无须用户授权的公共资源，如产品目录、营销活动等，可以使用 CC 模式直接获取无须用户授权的 AT 访问令牌（UIAT，User Independent Access Token），并使用 UIAT 访问公共资源。

通过调用能力开放平台访问令牌接口，即可获取 UIAT。在访问令牌的有效期内，应用可使用此 UIAT 作为能力调用的系统参数访问令牌，调用能力，访问公共资源。如 UIAT 失效，可使用访问令牌凭证接口重新获取令牌。

14.5　服务管控

服务提供者通过能力开放平台向外提供能力，需要在能力开放平台上进行服务注册，对于能力开放平台，注册的服务称为原子服务。原子服务经过能力开放平台的封装，然后发布成不同的协议供外部应用调用。这里的服务管控指的是原子服务管控，能力开放平台提供了对原子服务生命周期管理。

14.5.1　服务注册

能力开放平台提供两种服务注册方式：批量导入和单个服务注册。批量导入是通过模板导入，需要服务提供者按模板要求填写服务信息，然后一次性导入。

单个服务注册，需要运营人员通过页面依次输入服务基本信息和扩展信息（如图 14-19 所示），然后提交审核，审核通过后服务正式生效。服务基础信息包括服务名称、服务描述、服务分类、服务编码、服务风险等级、所属业务中心编码、生/失效时间、服务接口、服务实现类、服务方法、返回类型、调用地址、服务参数导入。服务扩展信息包括接入模式定义、请求参数说明、响应参数说明、服务调用时是否需要进行授权定义。

图 14-19　服务注册页面

14.5.2　服务编排与封装

在能力开放平台中，原子服务并不能直接被外部应用调用，需要经过能力开放平台的编排和封装，生成新的能力服务才能被外部调用。服务编排是通过流程编排工具，把几个原子服务连接起来，用于完成一个更加聚合的业务功能。如开户业务，当操作员开户页面填写完用户开户信息后，点击"开户"按键后，后台可能会涉及用户信息创建、号码资源预占、产品规则校验、送开通、送计费等一系列操作，这时就可以通过服务编排把这些原子服务组合起来，形成一个调用链，专门用于开户提交操作。

流程编排工具对服务进行编排后生成的是一个包括服务调用规则的 XML 文件，并不是被外部应用调用，它需要和原子服务一样需要进行二次封装才能形成真正能够被外部应用调用的能力，这称为流程服务。能力开放平台对原子服务和流程进行二次封装有 3 个好处：一是对外屏蔽了服务提供者的具体的实现细节；二是能够更好地适应外部复杂的应用环境；三是为能力的扩展提供了编排切面。图 14-20 是一个可视化服务编排页面。

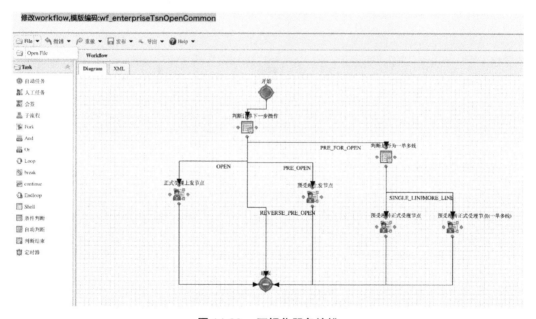

图 14-20　可视化服务编排

流程编排完成以后，需要进行服务封装才能够被外部应用调用。流程封装前需要先创建一个能力接口，定义其出入参数。流程编排完成以后设置与能力接口的映射关系，首先是接口映射，其次是参数映射。接口映射是在服务流程的开始节点上进行设置，如图 14-21 所示。

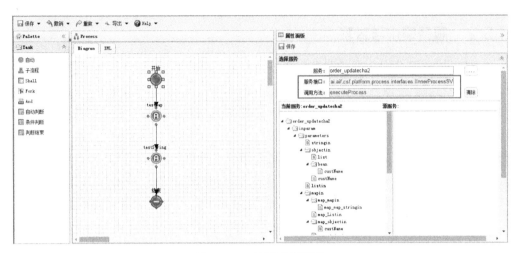

图 14-21　流程参数配置

接口映射设置完成后，需要定义流程中各节点服务之间的出入参数映射关系，包括流程入参与第一个服务节点入参的映射关系、最后一个服务节点出参与流程出参的映射关系。图 14-22 展示的是第一个服务节点需要从服务流程外部获取参数，需要第一个服务节点的入参与流程开始节点的入参（流程入参）做映射。

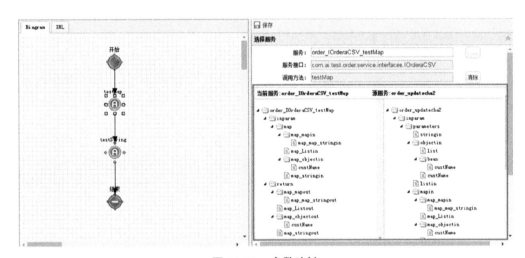

图 14-22　参数映射

14.5.3　服务参数匹配

第三方应用发起服务调用请求经过能力管控、安全管控等一系列校验处理后，开始服务调用。服务调用前要进行参数匹配，即把能力服务的入参转换为原子服务的入参。对于服务流程，由于中间涉及多个服务，服务间可能存在依赖关系，如前一个服务的出参有可能是下一个服务的入参。下面以服务流程为例介绍其适配过程。

假设一个服务流程由 a、b、c 这 3 个原子服务编排而成，每个服务都会有自己的出参、入参。适配过程就是从服务流程上下文中给入参赋值并将出参的结果写入上下文中。流程执行到不同服务，上下文的数据也会有相应的变化。从开始执行的最初服务的时候，上下文中只有系统级的参数和入参（服务调用时传入的参数），到执行完一个服务后上下文就会增加这个服务的出参，执行上下文参数是一个不断增大的过程，如图 14-23 所示。

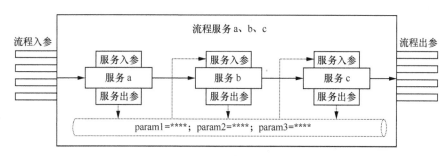

图 14-23　服务编排适配

参数适配过程如下。

① 能力开放平台收到第三方应用的能力调用请求，启动流程引擎。

② 流程引擎根据预置的流程入参与流程内部原子服务的入参的映射关系，将流程参数的入参映射成为流程中第一个原子服务节点的入参。

③ 流程引擎根据服务编排时定义的流程内部原子服务之间的参数映射关系，按照流程内部原子服务调用顺序，从第一个节点服务开始，依次进行参数映射和服务路由调用。

④ 流程执行完成后，流程引擎根据预置的流程出参与服务参数的映射关系，将此服务调用的出参映射为流程的出参。

14.5.4　服务路由

服务路由是确定服务执行具体在哪个节点上进行，由于能力开放平台的服务来自业务中心，而每个业务中心都是集群部署，所以服务路由首先是要确定哪个业务中心，然后再确定哪台主机。

根据以下两个关联关系确定可接受本次服务调用的业务中心（通过能力开放平台对外提供该服务的业务中心）的节点地址。

① 第三方应用发送能力调用请求时，按照分域访问规则策略将请求发送到指定的能力分发域中。

② 根据能力分发层域（集群）节点定义中能力分发域与服务节点的关系，确认该

域名的能力分发域发起的服务调用请求可路由的服务节点。

③ 服务路由规则：获取该服务入参中包含的路由关键字和路由路径信息，根据匹配到的服务路由规则配置信息，确定可用的服务提供方节点信息。

确认可接受本地服务调用请求的服务提供方的节点信息后，根据路由策略（轮询 / 随机）确定服务调用的目标节点，并按照目标节点的协议和地址，将请求发送到目的系统中，进行服务调用。

第 15 章
智能运维

回顾整个软件架构的演进历史，不管是原来的单体架构，还是 SOA、分布式，一直到今天的微服务架构，其原生的驱动力都是如何提升系统的运维掌控能力。这个掌控能力包括系统的可扩展性、资源供应的弹性、软件交付的敏捷性、应用发布的灵活性、预警的准确性、解决故障的高效性等，这些都可泛称为系统可维护性。

前面讲到的企业级微服务架构，其本质就是通过建设和完善不同的功能组件来提升系统的可维护性，使系统运维由人工运维转向自动化运维。未来，我们面临的将是智能时代，是云计算、大数据、人工智能、5G 的"天下"，注智场景如火如荼，AIOps 已经成为主流，以智能化驱动系统运维自动化，实现真正意义上的智能运维。如何让系统运维智能化？核心及前提是数据，通过挖掘分析系统日志找出问题原因，预测未来风险；通过机器学习故障处理案例，找出问题解决办法，这些就要用到大数据和人工智能技术。

本章就大数据和人工智能对系统运维的影响以及智能运维平台的建设思路做一些分享和展望。

15.1 大数据技术概述

大数据是随着信息化技术的发展，特别是互联网应用的发展催生出的一项应用技术。互联网应用的发展，使得数以亿计的用户每时每刻都在产生巨量的交互数据。与此同时，数据的价值也在不断凸显，数据被比作新时代的黄金和石油，现代快节奏的市场变化和企业竞争压力对数据处理的实时性提出了更高要求，传统的数据存储和处理技术已经不能满足业务需求。

业界将大数据归纳为 4 个"V"：体量大（Volume）、类型繁多（Variety）、处理速度快（Velocity）、价值密度低（Value）。数据体量大（Volume）指数据的采集、存储和计算的量都非常大。数据类型繁多（Variety）是指数据的种类和业源较多，如智能设备、社交网络等。数据种类包括结构化和非结构化数据，如图片、音频、视频、地理位置信息等。处理速度快（Velocity）指对大数据的处理要求具有较强的时效性。1秒定律，即可从各种类型的数据中快速获得高价值的信息，这一点和传统的数据挖掘技术有着本质的不同。价值密度低（Value）指数据价值密度相对较低（由于数据量大，就显得价值密度相对较低），或者说是浪里淘沙却又弥足珍贵。

现在的大数据已不仅仅指大量数据，它已成为智能应用的代名词。大数据可以帮助我们根据对历史数据的分析，发现事物的发展变化规律，帮助我们更好地提高工作效率，预防意外发生。

大数据在过去几年得到了全社会的关注和快速发展，几乎每个行业都可以见到大数据应用的影子。大数据的应用范围越来越广，应用的行业也越来越多，我们几乎每天都可以看到大数据的创新应用，大数据的价值也体现在方方面面。系统运维也是较早尝试通过大数据技术来进行系统智能运维的领域，如我们前面讲到的服务调用链日志分析系统和深化服务治理体系，就是大数据技术在系统运维上的应用实例。

15.1.1　大数据技术特点

说到大数据技术，大家可能直接想到的就是 Hadoop，这主要是 Hadoop 有效地整合了大数据存储、计算和编程三大难题，才使得大数据从"庙堂之上"走入了"寻常百姓家"。

Hadoop 是 Apahce 软件基金会旗下的一个开源分布式计算平台，是由多个软件产品组成的一个生态系统，用户可以轻松地在 Hadoop 上开发和运行处理海量数据的应用程序。其架构如图 15-1 所示。

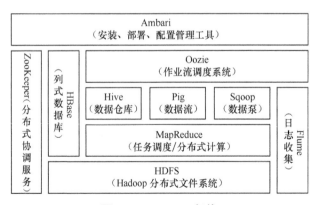

图 15-1　Hadoop 架构

图 15-1 描述了 Hadoop 的分层生态系统。底层是 Hadoop 分布式文件系统（HDFS），为 HBase 提供高可靠性的底层存储支持。HBase 是列式数据库，用于存储非结构化和半结构化的松散数据。MapReduce 为 HBase 提供了高性能的计算能力，ZooKeeper 为 HBase 提供稳定服务和失败恢复机制。此外，Pig 和 Hive 还为 HBase 提供了高层语言和智能算法支持，使得在 HBase 上进行数据统计处理变得非常简单。Sqoop 则为 HBase 提供了方便的 RDBMS 数据导入功能，使得传统数据库数据向 HBase 中迁移变得非常方便。Oozie 提供了对各种计算作业的编排调度。Ambari 则提供对整个 Hadoop 集群的供应、管理和监控。

Hadoop 之所以被称为是一个生态系统，这与它的灵活、开放的架构模式有关。围绕 Hadoop 派生出了许多开源的应用组件，为大数据的分析处理提供全方位技术支持，用户完全可以根据自己的需要自由选择。如大数据收集、转换工具有 Flume、Sqoop；交互式数据查询分析工具有 Hive、Impala、Pig；Hadoop 集群管理工具有 Ambari；分布式数据管理工具有 ZooKeeper 等。

近些年，随着大数据技术的快速发展，涌现出一批新的数据分析处理技术，如 Spark 是加利福尼亚伯克利分校 AMP 实验室开源的类 Hadoop MapReduce 的通用并行计算框架，由于它是基于内存计算，因此，数据分析处理的效率比较高。为了提高资源调度效率，Hadoop 还对 MapReduce 进行了功能拆分，把资源调度管理交给了 Yarn，MapReduce 只专注于离线计算。

还有，为了应对某些实时性要求很高的数据处理系统，催生了一批实时计算系统。如比较流行的 Storm，它是 Twitter 公司开源的一个分布式实时流计算框架。Storm 可以方便地在一个计算机集群中编写和扩展复杂的实时计算，每秒可以处理数以百万计的消息。

在数据挖倔方面，针对大数据的特点，也出现了一批分布式数据挖掘解决方案，其中比较典型的有 Apache 推出的 Mahout 和伯克利分校 AMP 实验室推出的 MLBase。Mahout 是基于 Hadoop 的机器学习和数据挖掘的分布式计算框架，是 Apache 下的一个开源项目，提供了一些具备可扩展能力的机器学习领域经典算法类库，旨在帮助开发人员更加方便、快捷地创建智能应用程序。如果说 Hadoop 是大数据界的大象，那么 Mahout 就是能让这头大象跳舞的舞象人。MLBase 是基于 Spark 的分布式数据挖掘解决方案，专门负责机器学习。与 Mahout 相比，MLBase 能更好地支持迭代计算，更重要的是，MLBase 的核心部分包括了一个优化器，它能够优选出最佳的算法方案。

目前，Hadoop 已发展了 2.0，架构生态也发生很大的变化（如图 15-2 所示），相信随着大数据应用的进一步发展，以及人工智能应用的推动，大数据技术还将会不断涌现新的技术方案和计算模式。

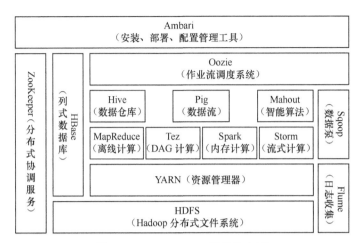

图 15-2　Hadoop 2.0 架构生态图

15.1.2　大数据技术的未来发展

未来是数据时代，是智能时代，大数据涉及社会民生的方方面面，作为国家战略和新的经济增长点受到了全社会的关注。然而，大数据的爆发也给数据存储管理和数据分析处理带来了很大的挑战，需要研究和发展新一代的信息技术来满足大数据应用的需求。

从大数据生命周期的角度来看，大数据面临的挑战和未来的发展方向主要体现在以下几个方面。

1. 大数据采集方面

这方面最常见的问题是数据的多源和多样性，导致数据的质量存在差异，影响到数据的可用性。目前已有很多优秀的数据采集工具（如 Cloudera 的 Flume、FaceBook 的 Scribe、Apache 的 Chukwa 和 LinkedIn 的 Kafka），通过自身的流处理机制或者集成其他的数据处理方案来完成数据收集清洗。

2. 大数据存储与管理方面

该方面最常见的挑战是存储规模大，存储管理复杂，需要兼顾结构化、非结构化和半结构化的数据。分布式文件系统和分布式数据库相关技术的发展正有效地解决这些问题。其中大数据索引和查询技术还有待提高。

3. 大数据计算模式方面

如今出现了很多种典型的计算模式，如大数据查询分析计算、批处理计算，流式计算、迭代计算、图计算、内存计算。未来随着人工智能应用的发展，在机器学习和深度学习领域可能还会出现更多的计算模型，如 Google 希望开创一种全新的算法，将图像识别、语音识别以及机器语言翻译应用于更广的领域。

4. 大数据可视化分析方面

发展大数据可视化分析前途无量，因为通过可视化方式来帮助人们探索和解释复杂的数据，更有利于决策者挖掘数据的商业价值。

5. 大数据安全方面

大数据应用的最大威胁来自数据安全，数据安全是大数据应用首先要解决的问题，没有数据安全，何谈数据应用。当我们在用大数据分析和数据挖掘获取商业价值的时候，黑客很可能在向我们发起攻击，破坏我们的数据或者窃取隐私的信息。通过文件访问控制限制对数据的操作、基础设备加密、匿名化保护和加密保护等技术正在最大限度地保护数据安全。

15.1.3　大数据与人工智能

大数据是人工智能的基础，目前，基于大数据出现一批人工智能算法框架，如机器学习算法框架 Mahout 和 MLBase，深度学习算法框架 TensorFlow、Caffe、CNTK 等。虽然人工智能是一个全新的知识领域，但站在数据应用角度，完全可以把人工智能看作是大数据的一个应用领域，人工智能是大数据发展的高级阶段。

围棋人工智能程序"AlphaGo"打败柯洁，离不开大数据的支持。大数据技术能够通过数据采集、分析等方式，从海量数据中快速获得有价值的信息，为深度学习等人工智能算法提供坚实的数据基础。

近几年人工智能为什么这么火？主要的一个原因就是大数据，每天产生大量的数据，使人们可以利用这些数据来做一些过去只有人能够做的事情；还有就是计算资源的丰富，使得计算的成本越来越低廉。正是因为有了大数据和便宜的计算能力，才使人工智能应用得到了快速发展，如像语音识别、自然语言理解、图象识别，甚至无人驾驶等。如果把人工智能比喻成我们的身体，那么大数据和云计算就是我们的大脑。

15.1.4　大数据与智能运维

目前，一些大型的云计算公司，开始尝试通过大数据和人工智能来改善运维团队的工作方式。它们通过收集系统运行环境的各种数据，利用大数据计算方法和机器学习算法对系统运维数据进行深入分析，内容涵盖 IT 监控、应用性能管理、外网监控、日志分析、系统安全等多个方面。电信领域实施智能运维也存在着得天独厚的条件，因为它与这些云公司一样拥有大量的数据、标注和应用。

对于智能运维，可行的目标到底是什么？当前比较普遍的有两种思路：一种是代替运维人员，接管所有的工作；另一种是作为运维人员的高效可靠助手。究竟哪一种思路是切实可行的，这就又回到了运维工作面临的实际问题。

对于一些规律性、重复性和趋势分析类的问题，这些都是机器的强项，可以交给机器去做。而对于一些靠理解、直觉和意识解决的问题，以目前的技术条件，还不具备取代人的可能性。因此，目前人工 + 智能才是系统运维最佳的组合方式。

关于人工智能对系统运维的影响，随着机器学习理论和研究不断取得突破，基于机器学习的智能运维，将会成为今后若干年发展的热点。通过人工智能将工程师的经验和分析思路转换为系统智能的分析过程，将以往知识库内的信息转化为人工智能网络，成为系统的分析能力，从而形成动态的知识库体系，这将是人工智能运维面临的难题。

智能动态知识库是人工智能运维系统的核心。知识库中存储了智能预测分析模型、历史问题处理方案、运维经验教训、智能监控结果等。可以对历史及新增知识自动分析管理、归类保存，并依据现有知识库的内容对日常监控中发现的问题进行实时智能分析、提出解决方案并对变更效果进行评估预测。

在 IT 运维领域，人工智能无疑是最令人期待的。然而，正如"罗马不是一天建成的"，基于大数据分析的智能运维也只是刚起步，而基于人工智能的系统运维还需要更多的尝试，这些都需要一步步来。我们期待着大数据和人工智能的不断突破，让运维人好好缓口气。

15.2　智能运维平台架构设计

系统架构正在向云平台、微服务方向发展，系统建设也正摒弃以前的烟囱式建设模式，分解成能力建设和页面逻辑集成两部分。系统运维也将会随着系统架构和系统建设模式的改变而由单一的系统运维转向统一的系统运维，即由统一运维平台负责所有的应用及其基础设施运营维护管理，再加上云计算、大数据和人工智能的助力，未来的系统运维必然会向着统一化、自动化、智能化方向发展，其架构设计如图 15-3 所示。

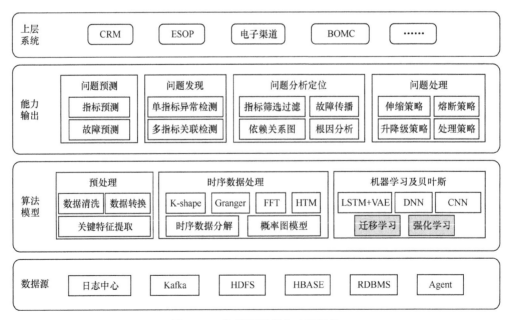

图 15-3　智能运维平台功能架构

图 15-3 中展示的是一个统一智能运维平台，它引入了大数据和人工智能的相关知识，通过大数据分析和机器学习算法为系统提供从问题预测、问题发现、问题分析定位到问题处理的全方位保护。

智能运维的"智"主要体现在机器学习上，这个需要大量的数据来训练，故障出现的形态千奇百怪，对故障的历史数据进行场景分类和标注，不断用模式识别和数据来训练机器识别和分析，然后让机器自动准确判断。当然标注不能完全靠人，也需要通过机器来自动进行关键词标注，而标注的合理性就需要人为进行判断，然后再利用到机器学习上，这样才能真正辅助我们做一些决策。

构建策略知识库也是未来智能运维的重要功能。基于架构、运维经验和概率收敛告警事件，基于规范和职责把告警事件分发到相应的人，基于数据和模型来提高事件的处理能力，这些都可以通过知识库进行过程资产沉淀，也能够让其他人参考和学习，提高同类场景事件处理的能力。

智能运维实现的终极目标就是减少对人的依赖，逐步信任机器，实现机器的自判、自断和自决。

技术都是在不断地进步，AI 技术将来会解决很多需要花费大量人力和时间才能解决的事情，但是 AI 不是一个很纯粹的技术，它也需要结合具体的企业场景和业务，通过计算驱动和数据驱动，才能产生一个真正可用的产品。

智能运维技术在企业的落地，不是一蹴而就的，是一个渐进的过程。我们可以看到，智能运维技术已经成为新运维演化的一个开端，可以预见在更高效和更多的平台实践之后，智能运维还将为整个 IT 领域注入更多新鲜的活力。

15.3　智能运维整体流程

系统运维的步骤大致可以概括为监测日志收集、日志数据分析决策和自动化程序控制。在运维的发展过程中，整体流程并没有发生大的变化，主要是分析决策步骤发生了变化。首先，是人工决策分析；后来，在采集数据的基础上，使用了自动化的脚本进行决策分析；最后，用大数据和机器学习方法做决策分析。图 15-4 是智能运维平台的原理，显示了运维平台的工作关系。

运维平台从日志系统收集监控数据和监控指标，然后生成概率图模型，经过各种推理算法和异常检测，最后生成各种执行策略，由策略执行器负责执行。

智能运维的基础是数据。从业务的角度，监控数据包括基础架构监控数据（软硬件、日志、网络信息、容器虚拟机）、客户端监控数据（CDN、Web、移动端、PC 客户端）、应用程序监控数据（应用 App）。从采集数据的内容来看，基础架构数据更多的是性能数据；客户端数据更多的是流量、错误率、用户访问情况；应用程序部分主要是业务日志信息。

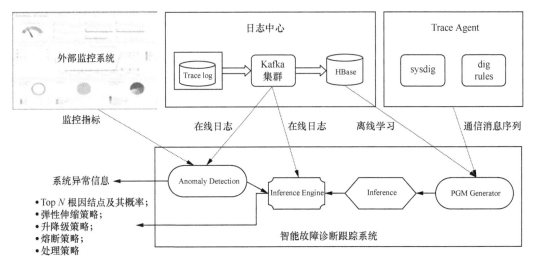

图 15-4　智能运维平台原理

　　智能运维的核心是数据处理，现在我们可以借助的技术手段越来越多。我们知道运维平台监控日志来源广、数据量大，数据差异也比较大，有序的、无序的、结构化的、非结化的数据，相信未来数据也会更加多样化。而这些正好是大数据的强项，大数据能够很好地解决海量数据的收集、存储、计算、分析等问题。未来的智能运维可不仅仅限于问题的预测和策略的生成，对于一些深层次的智能应用，如基于图像识别的身份稽核、基于场景匹配的智能客服等则是人工智能的"天下"。

15.4　智能化运维场景分析

　　传统的系统运维是一项存在大量重复和复杂、烦琐的工作，靠的是运维人员的人海战术，每个人或每个小组负责一块，等待预警和报障，被动处理。尽管系统运维技术在不断进步，但实现上 IT 运维人员并未真正解放，目前，许多企业的系统开启和关闭、系统更新升级、应急操作等绝大多数工作都是手工完成。即便是问题排查，还需要运维人员逐一登录每台主机上通过命令行的方式进行查看。而这样的事情每天都在发生，占用了大量的运维资源。

　　在当下存在云平台、大数据和海量设备的情况下，传统的运维模式必须改变，而未来的 IT 系统运维也不只是对设备的监控、软件的部署升级和系统运行的问题处理，它将是一个更加立体、更加智能化的防护网络。正如前面所讲，智能运维技术在企业的落地，不是一蹴而就的，是一个渐进的过程。人工智能在运维中的应用还处于探索阶段，就像无人驾驶一样，未来前景很光明，但任重道远。目前阶段，我们认为智能化运维首要任务还是通过智能化、自动化的工具把运维人员从简单重复的工作中解放出来，可以从以下几个方面展开。

1. 自动化日常巡检

自动化日常巡检工作是 IT 部门日常运维工作中每天都要定时执行的工作，巡检工作内容简单但是需要重复执行，占用了 IT 运维人员大量的工作时间。通过自动化日常巡检可以将硬件状态、设备负载、系统时间、磁盘空间、网络流量、数据库表空间使用率、网络设备的端口状态等进行自动收集，并形成符合用户要求的巡检报告。

2. 自动化故障修复

监控是 IT 运维的基本功能，当告警明确后就需要进行故障处理。故障处理可以分为 3 个阶段：故障发现、告警、故障修复。故障发现和告警就是收集大量的告警，通过知识库匹配，找出故障的原因，生成处理策略。当无法确认故障原因时，就必须进行人工干预和确认，如果找出原因并生成了处理策略，则通过程序脚本自动完成故障修复。

3. 自动化容灾容错

灾备中心切换是运维工作的一个重要组成部分，也是容灾容错的主要手段。目前的容灾容错基本上都是异地双活模式，即在不同的地方建立多个数据中心，根据策略多个中心共同分担系统流量，中心间实现数据同步，当其中一个中心出现故障，即刻切换到任意一个数据中心。自动化容灾容错还是比较容易实现的，需要把系统监控与服务路由结合起来，如当运维平台检测网络不通或者系统宕机时就可以自动更改服务路由策略，实现自动切换。

4. 自动化配置管理

配置库是记录和管理 IT 系统运行环境的基础组件，当公司的运行环境越来越庞大时，对这些基础组件的管理变成配置管理员的巨大工作量，尤其是这些组件还在不停地变化和关联。最好的方式是能自动从生产环境中提取配置库信息，自动更新到配置库中，保持配置库和生产环境的一致性。要实现对配置库的自动更新和同步，需要对应用系统进行标准化改造，例如规范化的安装路径、统一版本等，这将有助于工具提取应用程序配置项的基本信息，最终实现配置项和属性的自动更新。

5. 自动化资源申请

以后基于能力构建前台应用将会成为常态，这种应用常常是一些创新业务，比较灵活，很难评估业务量的增长速度和规模。如果资源准备不足，可能会影响最终用户的用户体验和消费行为，如果一步到位投入过多的资源，有可能导致极大的资源浪费。如何破局？我们可以结合资源监控的手段，对一组或多组资源指标进行有效监控，根据资源使用情况进行动态伸缩。当资源不足时，按约定的规模比例部署节点，并加入到当前的运行环境。当资源利用率很低时，又可以回收资源，避免资源的浪费。这方面我们的应用托管平台就是一个很好的实现。

6. 自动化应用发布

自动应用发布已是微服务架构的必备能力，就是打造 DevOps 软件生产流线，让应用发布这种日常重复和频繁的工作变成自动化实现。这部分内容可以参考 DevOps 实现部分。

15.5 深度学习应用举例

2018 年 1 月接到某省公司的一个问题，某省公司想通过深度学习方法去甄别客服中哪些投诉属于不知情订购。不知情订购特指用户在毫无察觉的情况下，被订购了移动产品。

接到任务后，我们立即进行了这方面的技术研究。通过了解，发现这类问题属于人工智能的自然语言处理（NLP）方向。具体来说，这个问题就是 NLP 中的情感分析问题。

什么是情感分析？举个简单的例子，从电影评论中识别用户对电影的褒贬评价就是情感分析。

 • 失望至极；

 • 充斥着滑稽的角色，运用大量夸张手法，情节跌宕曲折；

 • 这是史上最伟大的喜剧片了；

 • 真可怜，最糟糕的是那场打斗的场景。

斯坦福大学自然语言处理公开课上对情感分析有过阐述。情感分析（Sentiment Analysis）又称倾向性分析、意见抽取（Opinion Extraction）、意见挖掘（Opinion Mining）、情感挖掘（Sentiment Mining）、主观分析（Subjectivity Analysis），它是对带有情感色彩的主观性文本进行分析、处理、归纳和推理的过程，如从评论文本中分析用户对"数码相机"的"变焦、价格、大小、重量、闪光、易用性"等属性的情感倾向。

15.5.1 原理分析

接下来，我们来定义某省移动公司要解决的问题：已知一段对话，求解这段对话中的用户是否遭遇了不知情订购？

表 15-1 是一些不知情订购的样例对话。

表 15-1 一些不知情订购的样例对话

	对话内容	是否遭遇不知情订购
用户	喂 你好	
客服	请讲	

续表

	对话内容	是否遭遇不知情订购
用户	就是 咱现在 移动 公司 给我 发 发 昨天 呃 下午 六点 二十 给我 发短信 说 我 订 啥 七十五 元 套餐	
客服	哦 一个 最低消费 七十五 每月 给您 送 1G 的 省内流量	
用户	我不 要 啊 为啥 要 给我 订购	是
客服	不要 是 吧 不要 那 我这边 帮您 取消 一下 你看 可以 吗	
用户	不是 想 你先 帮我 取消 我 还 消费	
客服	麻烦 您 您 可以 先 讲 别的	
用户	为啥 呢 我 自己 也没 同意 我是我 手机号 是 这个 这个 是 没有 一段 嗯 我 这个 手机 一直 关机 然后 为啥 给我 发短信 我 刚 开机 突然 给 我 发 个 短信	是
客服	就说 已经 成功 订购 了 是 吧	
用户	哦 为啥 这 这 啥 意思	
客服	就 等于 说 当时 给您 推荐 这个 活动 的时候 你也 没有 同意 要 这 东西 然后 但是 他 也 给我 开通 了	
用户	我给你 发送 的 啊 我 我 手机 关机 我 两个 电话 都没 接到 短信 也没 收到 我 靠 突然 给我 开 这个	是
客服	电话 都没 收到 是 吧	

在方案设计时，我们采用了 lstm 网络、Word Embedding、Jieba 分词以及负采样技术，通过实验证明，这种技术搭配基本上满足了客户关于准确率不低于 80% 的要求，达到了预期效果。

图 15-5 显示了训练过程中准确率的验证情况。

	precision	recall	f1-score	support
不知情	0.78	0.94	0.85	757
知情	0.97	0.90	0.93	1978
avg / total	0.92	0.91	0.91	2735

（a）第 1 轮训练后，precision、recall 和 f1-score 都达到比较理想的预期效果

	precision	recall	f1-score	support
不知情	0.84	0.90	0.87	757
知情	0.96	0.94	0.95	1978
avg / total	0.93	0.93	0.93	2735

（b）第 3 轮训练后，precision、recall 和 f1-score 都达到比较理想的预期效果

图 15-5　训练过程中准确率的验证情况

	precision	recall	f1-score	support
不知情	0.87	0.92	0.90	757
知情	0.97	0.95	0.96	1978
avg / total	0.94	0.94	0.94	2735

（c）第 9 轮训练后，precision、recall 和 f1-score 都达到比较理想的预期效果

图 15-5　训练过程中准确率的验证情况（续）

其中，

（1）precision：预测为正的样本中，实际为正的样本的比率；

（2）recall：实际为正的样本中，预测为正的样本的比率；

（3）f1-score：综合比率，它能正确反映预测的有效性和稳定性 f1-score = 1 / [1/precision + 1/recall]。

简单训练 10 轮后的测试结果如下。

```
[2018-04-30 22:22:26,116-75249-INFO]: 不知情 - 我 说 这个 手机 上 这个 手机号码 上 开通 的 什么 流量 安心 哎 什么 安心 流量包 谁 开通 的
[2018-04-30 22:22:26,283-75249-INFO]: 不知情 - 开通 不开 通 应该 问 你 一下 这个 手机号码 的 主人 同意 不同 意 不要 随便 给给 别 开 这个 号 给 别人 开 那个 号 收费 不收费 你 问问 你也 要不要
[2018-04-30 22:22:26,441-75249-INFO]: 不知情 - 用的 话 意思 你们 开通 登记 的时候 不管 他 收费 不收费 应该 进 再 求 别人 同意 之后 再 开
[2018-04-30 22:22:26,600-75249-INFO]: 不知情 - 他 可能 从 那 上面 可能 看出 这 流量包 谁 给他 开 了
[2018-04-30 22:22:26,757-75249-INFO]: 不知情 - 我不 要 啊 为啥 要 给我 订购
[2018-04-30 22:22:26,919-75249-INFO]: 不知情 - 为啥 呢 我 自己 也没 同意 我是我 手机号 是 这个 这个 是 没有 一段 嗯 我 这个 手机 一直 关机 然后 为啥 给 我 发短信 我 刚 开机 突然 给我 发 个 短信
[2018-04-30 22:22:27,077-75249-INFO]: 不知情 - 我给你 发送 的 啊 我 我 手机 关机 我 两个 电话 都没 接到 短信 也没 收到 我 靠 突然 给我 开 这个
[2018-04-30 22:22:27,240-75249-INFO]: 不知情 - 那 这 东西 是 啥 开通 了 从来 都没 有 订 过 他 为啥 老 自己 动 它 他 他 不爱 不知道 啥 时候 开开 上午 取消 完了 我 都 又 有 一个 二十 天 呢 怎么 又 开 了 他 咋 回
[2018-04-30 22:22:27,399-75249-INFO]: 不知情 - 哦 那 弄 弄 号 不是你 看 看 他 都都 给 是不是 块钱 话费 使 了 意思 在 十一月 十二 号 都都 不说 那 不是 老
```

版 不能使用 这个 乱 开通 那个

[2018-04-30 22:22:27,558-75249-INFO]: 知情 - 卡 我就是 从来 没说 过 跟 不是 在在 功能 都都 不知道 我想 先生 您 放心 吧 已经 给 咱 关 了

[2018-04-30 22:22:27,720-75249-INFO]: 不知情 - 呃 我 哩 钱 它 突然 给我 扣除 了 他说 给我 开了 有啥 最低消费 六十 我 一个月 都 十二 多块钱 你 给我 开 个 最低 消 六十五 我想 问我 的 钱 我 自己 都 不知道 你来 想 咱们 咋弄 想 扣我 都 扣我 还有 一次 缴 没有

[2018-04-30 22:22:27,880-75249-INFO]: 不知情 - 哎 你好 我 我 现在 我 手 机 上 木 开通 了 给我 发来 一条 信息 呢 说 我 已经 开通了 那个 啥 六 i p 音 业务 啊 有没有 开通

[2018-04-30 22:22:28,042-75249-INFO]: 不知情 - 那 为啥 我 都没 开通 没有 这个 手机 他 就 给我 发 一下 面 申请

[2018-04-30 22:22:28,201-75249-INFO]: 不知情 - 我 没 改 呀 我 交了 之后 再 升 有 什么 意思 呢 然后 我 你们 为什么 私自 给我 改 了

[2018-04-30 22:22:28,359-75249-INFO]: 知情 - 对 呀 我 自己 把 它 降到 二十八 了 一次 以后 它 就 更改 五十八 应该 是 怎么 搞 的

[2018-04-30 22:22:28,520-75249-INFO]: 不知情 - 您好 高兴 为您 服务 喂 取 消 一下 喂 有 什么 问题 我 刚才 收到 一个 短信 说 我 成功 订购 了 一个 G 的 流量 我 都没 有我 都是 一分钟 啊 这个 是 免费 给您 赠送 两个 G 不知道 我 上面 还 收 了 一条 多少 钱 那个 赠送 两个 G 流量 不收费 的 好吧 他 不收费 呀 我想 这个 是 我 我

[2018-04-30 22:22:28,680-75249-INFO]: 不知情 - 都 不 着 这样 都都 都给我 开通 哇 我 用了 我 就我 五十 五元 啥 这 我 消费 不了 怎 些 咋 你 给我 去掉

[2018-04-30 22:22:28,839-75249-INFO]: 不知情 - 那个 模板 那个 高清 电视 他 那块 儿 给我 打电话 时候 开通 的 话 不要 钱 那个 为啥 扣我 十块钱

[2018-04-30 22:22:29,001-75249-INFO]: 知情 - 不是 但是 现在 我 在 外 地 它 到那 时候 跟我 说的 不要 钱 不再 每个月 扣我 十块钱

[2018-04-30 22:22:29,159-75249-INFO]: 不知情 - 那 我 没有 点播 他 为啥 扣 了

[2018-04-30 22:22:29,318-75249-INFO]: 知情 - 呃 他 您 稍 候 让 那个 号 码 联系 我们 我 帮您 看看 是个 什么 情况 那 我 给你 报 一下 号码 你 看 一下 他 的 密码 您 知 不知道

[2018-04-30 22:22:29,475-75249-INFO]: 知情 - 啊

[2018-04-30 22:22:29,633-75249-INFO]: 知情 - 密码

[2018-04-30 22:22:29,791-75249-INFO]: 知情 - 密码 我 不知道 啊

```
[2018-04-30 22:22:29,953-75249-INFO]: 知情 - 他 有 密码 才能 查询 别人
手机 上 的 业务 呀 没有 密码 投诉 我的 这两 个 号码 都是 我 本人 的 啊 我 理解
但是 必须 得 有 密码 才能 查询 别人 手机 上 的 业务
[2018-04-30 22:22:30,111-75249-INFO]: 知情 - 这样 子 啊 在我 们 那 没有
啊
[2018-04-30 22:22:30,270-75249-INFO]: 知情 - 好 那 请您 稍后 关注一下 吧
[2018-04-30 22:22:30,430-75249-INFO]: 知情 - 你好
[2018-04-30 22:22:30,589-75249-INFO]: 知情 - 请问 还有 疑问 吗
[2018-04-30 22:22:30,746-75249-INFO]: 知情 - 您好 高兴 服务
[2018-04-30 22:22:30,906-75249-INFO]: 知情 - 今天 恩 行好 谢谢
[2018-04-30 22:22:31,064-75249-INFO]: 知情 - 呃 您的 电话 已 接通 请讲
[2018-04-30 22:22:31,224-75249-INFO]: 知情 - 您 是 这个 流量 安心 包 它
是 没有 功能费 的 也就 等于 说 针对 咱 如果 上网 超出 的 情况 下 如果 没有 这个
业务 您 超 一兆 两毛九 超 一百 兆 就会 扣 您 二十九 呃 开通 有 这个 业务 的 时
候 咱 超 一兆 两毛九 收费 但这 个 费用 达到 十块钱 的 时候 您 就可以 免费 用到
一百 兆
[2018-04-30 22:22:31,383-75249-INFO]: 知情 - 就是 比较 问 你是 这个 流
量包 是 具体 这个 手机号 开通 了 呀
[2018-04-30 22:22:31,541-75249-INFO]: 知情 - 女士 这个 是 就是 说 现在
本身 这个 业务 没有 什么 费用 您 是 不需要 还是 怎么了
[2018-04-30 22:22:31,700-75249-INFO]: 知情 - 你说 我 刚刚 给您 介绍 的
这个 功能 您 是否 理解 了 就是说 这个 业务 开通 之后 登录 咱 上网 如果 超出 的
话 避免 您 会 产生 高额 的 上网 费
[2018-04-30 22:22:31,866-75249-INFO]: 知情 - 如果 您 就给 老人 嘞 手机
他 都不 咋 上网
[2018-04-30 22:22:32,023-75249-INFO]: 知情 - 那就 不上 网 的话
[2018-04-30 22:22:32,183-75249-INFO]: 知情 - 再见 那 您 说 您 看 如果
咱 现在 不用 的话 也 可以 帮您 关掉[2018-04-30 22:22:32,341-75249-INFO]:
知情 - 直接 关掉
```

15.5.2 关键技术介绍

图 15-6 是训练网络结构图，在实验过程中，我们做了两点改进，实验证明，正是
这样的改进，保证了理想的实验效果。

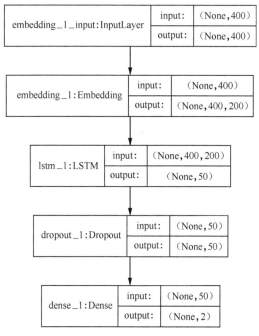

图 15-6 训练网络结构

第一点，由于不知情订购的样本数比率极低，如果按照正常的样本采样方式训练模型，模型能够充分学习到非不知情订购的样本，对不知情订购样本的学习率很低，导致对不知情订购的样本的识别率很低，根本达不到客户提出"准确率达到 80%"的要求。针对这个问题，我们采用了负采样技术，确保在每次训练模型时，模型获取的样本数相对均衡，从而使得不知情订购的样本能够被充分学习。这点在实验中也得到了充分的验证。

第二点，在使用 embedding 技术时，word2vec 获得的每个分词的权重，需要在模型中继续学习，其目的是这个权重更适合移动特有的语音环境。

结束语

一、架构转型的关键

1. 试错机制

一个好的产品的生产难点不是原理，而是细节。以分布式服务框架为例，底层的原理可以参考开源的或商用的一些框架。但在实际生产中可能会遇到一些问题，如服务调用链中的一个微服务访问异常导致整个大的集群服务出现问题。根据分析发现这其实是一个非核心的业务的异常，如果我们有线程或者服务隔离的机制，那基本可以把单个业务的影响降到最小；再如，服务框架上线后首次迎来互联网业务的接入时，发现在爆发式业务访问增长的情况下，系统并非在能力上受到极大挑战，后来我们调整了接入线程模型从 BIO ~ NIO，同时新增了针对某些小众业务的流控机制，新增了关键业务的自动扩容机制。通过不断地试错，服务框架目前在性能、稳定性、便捷性上有了一系列的提升。服务的可用性提高到 5 个 9 以上。

2. 跨界思维

如果在一个行业里沉浸日久，那么在架构的思考上容易落入思维定式。业务决定技术，但不代表会限制技术。传统行业与新兴行业相比，考虑得比较多的是存量业务问题。但是当技术或者业务遇到一定瓶颈的时候，就需要跳出本来的领域，看看别的领域是怎么处理的。比如过去我们使用本地事务保证数据一致性，但是在新的微服务架构下，数据变成微服务私有的，通过微服务网关进行远程交互，传统的本地事务及分布式事务解决方案已经不能完全满足业务对事务的要求。这个时候可以借鉴电商行业最终一致性的方案，然而业务使用方会对此产生对抗，因为业务也要跟着改造到拆分事务，并且要为成功率负责，甚至是个别重点服务需要提供反撤及补偿服务；另外，当这种架构再考虑长距离异地多活的时候，还会增加数据稽核服务，由平台强行告知业务使用方要按照分布式数据访问规范来访问数据服务。这些都是传统行业在转型架构中需要跨界借鉴的经验。

3. 敏捷的奥义

每个产品经理设计产品的时候都希望功能多、亮点多，然而这样的要求导致的问题是产品出厂时间太长，"十年磨一剑"这样的理念对于快速发展的技术平台已不适应，需要尽快拿出一个最小功能集（MVP）产品。我们曾经设计了一款云开发平台产品 CloudOne，第一版设计以后，发现功能太多，而且在做交叉评审的时候发现，使用者经常找不到自己关注的功能，而其实使用者最关注的就是"项目管理"这个功能。于是我们把产品分成三个阶段去实现，第一个阶段是开发一个极简版的云开发管理平台，主控制台只有一个"＋"，让项目经理可以进去添加项目，并进入项目管理、发布、部署相关流程；第二个阶段是把其他的一些功能迭代增加进来，先后加了多租户管理、监控等；第三个阶段是增加亮点功能，作为对使用者的引流，如增加了一个深度培训功能，让开发可以在线培训技术组件，做脚手架工程开发；把系统的主界面模仿星际迷航版式设计，把主要功能对应到"星舰"的操作室上，并提交代码、修复漏洞、参与学习的同学发放不同等级的"勋章"，让使用者的开发变成像打游戏一样，使其对平台有使用的兴趣，最终达到一个相对比较好的寄开发于娱乐的效果。

二、架构提升展望

1. 运维难题

创业艰难，守业更难，一个新的架构成长起来以后，守住它就靠运维了。守住架构容易，对于影响架构功能、性能、可用性等，都需要引起关注，通过不断提升运维能力来最大限度地降低故障的发生。而运维考虑的事情从传统的考虑主机、网络、高可用、性能等又扩散到了要考虑依赖故障、配置、业务一致性、智能升降级、自动扩缩容等。

运维平台管理的重点是应用，核心还有平台自身，微服务架构把关键技术的很多不稳定因素剥离到平台自身上，这时候平台的自监控、自保障就显得尤为重要。

架构运维靠平台，平台是给人们用的，而使用者水平高低不同，需要提供给运维人员不同的掌控能力，包括查问题需要的日志、调用链等；实时控制应用集群，如刷新缓存、熔断、系统降级、扩容，以及灰度发布、版本控制、滚动升级等。

2. 谈谈 Service Mesh

亚信公司在经历了几年的微服务架构研发、交付过程后，发觉尽管微服务对开发进行了简化，通过将复杂系统切分为若干个微服务来分解和降低复杂度，使得这些微服务易于被小型的开发团队所理解和维护，但是复杂度并非从此消失，微服务拆分之后，单个微服务的复杂度大幅降低，但是由于系统从一个单体被拆分为几十甚至更多的微服务，就带来了另外一个复杂度：微服务的连接、管理和监控，以及基础设施能力和业务系统如何完全解耦。Service Mesh 就是这一部分微服务功能的强大补充，Service Mesh 被描述为下一代微服务架构，并重新塑造整个微服务架构。它定义了一个抽象的专用基础设施层，处于 TCP/IP 之上，提供安全的、快速的、可靠的服务间通信，和微服务部署在一起，使得微服务间的调用透明，就像在一个虚拟机内调用一样。

Service Mesh 最大的优势是实现业务系统和基础设施的完全解耦，让业务系统开发者、基础设施开发者各司其职，那么现有架构如何演进到 Service Mesh 呢？

Service Mesh 一般包括数据面板和控制面板，数据面板由一组智能代理（Envoy）组成，负责调解和控制微服务之间的所有网络通信，控制面板包括 Pilot、Mixer、Auth 这 3 个部分，负责管理和配置 Envoy 代理来路由流量，并在运行时执行策略。

数据面板其功能类似亚信公司的服务框架 AIF-CSF，但也存在本质的区别，AIF-CSF 在转换成 Service Mesh 模式的过程中，需要拆分成两部分：服务开发框架和基础设施。服务开发框架支持业务服务的开发、熔断、容错、路由、流量控制、认证等基础设施功能移植到 Sidecar。控制面板中涉及流量管理、请求路由、服务发现等，策略、规则相关的配置统一移植到统一配置中心，日志相关的功能统一移植到 AIF-Log4X，与服务治理相关的统一移植到 AIF-Log4X 的服务治理部分，身份认证部分通过 AIF-USPA 进行适配。

目前，Service Mesh 只是专注服务 Mesh 的实现，随着架构演进，后续可能会有更多的 Mesh 出现，如 MQ Mesh、DB Mesh、Cache Mesh 等。演进的过程中，我们会一步步地试错。

3. 规划来源于问题

技术的演进一般是开发一代、实施一代、规划一代，问题是驱动规划的主要动力，如果一味地嫁接概念很容易让规划变成"鬼话"。曾经我在分享产品的实践时，把产品的一个生命周期叫作"一从三到"：从"0"到"1"到"0.5"再到"100"。从"0"到"1"是试点的过程，通常是在最贴近需求的地方去做，也就是在生产一线去冒险；到"0.5"是在产品基本成型以后要回头再想想哪些是冗余的，哪些是要优化的，把产品当作半成品再演进一次；到"100"是在产品试点完成，基本的问题都修订后可以正式走推广路线，进入产品正常迭代演进阶段。

三、架构师的修炼

1. 机会很重要

"纸上得来终觉浅，绝知此事要躬行"，架构师的修炼不只是在理论或者书本层面，还需要长年累月地接触或实操生产环境，并从规划、设计、部署、调优、解决问题这个完整的过程进而蜕变。这里面最需要的就是机会，因为生产环境的操盘手不是谁都能有这样的机会的，一旦这样的机会来了，绝对不要放弃，再苦再累也要坚持下来。

2. 玩转技术

好的架构师不会把架构或者产品当项目来做，而是把它当作一件有趣的事情来做，采取各种方式来把这项技术"玩弄"起来。找到里面有意思的地方，发现架构之美，这样架构或者产品的发展的驱动力从外在需求驱动变成架构师的内在驱动了。

3. 多做总结和分享

硅谷的一些技术公司有一个常规的活动叫作"Meet Up"，可以理解为新时期的"华山论剑"，把自己的观点摆出，把自己的产品展示出来，把经验分享出来，一起探讨，有时候会把你自己考虑不到的问题非常尖锐地提出来，或者给你更优化的建议。有的时候友商可能希望暴露你的问题，他们更加努力地去找出你产品的问题，其实这对提前预防风险、净化产品能力方面来讲未尝不是好事，因此，这样的"挑战"对架构师的认知是极其重要的。

4. 技术与管理的平衡

技术的演进可以用日新月异来形容。在自己一次又一次动手完成架构以后，突然有一天发现架构以及涉及的技术越来越多了，不再像过去我们一个人可以完成一个框架开发，一个人可以搞定一个架构。架构师的成长方向变成了技术总监、CIO、CTO；这个时候很多架构师会迷惘，是否要继续全部自己亲自动手、其他人都会了怎么办、自己的技术会不会因为管理成分的增加变弱。对于技术管理者来说，可以肯定的一点是，不能放弃技术。这个时候最好通过自己的"外脑"让自己能够更全面地考虑方向、战略。"外脑"可以是和自己一个团队的新兴架构师或技术经理，让他们把经验或方法分享出来，自己在参与讨论的过程中也会得到这部分的知识；同时要更多地考虑产品或架构未来发展的方向，战略上要考虑哪些方面要突破，而哪些方面需要放弃。

亚信科技 AIF 获奖信息

2016 年 11 月，亚信能力集成平台（简称 AIF）被北京软件和信息服务业协会评为
"30 周年突出贡献产品"

2017 年 6 月，AIF 荣获中国国际软件博览会金提名奖

2017 年 11 月，AIF 被评为 2017 年度中国信息技术服务产业通信领域优秀解决方案